墨香财经学术文库

"十二五"辽宁省重点图书出版规划项目

国家自然科学基金项目"废弃食品回收处理的利益博弈及其治理机制研究"（批准号：71703014）研究成果

Research on the Interest Game of the Waste Food Collection and Treatment and Its Governance

费威◎著

废弃食品回收处理的利益博弈及其治理机制研究

东北财经大学出版社
Dongbei University of Finance & Economics Press
大连

图书在版编目（CIP）数据

废弃食品回收处理的利益博弈及其治理机制研究 / 费威著. —大连 : 东北财经大学出版社，2022.8

(墨香财经学术文库)

ISBN 978-7-5654-4569-9

Ⅰ. 废…　Ⅱ. 费…　Ⅲ. ①食品-废物回收-研究 ②食品-废物处理-研究

Ⅳ. X799.3

中国版本图书馆CIP数据核字（2022）第130820号

东北财经大学出版社出版发行

大连市黑石礁尖山街217号　邮政编码　116025

网　　址：http：//www.dufep.cn

读者信箱：dufep @ dufe.edu.cn

大连图腾彩色印刷有限公司印刷

幅面尺寸：170mm×240mm　字数：214千字　印张：14.75　插页：1

2022年8月第1版　　2022年8月第1次印刷

责任编辑：李　彬　郭海雷　　责任校对：赵　楠　孟　鑫

封面设计：冀贵收　　版式设计：原　皓

定价：45.00元

教学支持　售后服务　联系电话：（0411）84710309

如有印装质量问题，请联系营销部：（0411）84710711

作者简介

费威，东北财经大学经济学院教授，数量经济学专业博士，管理科学与工程博士后，主要研究方向为经济优化、食品安全规制。

2010年毕业于东北财经大学数量经济学专业，获得经济学博士学位。2010年11月入职东北财经大学，分别于2015年和2020年晋职副教授和教授，现任东北财经大学发展规划与学科建设处副处长。中国农业经济学会食物经济专业委员会委员、大连市社会科学院特约研究员（2019—2023）。

已出版学术专著3部，在CSSCI来源期刊等国内外高水平刊物上发表学术论文40余篇，并在《光明日报》（理论版）、《经济日报》等重要报刊多次发表理论文章。近年来先后主持完成国家自然科学基金项目、国家社会科学基金项目、教育部人文社科规划基金项目和青年基金项目、中国博士后科学基金项目，以及辽宁省社会科学规划基金项目等省部级项目20余项。获评霍英东教育基金会第十六届高等院校青年教师奖，入选“辽宁省百千万人才工程”，获得辽宁省教育科研骨干、大连市青年科技之星、大连市优秀青年教师、大连敬业“俊”青年等荣誉称号。先后获得辽宁省哲学社会科学成果奖，辽宁省、大连市优秀成果奖，“辽宁省社会科学学术活动月”青年社科优秀成果奖。

前言

近年来废弃食品回收处理备受关注，已经成为我国当前亟待解决的重大民生问题。因废弃食品回收处理不当直接或间接导致的典型食品安全事件频发。例如，“地沟油”事件、上海福喜“过期肉”事件、“过期食品罐头遭周边居民哄抢”事件等。同时，因废弃食品回收处理不当造成的环境污染与资源浪费问题日益凸显。例如，被随意丢弃的废弃食品腐败变质会对环境造成严重污染，产生沉重的处理负担。上述废弃食品回流再造与再售、随意丢弃，废弃油脂违规回收处置等一系列废弃食品回收处理所致的问题，不仅会危害人们的身体健康甚至生命安全，而且会对环境造成长期的严重污染，同时使得本可以回收再利用的大量资源被浪费。因此，废弃食品安全回收有效处理是关系我国食品安全、环境保护与资源利用的重要课题。

目前我国废弃食品回收处理普遍以一般垃圾处置方式为主，没有形成完善的分类回收处理体系，缺乏有效的治理机制。已有相关研究主要针对餐厨垃圾的回收处置现状及立法规制进行了以经验借鉴为主的分析，或者从科学技术层面对食品废弃物的降解、堆肥、填埋等处置方法进行了探讨，但针对废弃食品回收处理的专门研究存在局限。这些研究忽略了上述废弃食品回收处理的典型特征，没有对废弃食品回收处理主体间利益博弈诱发的一系列典型问题开展深入研究，因而难以给出废弃食品回收处理的有效治理机制。为我国废弃食品回收处理设计有效的治理机制，已成为健全我国食品安全保障体系，加强环境保护与资源有效利用的当务之急。本研究厘清了废弃食品回收处理相关主体之间的利益关系，提出了废弃食品回收处理的多方利益博弈建模方法，揭示了废弃食品回收处理问题的利益博弈本质。

本书内容由11章构成，具体如下：

第1章为我国家庭食物浪费的资源环境效应分析。为加强消费者和监管者对食物浪费问题严峻性的认识，本章对家庭层面的食物浪费及其资源环境效应进行了研究。首先，本章对食物浪费的内涵及量化，以及与食物浪费的资源环境相关的国内外文献进行了梳理和总结，并介绍了资源环境效应量化的主要理论方法；其次，本章讨论了我国食物浪费的关键环节及主要问题，针对家庭食物浪费问题，利用CHNS数据测算了家庭食物浪费量及浪费率，介绍了家庭食物浪费的生态足迹、碳足迹和水足迹，并使用熵权TOPSIS方法将三类足迹作为指标，对各个省份的家庭食物浪费的资源环境效应进行综合评价。

第2章为不同主体负责回收的废弃产品回收决策分析。在制造商可以利用废弃产品进行合理再制造从而节省原材料等部分生产成本的背景下，本章利用优化模型，分别分析了由制造商负责、第三方回收者负责、零售商负责以及零供回收一体化负责四种不同模式的废弃产品回收率、回收量、零售价格、销售量等相关决策，并对不同主体负责回收模式的相关主体利润进行了比较分析。主要结论表明：零供回收一体化模式的废弃产品回收率与回收量、零售价格、销售量都是最高的，其总利润也比制造商负责回收、第三方回收者负责回收的总利润高。而零售商负责回收模式的总利润与其他模式总利润的比较结果，取决于零售商边际加价高低，并且零售商边际加价是不同主体负责回收模式相关决策比较的关键影响因素。

第3章为废弃食品非正规回收商的决策分析。本章针对废弃食品非正规回收市场中非正规回收商数量导致单位回收收益随规模变化不同，分别建立了单位回收收益不变、单位回收收益增加与单位回收收益减少三种情况的非正规回收商预期总利润优化模型，分析了非正规回收商的伪装行动力与回收率决策，以及非正规回收商数量的影响效应。通过以“僵尸肉”为典型案例进行数值分析，得出结论：非正规回收商的伪装行动力与废弃食品回收率分别受到废弃食品数量、伪装概率和废弃食品出售价格的正向影响，受到固定成本系数和单位回收成本的负向影响；而单位回收收益增加（减少）时，伪装行动力分别受到伪装边际成本和被惩罚后绝对损失额的正向（负向）影响。据此，作者提出政策建议。

第4章为废弃食品回收处理的相关主体决策分析。在食品制造商与供应商是相互独立的经济个体或一体化经济总体的不同情况下，本章建立了考虑废弃食品回收处理的两期优化模型，分析了食品零售商、制造商和供应商的食品质量安全水平、废弃食品回收量、零售价格、批发价格和单位食品收益决策及其影响因素，并进行了比较分析。主要结论表明：食品基本需求量的增加以及消费者对食品质量安全水平关注度的提高，都有利于食品质量安全水平的提升；一体化情况下的食品质量安全水平与批发价格都相对较高，体现了优质优价的特点。食品制造商与供应商不同合作情况下的废弃食品回收量大小不同，在两者独立情况下基本需求量较小的食品废弃回收量更大。该结论可为我国废弃食品有效回收再利用提供参考依据。

第5章为废弃食品回收处理的政府惩罚规制分析。废弃食品的安全回收处理是事关食品安全、人民身体健康的重要问题。对此，本章从正规回收渠道与非正规回收渠道两类处理商竞争回收废弃食品的视角，在两类处理商同时决定回收价格与正规回收渠道处理商先决定回收价格的不同背景下，针对正规回收渠道处理商的回收处理成本递增和不变的两种情况分别建立优化模型，分析政府部门依据非正规回收渠道处理商的回收处理利润最小值而决定对其实施的惩罚额及相应的影响因素。研究认为，实施该惩罚额能够有效治理废弃食品的非正规回收渠道，并且激励正规回收渠道处理商实现安全回收处理。

第6章为零售商回收与制造商处理过期食品模式下三方演化博弈。

本章针对零售商回收与制造商处理过期食品模式，构建了零售商、制造商与政府部门三方演化博弈模型，得到了不同参数取值条件下的稳定均衡策略组合，并利用数值仿真直观分析了三方博弈的不同稳定点。主要结论表明：零售商、制造商与政府部门相关过期食品回收处理和监管的“成本”和“收益”比较导致了零售商和政府部门四种不同的演化稳定策略组合，即（不回收，不监管）、（不回收，监管）、（回收，不监管）与（回收，监管），制造商和政府部门三种不同的演化稳定策略组合，即（非正规处理，不监管）、（非正规处理，监管）与（正规处理，监管）。据此，为有效回收处理过期食品分别针对三方提出了相应的政策建议。

第7章为食品系统末端回收处理中相关主体的决策。本章针对食品系统末端回收处理环节，通过建立优化模型，结合数值分析，分别研究了非正规回收处理背景下零售商回收再造废弃食品，包括经销零售商和回收零售商相互独立与作为同一主体的不同情况，以及正规回收处理背景下制造商回收处理废弃食品情况的订购量和批发价格等决策及相关主体利润。主要结论表明：在非正规回收处理背景下，制造商与经销零售商都更“有利可图”，并且经销零售商与回收零售商相互独立时的食品订购量更高，相关主体利润也相应更高。在正规回收处理背景下，比较废弃食品回收处理的成本与收益才能明确废弃食品回收处理活动对制造商预期利润以及相关决策的影响效应。

第8章为制造商与零售商废弃食品回收处理努力分析。本章针对制造商与零售商的废弃食品回收处理行为，在制造商因废弃食品回收处理成本削减比例是对称信息与非对称信息的不同情况下构建博弈模型，分析制造商与零售商的废弃食品回收处理努力、价格和需求量等相关决策及其影响因素。主要结论表明：制造商因废弃食品回收处理成本削减比例是对称信息时，消费者对废弃食品回收处理具有良好的市场反馈，能够激励零售商与制造商为废弃食品回收处理付出更多努力；制造商因废弃食品回收处理成本削减比例是非对称信息时，良好的市场反馈仅能激励零售商付出更多努力。当制造商实际的成本削减比例高于成本削减比例均值时，相对于非对称信息情况，对称信息情况下的零售商回收处理努力水平更高，零售边际加价更高，而零售商利润更低。

第9章为基于随机森林模型的食品安全风险预测。依据食品安全抽检数据的检测值和标准值，本章构造了取值范围为0到1之间的食品安全风险指数，以2016—2019年山东省食品添加剂抽检数据为例，从食品类别、添加剂种类与所属地区的不同角度描述了食品安全风险指数的统计特征。据此，利用随机森林模型预测了食品安全风险指数，并对影响预测的变量包括食品分类、食品添加剂不合格项目、生产企业所在城市、被抽样单位所在城市、抽检季度与生产年份等的重要性进行了排序，为我国食品安全风险评价与预测提供了现实依据。据此，提出建立抽检监测预警系统与健全食品质量安全可追溯体系、建立智慧监管新模式与提升食品安全治理现代化水平、形成消费端倒逼与社会共治的食品安全风险治理新局面等对策。

第10章为线上线下产品质量安全水平与价格的差异分析。本章针对一个制造商通过线上和线下双渠道同时进行产品销售的情况，构建制造商利润最大化模型，比较分析线上和线下产品质量安全水平与零售价格。结论表明：线上产品价格水平较低且产品质量安全水平较低的观点不始终成立，主要取决于制造商线下产品直接销售还是间接销售，以及利润最大化决策依据是线上线下产品销售总利润还是分别的利润。从消费者与政府部门角度，为提高线上和线下产品质量安全水平，促进形成优质优价市场机制提供参考依据。

第11章为自媒体、政府监管部门与企业的食品安全演化博弈。将自媒体作为第三方监督力量，本章建立了自媒体、政府监管部门与食品企业的三方演化博弈模型，分析了自媒体曝光食品安全问题的影响力与真实性对相关主体均衡策略的影响，并利用数值仿真进行了模拟。主要结论表明：当自媒体曝光食品安全问题的真实性较弱时，不仅对食品企业无法产生监督威慑作用，而且对政府监管作用发挥了部分替代作用，加剧了企业供给质量不安全食品的违规逐利行为；食品企业的食品安全行为不仅受到自媒体曝光食品安全问题真实性的直接影响，而且与政府监管部门对食品企业的严格监管程度密切相关；食品企业供给质量安全食品行为与自媒体曝光真实性，对政府监管部门的监管行为与自媒体曝光行为具有直接影响。

本书是作者从事食品安全管理、废弃食品回收处理方面研究的总结，也是作者作为负责人主持的国家自然科学基金项目的阶段性成果。在这里，作者感谢上述基金项目的课题组成员及研究团队给予作者的大力帮助，同时感谢东北财经大学应用经济学学科建设给予本书的出版资助。当然，作者在写作过程中也参考和引用了他人的研究成果，并已经将相关材料作为主要参考文献予以说明，若有疏漏还望谅解，在此向这些领域的专家学者一并深表谢忱。

费　威

2021年11月

目录

第1章　我国家庭食物浪费的资源环境效应分析

受新冠肺炎疫情等因素的影响，2020年世界饥饿状况急剧恶化，全世界有7.2亿～8.11亿人口面临饥饿，比2019年增加了1.61亿，食物不足的发生率在近一年之中从8.4%升至9.9%。健康膳食在经济上愈发让人难以负担，这与中度或重度粮食不安全问题的恶化有着密切关联。新冠肺炎疫情暴露了全球粮食体系在面对冲突、极端事件时的脆弱性，如何更好地应对粮食安全问题和改善居民营养状况引人深思。

习近平总书记在2020年8月11日作出重要指示强调，坚决制止餐饮浪费行为，切实培养节约习惯，在全社会营造浪费可耻、节约为荣的氛围。2021年4月29日，第十三届全国人民代表大会常务委员会第二十八次会议表决通过《中华人民共和国反食品浪费法》（以下简称《反食品浪费法》），防止食物浪费从此有法可依。随着人口规模的不断扩大和城镇化的持续推进，预计我国粮食消费仍将保持刚性增长趋势，减少食物浪费成为保障粮食安全的关键措施。食物浪费是一个全球性的问题。2019年，在全球仍有数亿人处于食不果腹、营养不良的窘境中的同时，全球约有13亿吨的食物损失和浪费，相当于食物生产总量的1/3。食物浪费存在于整个供应链中，其中，消费端的浪费最为严重，据估计约有35%的浪费都发生在消费环节。各国相关机构都在倡导减少食物浪费。我国幅员辽阔、人口众多，食物浪费更有其复杂性。在农村地区，因经济发展相对滞后、储藏手段有限、农户经营分散，食物的产后损失比较严重。而在城市地区，因经济相对发达、消费心理作祟，浪费数量更是惊人。家庭、集体食堂、餐馆酒店都是食物浪费的主要场所。以餐饮浪费为例，2015年我国餐饮业仅餐桌上食物浪费量就在1 700万～1 800万吨，相当于3 000万～5 000万人一年的口粮。而家庭食物浪费则更为隐蔽，更容易被人们忽视。食物浪费造成了资源分配的严重低效、环境负荷压力的增加，这不仅对解决我国饥饿贫困问题提出了挑战，而且与我国包含绿色发展的新发展理念相悖。当前我国经济正处于城镇化、工业化发展的关键时期，如果资源环境问题得不到妥善解决，就会成为制约我国经济高质量发展的重要瓶颈。因此，研究食物浪费的资源环境效应对于保障我国粮食安全、实现农业和食品行业的可持续发展意义重大。对此，本章分析了食物浪费的资源环境效应，从供应链视角下我国食物浪费的关键环节及主要问题出发，以家庭食物为例，测算食物浪费量和资源环境效应，为减少食物浪费、降低资源环境的负面效应提出政策建议。

1.1 资源环境效应量化的理论方法

本章介绍了量化资源环境的理论方法。这些理论方法并不是独立应用的，而是相辅相成的。足迹指标作为一类客观评估人类活动对环境影响的有效指标，具有可选择性和系统性的优势。足迹理论从创立至今，在30多年间已从最初的生态足迹，衍生出了碳足迹、水足迹、氮足迹、磷足迹和生物多样性足迹等一系列新的足迹类型，逐渐形成了足迹家族的概念。本章选择了生态足迹、碳足迹和水足迹三个最主要且最常用的指标来考察食物浪费的生态影响。而生命周期评价理论和投入产出分析是在足迹方法中使用的主流理论和技术，它们支撑并推进了足迹方法的标准化应用。

1.1.1 生命周期评价理论

生命周期评价（LCA）始于20世纪60年代末的美国资源与环境状况分析（REPA），可通俗地理解为对产品“从摇篮到坟墓”的全过程所涉及的环境问题进行评价。国际标准化组织（ISO）于1997年定义了LCA：LCA汇总和评估一个产品或服务体系在其整个生命周期内的所有投入及产出对环境造成的影响，包括已造成的影响和潜在的影响。同时，ISO将其分为四个步骤：定义目标和确定范围；清单分析；影响评价；改善评价。在农业及食品工业系统中，LCA理论可与生态足迹方法结合，用于评估资源环境压力，促进可持续发展。

我们将食物的生命周期分为四个子系统，即生产系统、流通系统、消费系统和废弃处理系统（如图1-1所示）。本章重点研究家庭消费系统中产生的食物浪费在生产系统中所产生的资源消耗及碳排放。利用生命周期的方法，可以相对完整和系统地测评环境影响。

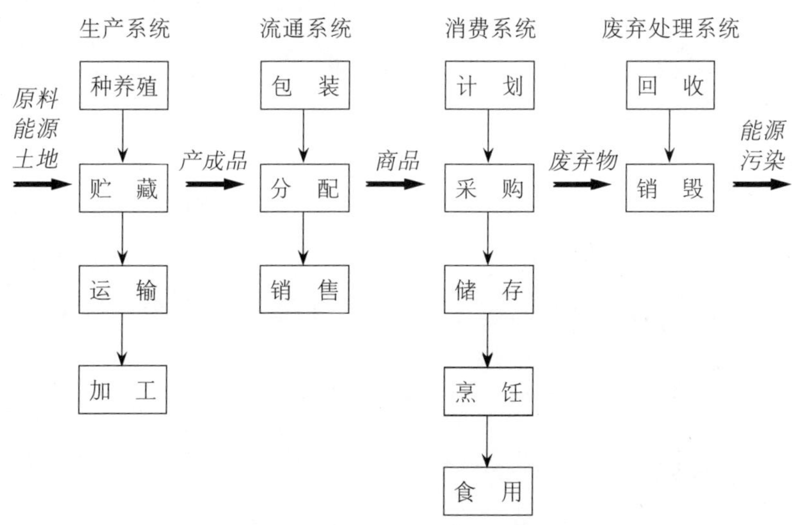

图1-1 食物的生命周期示意图

1.1.2 生态足迹法

生态足迹法由加拿大生态经济学家William和其博士生Wackernagel

于20世纪90年代初提出，是一种测度可持续发展的定量研究方法。它以土地为媒介，量化某个区域人类活动的生态资源需求及其可持续性，以生态足迹与生物承载力为核心指标。所谓生态足迹，是指人类为满足其需求而利用的所有生物生产性土地的总和。通过比较区域生物生产性土地的需求量（生态足迹）与可得量（生物承载力），可评估该区域的生态可持续性。生物生产性土地分为化石能源用地、耕地、牧草地、林地、建筑用地和水域。应用生态足迹法需要设定一定的假设条件：资源的消费量或废弃量是可获得的，大部分消费量或废弃量可折算为生物生产性土地面积；各类生物生产性土地在空间上互斥，可赋予各不同类别的土地面积一定权重，使其可以折算成标准化的单位（全球性公顷，ghm^2），方便比较和加总；生物生产性土地的需求量和可得量可对比，且土地的总需求可以超过总供给。生态足迹的一般计算方法如下：

第一步，划分消费项目并计算各项目的消费总量。

第二步，计算各项目的消费所占用的生物生产性土地面积。

$$A_{ij} = \frac{C_{ij}}{P_i} \tag{1-1}$$

A_{ij}为该消费项目所占用的生物生产性土地面积，C_{ij}为该项目的消费总量，P_i为该项目的平均生产力。

第三步，获取均衡因子YF_i和产量因子EQ_i。

均衡因子和产量因子的使用让不同地区和不同类别的土地加总成为可能。均衡因子是某一类土地的生产力与全球所有类型土地的平均生产力的比值，它衡量了不同类型的土地之间生物生产能力的差异。产量因子衡量的是某一类土地的国家平均生产力和全球平均生产力的差异。

第四步，计算生态足迹。

$$EF = \sum_{j=1}^{n}\sum_{i=1}^{6}\frac{A_{ij}}{YF_i} \times EQ_i \tag{1-2}$$

1.1.3 投入产出分析

投入产出分析是由美国经济学家Wassily Leontief提出的研究经济系统中各部分之间投入和产出的相互依存的关系的数量方法。该方法经进一步改进，将自然资源利用和环境污染输出等生物物质信息也纳入投入产出表框架中。Bicknell首次将投入产出分析引入生态足迹的计算中，后又经过一些学者完善成为比较完备的生态足迹分析方法。结合生命周期评价理论与投入产出分析的计算是足迹类指标的重要量化方法，对于中小尺度的足迹计算十分有效。

1.1.4 碳足迹法

近年来，全球变暖问题颇受人们关注。全球变暖涉及粮食安全碳足迹是在生态足迹的概念基础上提出的，它关注某个组织或某个活动所排放的温室气体量，可以用排放的质量来表示也可以用吸收这些气体的土地面积来表示。食物的碳足迹一般指食物生产过程中所投入的农药、化肥、农膜等农用物资和煤、柴油、电力等产生的CO_2排放量，也可依据碳中和的原理，折算成吸收这些CO_2的碳吸收地（通常为林地）面积。食物生产过程中的各环节碳排放如图1-2所示。

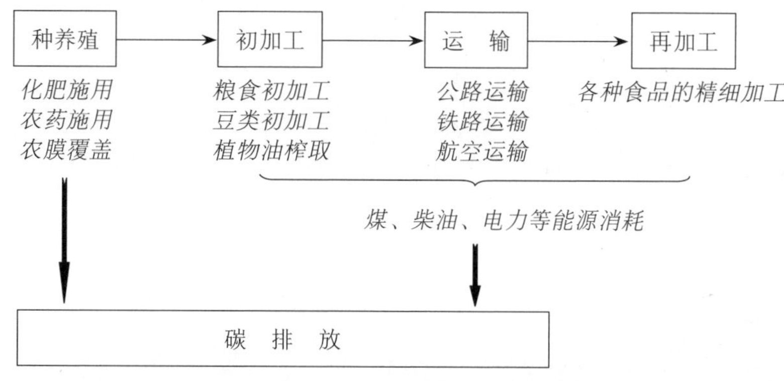

图1-2　食物生产过程中的碳排放示意图

碳足迹的计算方法有多种，包括生命周期评价法、投入产出法和将二者结合的混合LCA法等。其中，生命周期评价法适用于微观系统，分析的结果具有针对性，但计算起来耗时耗力；投入产出法以整个经济系统为边界，适用于宏观视角的碳足迹计算，计算过程更为简便；混合LCA法各取所长，是近几年碳足迹核算研究的热点，未来有望应用于产品、企业、国家等各个层次。

1.1.5 水足迹法

水足迹是2002年由荷兰学者Hoekstra提出的，它是一种衡量用水的指标，包括生产者或消费者的直接用水和间接用水。考虑一个产品的水足迹就是考虑它在整个供应链中的用水情况。水足迹由蓝水足迹、绿水足迹、灰水足迹三个成分组成。其中，蓝水足迹是指产品在其供应链中对地表水和地下水的消耗；绿水足迹是指对不会成为径流的雨水的消耗；灰水足迹是指将污染物吸收同化所需要的淡水体积。水足迹与生态足迹中的水域组分有所差别，前者关注的是人类的生产消费活动对全球水资源用量的影响，以体积为单位，而生态足迹中的水域足迹指的是水产品消费对于水域面积的占用，多指渔业用地。从广义上来讲，水足迹评价的目标是分析人类活动或特定产品与水资源短缺和污染问题的相关性，从水的角度来考虑可持续发展。

计算产品的水足迹一般采用阶段累积法，即生产某产品的水足迹为所有原材料水足迹和所有流程水足迹的加总。其核算公式为：

$$WF_{prod}(p)=\left(WF_{proc}(p)+\sum_{i=1}^{y}\frac{WF_{prod}(i)}{f_p(p,\ i)}\right)\times f_v(p) \tag{1-3}$$

式中，$WF_{prod}(p)$为最终产品p的水足迹（体积/质量）；$WF_{prod}(i)$为投入品i的水足迹；$WF_{proc}(p)$为生产产品p的过程水足迹；$f_p(p,\ i)$为产品比率；$f_v(p)$为价值比率。

足迹类指标的优势在于可通过生物物理当量的量化直接表征人类活动对环境的影响，但它也有一定程度的虚拟性，需要建立在一些假设的基础之上，且需要充分利用已有数据库来进行核算分析。虽然它是环境科学中的重要概念，却不同于一些实测的物理量。

1.2 我国家庭食物浪费的资源环境效应分析

1.2.1 我国食物浪费的关键环节及主要问题

食物供应链是指从最初的食品生产者到最终的消费者各环节的经济

利益主体所组成的整体，一般包括生产、加工、流通、贮藏、消费等环节。Kummu等人（2012）将食物供应链中的食物损失和浪费分为五类：（1）农业损失，指在作物收割和分拣过程中由于机械故障或泄漏等原因造成的损失；（2）采后损失，包括从农场到分销商过程中的储存和运输损失，以及处置时的泄漏和腐坏；（3）加工损失，指在工业或手工加工过程中的损失；（4）分配损失，指市场系统中的损失和浪费，包括批发市场、超市、零售商和菜市场；（5）消费浪费，包括家庭和公共场所等供应链终端的所有损失和浪费。供应链中的主体一般包括农户、食品企业、消费者、政府以及行业协会。

食物的损失和浪费常发生于供应链中的各个环节。一般来讲，发生于生产、加工、流通、贮藏环节的食物损失通常由客观因素引起，包括技术因素、设备设施、规模化程度和人力质量等。而发生于消费环节的食物浪费通常由不可观测的主观因素引起，即与人的认知和偏好相关。发生在消费环节的食物浪费成为制约我国粮食安全与可持续发展的严重问题，原因在于消费环节是食物供应链的末端，累积的浪费最多，从而浪费的成本最高。可以说，消费环节是减少食物浪费、缓解环境压力最为关键的一环。

餐馆、家庭、集体食堂是消费端浪费的主要场所。政府和行业协会就餐馆和集体食堂的浪费现已采取诸多措施。《反食品浪费法》确立了餐饮消费、日常消费的基本准则，包括点餐浪费可以收取垃圾处理费，“光盘”行动消费者可以获得奖励，以及商家诱导误导超量点餐最高可罚款1万元等。世界自然基金会日前发布的一份研究报告指出，发达国家的食物浪费问题尤为严重，我国应引以为戒，早日培养起全民的节约意识，实现可持续发展。现阶段我国食物浪费主要存在以下问题：

（1）有关部门在针对餐饮浪费制定奖惩措施时未考虑到市场因素。一份菜肴能否“光盘”，除了与点餐是否适量相关，还与菜肴的色香味特征有关。菜品口味也是影响消费者是否浪费的关键。

（2）社区团购兴起，生鲜品类成为人们的主要购买对象。相对于线下直接购买，社区团购这种线上下单、线下提货的模式使得消费者难以充分获取视频信息，商家更容易以次充好，消费者收到的产品质量参差不齐，更容易产生食物浪费。

（3）如何有效减少家庭中的食物浪费成为难题。家庭食物浪费往往更加隐蔽，在外的餐饮浪费只是暴露在公众目光中的浪费，而家庭浪费则是不可见的，成因也比较复杂，无法采取明确强硬的措施来监管，解决起来比较棘手。

1.2.2 我国家庭食物浪费的定量测度

1.2.2.1 家庭食物浪费的数据来源及测度方法

（1）数据来源

“中国健康与营养调查”（China Health and Nutrition Survey，CHNS）是由中国疾病预防控制中心营养与食品安全所（原中国预防医学科学院营养与食品卫生研究所）与美国北卡罗来纳大学人口中心合作的追踪调查项目，旨在研究中国社会和经济转型如何影响国民健康和营养状况，便于评价国家和政府实施的相关政策。调查内容涉及营养学、公共卫生、经济学、社会学和人口学等诸多学科，每次调查为期7天，采用多阶段分层整群随机抽样方法，调查范围涵盖我国东、中、西部的城市和农村，调查数据与范畴具有较强的代表性。

CHNS已公布了1989—2015年10轮调查的数据。膳食调查部分采用连续3天24小时膳食回顾法和家庭称重记账法，包含个人和家庭两个层面，由于膳食回顾法未对食物废弃量进行调查，本章使用家庭称重记账法的调查数据进行研究。因为1989年未调查食物浪费情况，2011年只调查了家庭关于食用油和调味品的浪费量，2015年未公开膳食部分的调查数据，所以本章对人均家庭食物浪费量的估算采用7个年度9个省份的调查数据，即1991年、1993年、1997年、2000年、2004年、2006年、2009年，黑龙江、辽宁、河南、山东、江苏、湖北、湖南、广西和贵州的CHNS调查数据。由于资源环境效应需要对食物浪费进行详细分类后测算，而1991年、1993年、1997年、2000年的食物编码及一些编码对应的浪费信息缺失量较大，测算结果无法较为真实地反映食物浪费对资源环境的影响，因此对资源环境效应的测算及第4章对其影响因素的分析，仅选用2004年、2006年、2009年3个年份的数据。

（2）数据处理

将不同的数据文件进行整合，剔除无关变量，将膳食数据统一单位为克。具体采用的变量及其含义见表1-1。

表1-1　　**我国家庭浪费测度的主要变量**

变量名称	变量含义	备注
prov	所在省份	调查户所在省份：黑龙江、辽宁、河南、山东、江苏、湖北、湖南、广西和贵州，1991年、1993年无黑龙江，1997年无辽宁
city	城乡类型	城市或农村
wave	调查年份	1991年、1993年、1997年、2000年、2004年、2006年、2009年共7个年份
hhid	家庭ID	识别调查户的标识
hhsize	家庭规模	调查户总人数
foodcode	食物编码	相关膳食数据以此形式分条记录
foodgroup	食物类别	食物编码所对应的食物分类
dis	食物三日废弃量	各编码下的食物连续三天废弃量
sdis	食物三日废弃总量	对该户家庭各编码食物废弃量加总后得到的总量
sonhand	食物结存总量	第一天开始时该户家庭总共的食物结存
sobt	食物三日购进或自产总量	连续三天合计的食物增加量，包括在外购买和家庭自产
srem	食物剩余总量	第三天结束时该户家庭合计的食物剩余

①食物分类。本章根据数据集中的食物编码将食物进行分类整理。前4个调查年份各食物编码下废弃量数据缺失较多，食物编码众多且不同年份适用的版本不同，因此，在分析家庭食物浪费各类别占比以及后续计算资源环境效应时，采用了2004年、2006年和2009年的数据。这3年的食物代码适用于《中国食物成分表2002》和《中国食物成分表

2004》，依据成分表规则和食物浪费所产生资源环境效应的差异性对其进行分类，并将类别名称进行简化，得到谷类、薯类及淀粉、豆类、蔬菜类、水果类、坚果及种子、猪肉、牛羊肉、禽肉、乳类、蛋类、水产品、小吃及方便食品、含酒精饮料、茶叶及茶饮料、其他饮料、糖、植物油、其他共19个食物分类。

②家庭规模的计算。由于数据库中的家庭规模，即家庭总人数的变量存在缺失，无法与家庭ID完全匹配，本章选择如下方法计算家庭规模：根据调查年份和家庭ID这两个变量确定家庭样本，每个家庭样本又包含一个或多个个人ID，个人ID是识别个人的唯一编码，将每个家庭ID所包含的个人ID数量进行统计得到家庭规模。

③家庭食物相关总量。按照家庭ID，将每个家庭不同食物编码下的食物三日废弃量、三日购进或自产量、结存量、剩余量数据分别加总，得到每个家庭的食物三日废弃总量、三日购进或自产总量、结存总量和剩余总量。

④缺失值的处理。原数据文件中的食物编码、食物三日废弃量、三日购进或自产量、结存量、剩余量均存在缺失值。一是食物编码的缺失不影响本章对人均食物浪费量的估算；对于资源环境效应的测算，食物编码在2004年、2006年分别缺失了一个数据，且对应的三日废弃量均为0，可将其直接删去。二是食物三日废弃量、三日购进或自产量、结存量、剩余量这4个变量的缺失值均出现在1991年、1993年、1997年和2000年这4个年份，尤其是三日废弃量和三日购进或自产量缺失比例较大。本章将这些变量的缺失值分为两部分进行处理：一是不完全缺失值的处理，不完全缺失即一户家庭的该变量数据存在部分缺失，该户家庭在膳食调查中的记录不完全，以三日废弃量为例，部分食物记录了废弃量，另一部分未记录，本章将不完全缺失值替换为0，进行正常加总；二是完全缺失值的处理，即对一户家庭记录的所有食物的数据全部缺失情况的处理，这种情况是随机出现的，本章在进行加总计算时将该户家庭的完全缺失值总量赋为缺失值。三是对食物三日废弃总量、三日购进或自产总量、结存总量和剩余总量这4个变量的缺失值的处理，本章首先剔除了结存总量和剩余总量为缺失值的数据，因为这两个变量

的缺失率分别为0.51%和0.43%，占比很小，对研究结果没有显著影响（见表1-2）。

表1-2 **调查年份的膳食数据缺失比例** 单位：%

年份	三日废弃总量（sdis）	结存总量（sonhand）	三日购进或自产总量（sobt）	剩余总量（srem）
1991	30.92	0.72	23.92	0.22
1993	24.09	0.67	16.46	0.53
1997	29.79	1.79	23.07	1.79
2000	41.03	0.67	13.10	0.63
2004	0.00	0.00	0.00	0.00
2006	0.00	0.00	0.00	0.00
2009	0.00	0.00	0.00	0.00
总缺失比例	17.04	0.51	10.09	0.43

依据CHNS数据库中相应调查年份的相关变量统计数据，家庭食物三日废弃总量、三日购进或自产总量的缺失数据所占比例分别为17.04%和10.09%，并且都分布在前4个年份，如果采用直接删去的方法，样本量将急剧减少，严重影响研究结果，因此不可取。如果使用均值或条件均值进行单一插补，将会扭曲被插补变量的真实分布。相关研究表明：对于含有较多缺失的社会调查数据，多重插补法是补全缺失值较为完善的方法。

鉴于插补模型使用的变量有一些并非连续型，难以满足马尔科夫链蒙特卡洛方法（MCMC）中变量的联合分布须为多元正态分布的要求，本章使用基于链式方程的多重插补法（MICE）填补缺失值，此方法不需要考虑被插补变量和协变量的联合分布，而是利用单个变量的条件分布逐个进行插补。MICE法由van Buuren等于1999年提出，基本原理是利用单个变量的条件分布建立一系列回归模型，按照变量的缺失比例从小到大依次插补。每次插补包含两个阶段：预插补阶段和插补阶段。记Y_1，Y_2，…，Y_k为k个有缺失值的变量，X为无缺失变量集。在预插补阶段，先做 Y_1 在 X 上的回归，据此插补 Y_1 缺失的部分，然后做 Y_2 在 X 和 Y_1 上的回归，据此插补 Y_2 缺失的部分，依次进行下去，直到 Y_k 在 X 和 Y_1，Y_2，…，Y_{k-1} 上的回归并插补 Y_k 缺失值的部分结束。在插补阶段，将遵循预插补的过程，不同的是每个回归包括除去本变量之外的其他全部变量，经过一系列迭代运算后，最终得到 m 个完整数据集。

本章实施的多重插补步骤如下：

第一步，确定需要插补的变量和协变量。将需要插补的三日废弃总量和三日购进或自产总量作为被插补变量，考虑与被插补变量的相关性以及缺失程度，选取省份、城乡类型、家庭规模、家庭净收入、三日结存总量作为协变量，并将数据集按年份分层，将前4个年份的调查数据分别做插补。

第二步，选取插补模型。通常采用一般线性回归模型作为插补模型。

第三步，选取 m 值。依据Rubin（1987）提出的多重插补通常进行3~5次已足够，缺失值占比30%左右时，插补5次就能获得很高的效率。本章选取 $m=5$。

第四步，利用Stata实现链式方程算法，生成 m 个完整数据集。

经过上述多重插补步骤后，将5个数据集中的插补数据求平均，最终得到一个完整的数据集。

⑤异常值的处理。针对数据中的异常值，本章先将插补后的数据集中 *sdis*、*sobt* 为负的数据剔除；再计算家庭食物二口消耗总量，即食物废弃总量与摄入总量之和 $scons = sonhand + sobt - srem$；最后将 $scons < sdis$ 的数据剔除。经上述步骤处理后，1991年、1993年、1997年、2000年、2004年、2006年、2009年各年份的有效样本量分别为3 351户、3 284户、3 427户、3 981户、4 211户、4 364户、4 409户。

（3）家庭食物浪费的测度方法

将每个调查年份的所有参与调查家庭的三日浪费量加总，除以该年参与调查的总人数并求日平均数，得到人均食物浪费量；再由每个调查年份的所有家庭的三日总浪费量，除以所有家庭的三日总消耗量，得到人均食物浪费率。计算公式如下：

①人均食物浪费量。

$$averdis_i = \frac{\sum_{j=1}^{n} sdis_{ij}}{3\sum_{j=1}^{n} hhsize_{ij}} \tag{1-4}$$

②人均食物浪费率。

$$disrate_i = \frac{\sum_{j=1}^{n} sdis_{ij}}{\sum_{j=1}^{n} scons_{ij}} \tag{1-5}$$

其中，$averdis_i$为第i个调查年份的人均食物浪费量，$disrate_i$为第i个调查年份的人均食物浪费率，$sdis_{ij}$为第i个调查年份第j户家庭的三日食物浪费量，$i=1$，2，…，7，$hhsize_{ij}$为第i个调查年份第j户家庭的成员人数，$scons_{ij}$为第i个调查年份第j户家庭的三日食物总消耗量，n为该年的总调查户数，$i=1$，2，…，7。

1.2.2.2 我国家庭食物浪费的量化分析

（1）我国家庭食物人均浪费量及浪费率

通过对CHNS数据库中我国家庭食物浪费调查数据的整理计算，得到家庭人均浪费量以及浪费率的结果如图1-3所示。

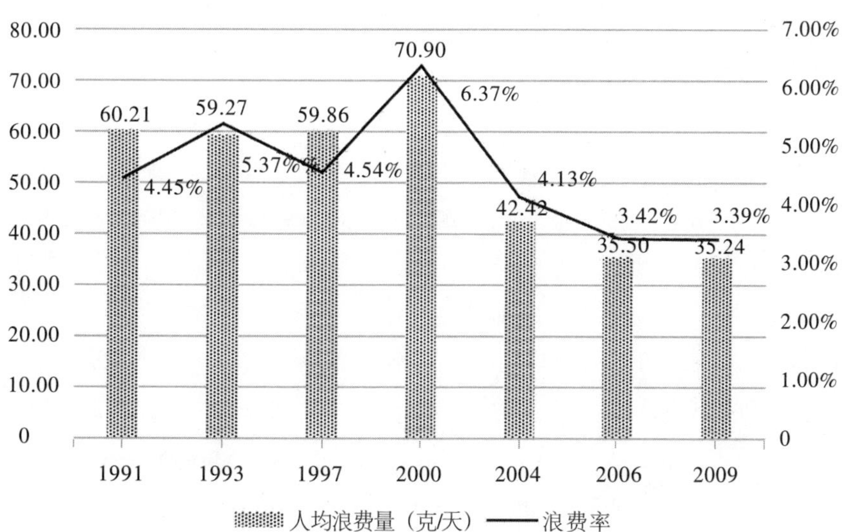

图1-3 各调查年份我国家庭食物人均浪费量及浪费率

由图1-3可见，2000年以前我国家庭食物浪费量变化幅度不大，平均每人浪费60.21克，2000年人均浪费量增至70.90克/天，2000年后明显下降且保持下降趋势，到了2009年降至35.24克/天；家庭食物浪费率也在2000年达到最高，而后骤降随后趋于平稳。依据这种变化趋势，本章认为：随着经济社会发展速度加快，居民的生活条件在21世纪得到极大改善，冰箱等家电普及程度大幅度提高，家庭对食物保存与保鲜的方法越来越多，能够较好地解决一些食物腐烂变质的问题，而且随着线下商超的迅速扩张和线上电商的快速发展，家庭购买食物的便利性显著提高，较明显地减少了家庭对食物的囤积浪费；随着居民收入水平逐年提高，家庭在外就餐次数增加，家庭自身食物浪费现象相对减少；随着居民文化程度普遍提高，以及减少食物浪费的宣传力度加大，居民的勤俭节约意识明显增强，铺张浪费行为减少。

（2）家庭食物浪费各类别占比

我国家庭食物浪费各类别占比如图1-4所示。考虑到2004年、2006年、2009年食物编码数据较为完整且便于结合后文资源环境效应分析，此处仅展示这3年的数据。图中标示了占比大于1%的各类食物浪费的比例。

浪费占比最大的是蔬菜类食物，三个调查年份中每年占比都在47%以上，大约为总食物浪费量的一半，远超其他的食物类别。谷类浪费也占据了较大比例，每年占比为15%～20%。从2006年和2009年来看，其余浪费按照占比由大到小排序为水果类、豆类、水产品、薯类及淀粉、猪肉、禽肉、蛋类和其他类食物，占比为1%～10%。2004年的占比排序略有差异，薯类及淀粉和豆类的浪费量大于水产品和水果类。坚果及种子、牛羊肉、乳类、小吃及方便食品、含酒精饮料、茶叶及茶饮料、其他饮料、糖、植物油这些类别的食物占比极小，在0～0.5%之间。

食物浪费占比应与食物易储存程度、食物价格、居民饮食结构相关。大部分蔬菜水果和水产品保鲜时间短，购买过量易造成浪费。调查省份中没有牛羊牧业发达的省份，居民的猪肉和禽肉食用频率较高，可能是浪费比重较牛羊肉更大的原因。谷类、豆类、薯类及淀粉保质期较长，但作为主食食用频率很高且价格低廉，因此也占据较大的浪费占比。

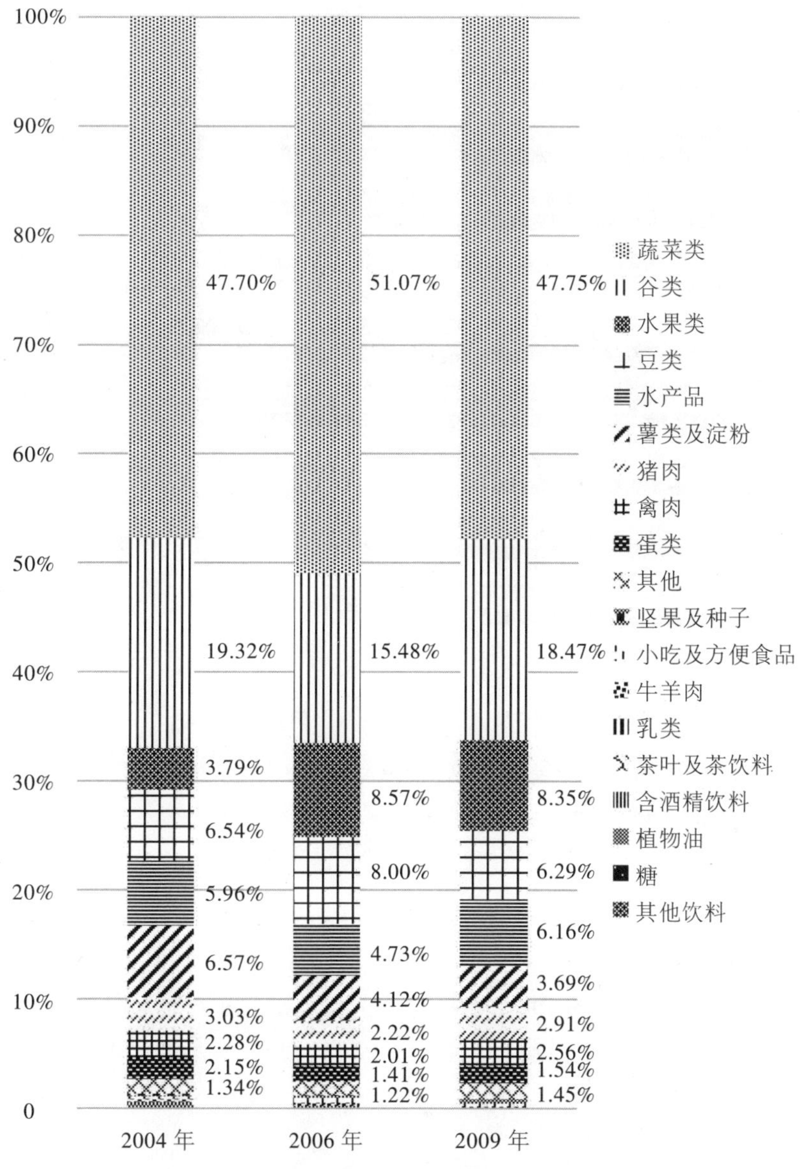

图1-4　我国家庭食物浪费各类别占比

（3）各省份和城乡家庭食物浪费对比

我国九省份家庭食物人均浪费量占比如图1-5所示。间隔9年选取1991年、2000年、2009年展示，以便更直观地显示时间跨度的影响。需说明的是，1991年黑龙江省并未参与调查。

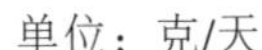

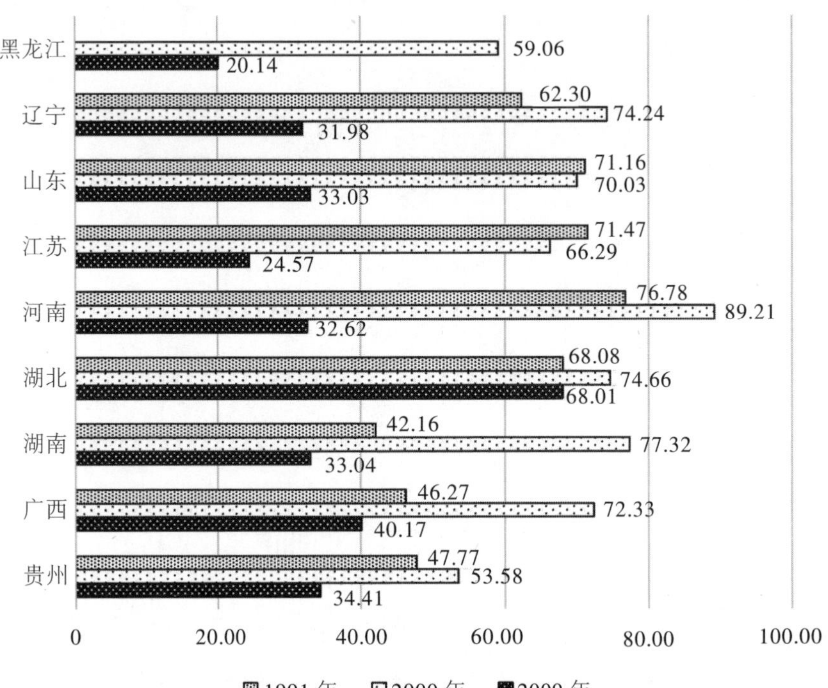

图 1-5　我国九省份家庭食物人均浪费量

如图 1-5 所示，我国家庭食物浪费呈现出省域差异：1991 年，有 3 个省份的日人均浪费量超过了 70 克，分别为河南、江苏、山东，河南省的日人均浪费量最高，达到了 76.78 克；湖北和辽宁的浪费情况也较为严重，超过了 60 克；湖南、贵州、广西等南方省份浪费程度相对较低，日人均浪费量为 40 ~ 50 克。2000 年，各省份浪费状况普遍严重，河南省最为突出，日人均浪费量接近 90 克；共有 6 个省份日人均浪费量超过了 70 克，分别为河南、湖南、湖北、辽宁、广西、山东；黑龙江和贵州的日人均浪费量为 50 ~ 60 克。2009 年，仅有湖北省的人均浪费量接近 70 克/天，除湖北省的浪费情况依旧较为严重外，其他省份的浪费情况均有明显改善，日人均浪费量为 20 ~ 40 克。

从各省份浪费的时间变化来看：湖北省的人均浪费量 20 年来变化不大，始终较为突出；黑龙江、辽宁、山东、江苏在 2009 年的人均浪费量较以前年份显著减少，河南省的浪费情况改善最为明显；湖南、广西、贵州的浪费量呈现先增后减的变化，且2009年的浪费程度低于1991年。

除省域差异外，城乡之间浪费情况也有所差别。关注这些不同区域的差异性，有助于决策者采取更具体化和针对性的措施来减少浪费。我国城乡家庭食物人均浪费量及浪费家庭占比见表1-3。

表1-3　　我国城乡家庭食物人均浪费量及浪费家庭占比

年份	人均浪费量（克/天）		浪费家庭占比（%）	
	城市	农村	城市	农村
2004	37.30	44.93	61.69	64.24
2006	25.60	40.43	49.75	66.72
2009	32.12	36.76	62.81	66.03

从数据上看，我国农村家庭食物浪费的情况比城市严重，农村家庭食物人均浪费量更高，在CHNS调查的3年内存在浪费现象的家庭比例也更大，这可能是由城乡发展不平衡所导致的。农村地区的发展总体上滞后于城市，农村居民和城市居民在收入和教育等方面存在一定差距。

根据国家统计局的数据，2009年末我国总人口为133 450万人，乘以本章由调查数据计算得到的人均浪费量，估算可得，2009年全年我国家庭食物浪费总量约为1 716万吨，浪费现象十分惊人。当年的全国粮食总产量为53 082万吨，浪费总量占粮食总产量的3.23%。2018年世界自然基金会与中科院地理资源所发布《中国城市餐饮食物浪费报告》显示，我国2015年全年餐饮食物浪费总量为1 700万～1 800万吨。从总量上看，我国家庭食物浪费量与餐饮食物浪费量相当，同样需要引起重视。

1.2.3　我国家庭食物浪费的生态足迹和碳足迹分析

食物浪费造成了自然资本的无效消耗，其中最直观的就是对生产性土地资本的消耗。此外，在生产过程中，还有煤炭、燃油、电力等能源投入，造成了温室气体的过量排放。本节测算了我国家庭食物浪费的生态足迹与碳足迹，以衡量土地资源消耗和温室气体排放这两种基本效应。

1.2.3.1　食物浪费生态足迹和碳足迹的测算

本章所研究的食物生态足迹是指狭义上的生态足迹，只包括耕地、草地、水域三类组分，也统称为可更新膳食生态足迹。而碳足迹是指吸收CO_2的碳吸收地面积，反映了食物浪费行为对自然系统碳中和功能的浪费。需要说明的是，本章核算的碳足迹是指生产过程中所产生的CO_2，而非处理废弃食物所产生的CO_2。可更新膳食生态足迹与支持食物消费所需要的碳足迹一起构成了完整的食物足迹。

本节沿用了前面介绍的食物分类，分类过程中已将缺少系数的小类归并到相近类别。剔除调味品等浪费较少且难以测算的食物项目后，19个食物类别中的项目均可测算，基本保证了生态足迹和碳足迹核算的可靠性和完整性。分类后的食物浪费项目核算清单见表1-4，个别食物类别将再进一步细分核算。将谷类分为粗粮和细粮核算，将水果类中的瓜果类单独进行核算，将猪肉、乳类、水产品、小吃及方便食品、含酒精饮料和其他饮料中的各个项目分别进行核算。

表1-4　**食物浪费项目核算清单**

食物类别	核算项目	占用的土地类型
谷类	小麦、稻米、玉米、大麦、小米、黄米等	耕地、碳吸收地
薯类及淀粉	薯类、薯芋类、淀粉	耕地、碳吸收地
豆类	大豆、绿豆、赤豆、芸豆、蚕豆等	耕地、碳吸收地
蔬菜类	根菜类、茄果、瓜菜类、葱蒜类、嫩茎、叶、花菜类、水生蔬菜类、野生蔬菜类、菌类	耕地、碳吸收地
水果类	仁果类、核果类、浆果类、柑橘类、热带、亚热带水果、瓜果类	耕地、碳吸收地
坚果及种子	树坚果、种子	耕地
猪肉	剔骨猪肉、带骨猪肉、香肠、火腿肠	耕地、碳吸收地
牛羊肉	牛肉、羊肉	耕地、草地、碳吸收地
禽肉	鸡、鸭、鹅、火鸡等	耕地、碳吸收地
乳类	液态乳、奶粉、酸奶、奶酪、奶油、婴幼儿配方奶粉	耕地、草地、碳吸收地
蛋类	鸡蛋、鸭蛋、鹅蛋、鹌鹑蛋	耕地、碳吸收地
水产品	鱼、虾、蟹、贝等	耕地、水域、碳吸收地
小吃及方便食品	小吃、面包、饼干、方便面	耕地、草地、碳吸收地
含酒精饮料	啤酒、白酒	耕地、碳吸收地
茶叶及茶饮料	茶叶、茶饮料	耕地、碳吸收地
其他饮料	果蔬饮料、含乳饮料、冷冻饮品	耕地、草地、碳吸收地
糖	糖	耕地、碳吸收地
植物油	植物油	耕地、碳吸收地
其他	狗肉等	耕地、碳吸收地

本章涉及的食物种类近800种，且存在很多非种植类农产品和农产加工品，生命周期过程复杂，使用传统方法计算生态足迹和碳足迹或难以分析，或误差较大。传统方法将某一类食物消费或浪费直接归为占用单一类别的土地。例如，直接将草地作为生产牛羊肉的生物生产性土地是不准确的，因为在实际饲养牛羊的过程中，不仅需要草地来提供草料，还需耕地来提供饲料粮，同时需考虑一定的土地来中和生产过程中所排放的CO_2。再如白酒，需先将其折算成原料粮再进行计算。可见，在中小尺度上使用传统方法测算食物浪费的生态足迹存在一定的缺陷。Tilman和Clark（2014）提出，在此种情况时，可综合现有研究成果，在不确定性的前提下进行研究。本章使用的生态足迹和碳足迹系数主要参考了曹淑艳等人的研究。曹淑艳等人从生命周期理论出发，采用了基于投入产出分析的组分法，详细核算了各食物消费项目的生态足迹和碳足迹系数，并将其以消费-土地利用矩阵的形式呈现出来，相对于其他研究核算的足迹系数，此研究核算的食物类别更加详细完整，且相对于国外文献库中的系数核算而言，核算过程中考虑的投入产出结构、生产效率等方面更加贴近我国的实际情况，方便生态足迹方法在中小尺度上的应用。

$$EF=\sum_{i=1}^{k}C_i\times EFI_i=\sum_{i=1}^{k}C_i\times(EFI_{a,\ i}+EFI_{p,\ i}+EFI_{f,\ i}) \tag{1-6}$$

$$CF=\sum_{i=1}^{k}C_i\times CFI_i \tag{1-7}$$

$$ef=\frac{EF}{n},\quad cf=\frac{CF}{n} \tag{1-8}$$

式中：EF和CF分别为食物的生态足迹和碳足迹；C_i为第i个食物项目的浪费量；$EFI_{a,\ i}$、$EFI_{p,\ i}$、$EFI_{f,\ i}$分别为该食物项目的耕地、草地、水域的生态足迹系数（单位：ghm^2/t），三者之和构成了生态足迹系数；EFI_i、CFI_i为碳足迹系数；ef为人均食物生态足迹；cf为人均食物浪费碳足迹；n为调查人数。本章所使用的生态足迹系数均已经过标准化，以表示全球平均生产力的全球性公顷（ghm^2）作为生态足迹的单位。

1.2.3.2 食物浪费生态足迹和碳足迹的比较分析

我国家庭各类食物浪费的人均生态足迹和碳足迹测算结果见表1-5。

表1-5 我国家庭各类食物浪费的人均生态足迹和碳足迹测算结果 ($\times 10^{-6}$ghm^2/year)

项目	生态足迹				碳足迹			
	2004	2006	2009	均值	2004	2006	2009	均值
谷类	2 968.09	1 945.64	2 314.19	2 409.31	570.05	377.94	446.64	464.88
薯类及淀粉	164.14	85.39	75.51	108.35	82.07	42.69	37.76	54.17
豆类	1 806.23	1 833.08	1 424.80	1 688.03	112.25	113.92	88.55	104.91
蔬菜类	1 488.74	1 321 .94	1 222.82	1 344.50	2 009.80	1 784.61	1 650.80	1 815.07
水果类	144.31	220.01	237.03	200.45	180.95	263.46	291.40	245.27
坚果及种子	133.34	104.67	184.81	140.94	0.00	0.00	0.00	0.00
猪肉	705.04	428.90	528.12	554.02	350.68	212.87	261.28	274.94
牛羊肉	474.93	263.24	139.53	292.57	14.32	7.94	4.21	8.82
禽肉	423.76	309.79	390.71	374.75	252.83	184.83	233.11	223.59
乳类	10.94	14.88	18.56	14.79	3.18	4.23	5.54	4.32
蛋类	291.70	158.86	171.16	207.24	127.41	69.39	74.76	90.52
水产品	1 360.15	892.77	1 126.44	1 126.45	257.00	168.44	213.90	213.11
小吃及方便食品	120.87	249.84	110.23	160.31	24.72	48.09	21.84	31.55
含酒精饮料	5.07	20.37	0.30	8.58	2.70	11.08	0.15	4.64
茶叶及茶饮料	0.00	0.00	6.93	2.31	0.00	0.00	0.90	0.30
其他饮料	0.29	0.13	0.24	0.22	0.18	0.03	0.11	0.11
糖	1.90	0.00	0.23	0.71	4.48	0.00	0.53	1.67
植物油	262.12	17.92	6.24	95.43	49.67	3.40	1.18	18.08
其他	10.57	5.03	1.65	5.75	5.25	2.50	0.82	2.86
合计	10 372.20	7 872.43	7 959.48	8 734.71	4 047.53	3 295.41	3 333.47	3 558.80

从总体上看，家庭食物浪费的生态足迹在2004—2006年期间减少了24.10%，碳足迹减少了18.58%，在2006—2009年期间趋于稳定，变化幅度极小。从食物类别上看，谷类、豆类、蔬菜类和水产品的生态足迹明显高于其他食物，这四类食物的生态足迹3年均值占总体的75.20%，而碳足迹方面，有51.00%都来自于蔬菜类食物的浪费。蔬菜类的生态足迹系数与碳足迹系数都不高，仅为0.20和0.27，基本低于鱼肉蛋奶等动物性食物。这可以说明在核算相同质量的食物时，蔬菜类的浪费并不会对环境造成较大负担。因此，蔬菜类浪费对资源环境的影响如此突出，原因在于浪费量非常大，相对于鱼肉蛋奶等食物生产量大且价格低廉，居民采购或自产都比较容易，但新鲜蔬菜不易储存，无论是过量采购还是烹饪时的无计划都很容易造成浪费，进而对资源环境造成累积性的负面影响。

由图1-6、图1-7可以看出，湖北的人均生态足迹和碳足迹都是最高的。2004年，辽宁和广西的两类足迹也比较高，黑龙江和贵州则一直较低。从时间上看，各个省份存在不同程度的波动，辽宁、湖北、广西的波动幅度较大。生态足迹的组分中耕地足迹占绝大部分，占比达73%～98%。

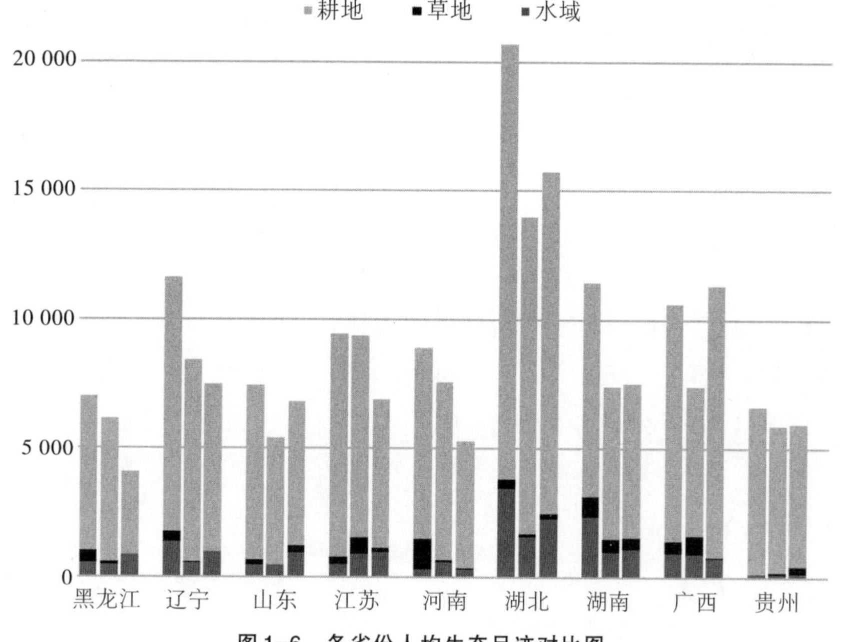

图1-6　各省份人均生态足迹对比图

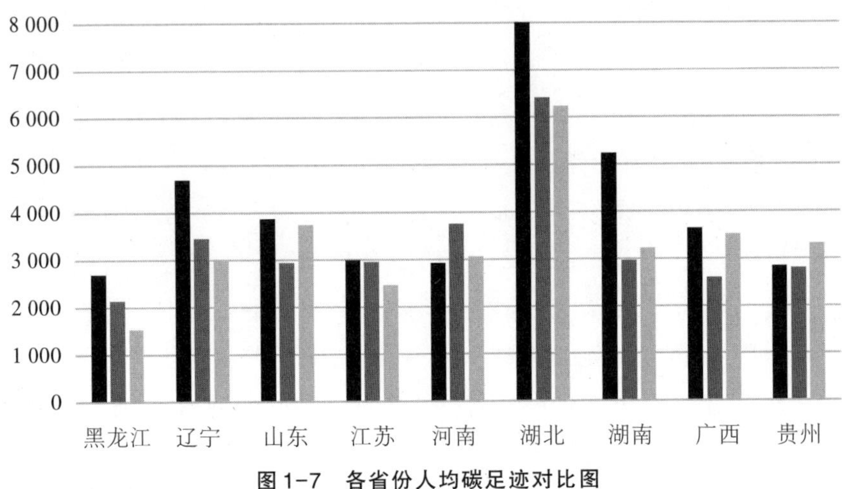

图 1-7　各省份人均碳足迹对比图

1.2.4　我国家庭食物浪费的水足迹分析

人类依赖淡水资源来进行各种生产活动，食物生产也不例外。水足迹能够反映食物生产过程中所占用的淡水资源量。将水足迹纳入资源环境效应评价体系中，扩展了资源环境的评价维度。本章对我国家庭食物浪费的水足迹进行了测算和分析。

1.2.4.1　食物浪费水足迹的测算

除水产品外，本章使用的水足迹系数绝大部分来自于Hoekstra等人的研究，其中，部分采用了Hoekstra利用我国本土数据测算的水足迹系数，部分用全球产品的水足迹系数代替。水产品的水足迹系数参考了我国学者Yuan Q等人在2017年对养殖鱼类的研究。我国是全球最大的养殖水产品生产国，水产品的生产以养殖为主。假设CHNS调查数据中的水产品全部来源于人工养殖。食物分类中其他类别的食物与前面介绍的核算项目有所不同，水足迹核算中的其他类别食物主要包含酱油、番茄沙司、香辛料等调味品。

$$WF = \sum_{i=1}^{k} C_i \times (WFI_{blue,\ i} + WFI_{green,\ i} + WFI_{grey,\ i}) \tag{1-9}$$

$$wf = \frac{WF}{n} \tag{1-10}$$

式中：WF为总水足迹，单位为L，C_i为第i个食物项目的浪费量，

$WFI_{blue,\ i}$、$WFI_{green,\ i}$、$WFI_{grey,\ i}$分别为单位食物的蓝水、绿水、灰水足迹，wf为人均食物浪费水足迹，n为被调查人数。

1.2.4.2　食物浪费水足迹的比较分析

我国家庭各类食物浪费的人均水足迹测算结果见表1-6。

表1-6　**我国家庭各类食物浪费的人均水足迹测算结果**　单位：L/year

项目	2004	2006	2009	均值
谷类	1 163.67	773.49	912.77	949.98
薯类及淀粉	1 686.54	877.36	775.87	1 113.26
豆类	4 138.00	4 199.51	3 264.15	3 867.22
蔬菜类	2 396.87	2 128.32	1 968.73	2 164.64
水果类	569.53	1067.15	1028.45	888.38
坚果及种子	351.31	275.76	486.89	371.32
猪肉	3 639.89	2 300.68	3 244.45	3 061.67
牛羊肉	398.25	250.13	127.85	258.75
禽肉	1 414.07	1 033.75	1 303.80	1 250.54
乳类	18.96	25.12	20.95	21.68
蛋类	1 037.38	564.94	608.70	737.01
水产品	2 894.32	1 902.69	2 451.27	2 416.09
小吃及方便食品	7.70	5.45	5.12	6.09
含酒精饮料	2.82	0.00	0.63	1.15
茶叶及茶饮料	0.00	0.00	20.95	6.98
其他饮料	7.32	0.00	0.91	2.74
糖	12.09	0.00	1.44	4.51
植物油	251.73	17.30	5.97	91.67
其他	13.84	25.30	7.05	15.39
合计	20 004.28	15 446.95	16 235.95	17 229.06

从总体上看，家庭食物浪费的水足迹在2004—2006年期间减少了22.78%，在2006—2009年期间趋于稳定，仅增长了5.11%，变化幅度不大。从食物类别上看，豆类、猪肉、蔬菜类和水产品的水足迹明显高于其他食物，这四类食物的水足迹3年均值占总体的66.80%，其次是禽肉、薯类及淀粉、谷类、水果类和蛋类，共占总体的28.67%。

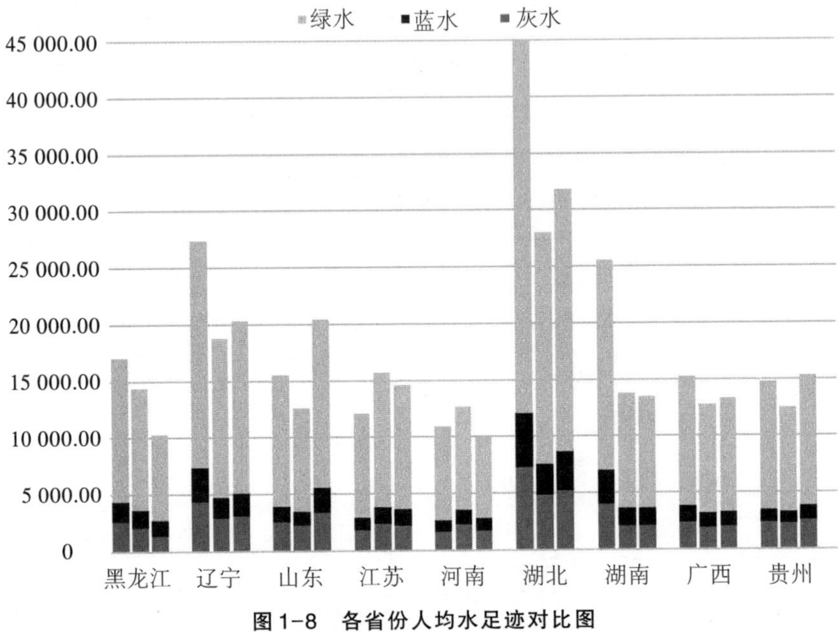

图 1-8 各省份人均水足迹对比图

从图1-8省份上看，湖北人均食物浪费的水足迹依旧非常突出，辽宁和山东稍高于其他省份，河南的水足迹最低，其余省份无明显差异。湖北和河南同在中部地区，却显现出巨大差异，2004年湖北家庭人均食物浪费的总水足迹是河南的4.11倍。从组分上看，绿水足迹占了大部分比重，占总水足迹的71%～77%。蓝水足迹虽然比重不高，但蓝水资源比绿水资源更为短缺，且机会成本较高，仍需要关注。

1.2.5 我国家庭食物浪费的资源环境效应的综合评价

生态足迹、碳足迹、水足迹是足迹家族的三个关键指标，可以衡量环境影响的不同方面。生态足迹衡量的是生物生产空间的使用，碳足迹衡量的是温室气体（CO_2）的排放量，水足迹衡量的是对环境中淡水资源的占用，三个指标可以互为补充。相对于各单一指标的评价方式，对这些足迹指标进行综合评价能够从多角度、多层次来评估食物浪费对生态环境的影响程度。本节将家庭食物浪费的生态足迹、碳足迹、水足迹作为评价指标，使用熵权TOPSIS方法，综合食物浪费所占用的土地资源、水资源和所产生的碳排放来评估调查各个省份家庭食物浪费对资源环境的影响程度。

1.2.5.1　资源环境效应的综合评价模型构建

熵权法是一种根据指标的变异程度进行赋权的客观方法。熵是信息论中的重要概念，它衡量了系统的无序程度。一般认为，某个指标的信息熵越小，则表示该指标值的变异程度越大，所包含的信息量也就越大，在综合评价中所赋予的权重也就越大。TOPSIS方法又称优劣解距离法，它定义了一个正理想解和一个负理想解，通过计算距离这两个理想解的欧氏距离，将评价对象基于逼近理想解的程度进行排序，若离正理想解最近且离负理想解最远则为最优。利用熵权对TOPSIS方法进行改进能够避免计算中的主观性，使结果较为合理。基于熵权TOPSIS方法的资源环境效应综合评价模型的构建过程如下：

（1）数据的标准化处理

对数据进行标准化处理，以消除量纲的影响。评价3个调查年份中的9个省份家庭食物浪费的资源环境效应，共有27个评价对象，将各省各年份的人均生态足迹、碳足迹、水足迹都作为正向指标，设$X=(x_{ij})$（$i=1, 2, \ldots, 27, j=1, 2, 3$）为各评价对象的各指标所组成的矩阵。

$$x'_{ij}=\frac{x_{ij}-\min(x_j)}{\max(x_j)-\min(x_j)} \tag{1-11}$$

（2）计算评价指标的熵权

计算第i个评价对象第j项指标所占的比重：

$$p_{ij}=\frac{x'_{ij}}{\sum_{i=1}^{27}x'_{ij}} \tag{1-12}$$

计算第j项指标的信息熵：

$$e_j=-\frac{1}{\ln 27}\sum_{i=1}^{27}p_{ij}\ln p_{ij} \tag{1-13}$$

计算第j项指标信息熵的冗余度：

$$d_j=1-e_j \tag{1-14}$$

计算第j项指标的权重：

$$\omega_j=\frac{d_j}{\sum_j d_j} \tag{1-15}$$

求得生态足迹、碳足迹、水足迹的权重值分别为0.2862、0.2306、

0.4832。

（3）构造加权标准化矩阵

$$Y=\begin{pmatrix} w_1x'_{11} & w_2x'_{12} & w_3x'_{13} \\ w_1x'_{21} & w_2x'_{22} & w_3x'_{23} \\ \vdots & \vdots & \vdots \\ w_1x'_{27,1} & w_2x'_{27,2} & w_3x'_{27,3} \end{pmatrix} \tag{1-16}$$

（4）评价对象的理想解及其欧氏距离

确定评价对象的正理想解和负理想解，并计算评价对象距离正负理想解的欧氏距离。

正理想解是指各个指标均达到各评价对象中“最好”的值，负理想解是指各个指标均达到各评价对象中“最差”的值。

$$V^+=(v_j^+)_{j\in J}=\left\{(\max v_{ij}|j\in J)|i=1,\ 2,\ \cdots,\ 27\right\} \tag{1-17}$$

$$V^-=(v_j^-)_{j\in J}=\left\{(\min v_{ij}|j\in J)|i=1,\ 2,\ \cdots,\ 27\right\} \tag{1-18}$$

评价对象距离V^+，V^-的欧式距离分别为：

$$D_i^+=\sum_{j=1}^{3}(v_{ij}-v_j^+)^2 \tag{1-19}$$

$$D_i^-=\sum_{j=1}^{3}(v_{ij}-v_j^-)^2 \tag{1-20}$$

（5）综合评分计算

计算评价对象与理想解的相对贴近度C_i，即最后的综合评分。

$$C_i=\frac{D_i^-}{D_i^+ + D_i^-} \tag{1-21}$$

1.2.5.2 资源环境效应的综合评价结果

根据本章所得2004年、2006年、2009年各省份的足迹数据，运用熵权TOPSIS方法所计算出的资源环境效应综合评分结果见表1-7。

表1-7 **各省份资源环境效应综合评分**

省份 / 年份	黑龙江	辽宁	山东	江苏	河南	湖北	湖南	广西	贵州
2004	0.1930	0.4852	0.2045	0.1730	0.1523	1.0000	0.4622	0.2449	0.1512
2006	0.1218	0.2599	0.1064	0.2118	0.1673	0.5648	0.1510	0.1277	0.1055
2009	0.0055	0.2667	0.2777	0.1407	0.0912	0.6534	0.1573	0.2336	0.1659
均值	0.1067	0.3373	0.1962	0.1752	0.1369	0.7394	0.2568	0.2021	0.1409

根据3个年份的资源环境效应综合评分均值评价各省份家庭食物浪废对资源环境的影响程度可见，湖北家庭食物浪费对于资源环境的负面影响最大，远大于其他省份，其在2004年的综合评分达到了1.0000，即在生态足迹、碳足迹、水足迹三个维度评价都是最差的。本章关于家庭食物浪费量的省份比较分析结果显示：2009年湖北的人均食物浪费量是最高的，辽宁、山东、河南、湖南这几个省份的差异并不明显，但对资源环境造成了不同程度的影响，说明除了食物总体浪费量对环境造成影响以外，居民的食物浪费结构产生的影响也不容忽视。在对食物消费的研究中，不同消费模式的生态影响受到了一些学者的关注，如何既满足营养摄入需求又将环境压力降到最小成为研究重点。而在食物浪费方面，食物浪费结构的差异原因比较复杂，与储存手段、烹饪手段、地理环境、经济收入、居民的消费心理、社会环境等因素均存在一定的相关性。对此，本章将对我国家庭食物浪费资源环境效应的影响因素进行进一步探究，结合家庭的异质性，考察具有何种特征的家庭将在食物浪费方面对环境造成较大影响。

1.3 本章小结

针对食物浪费这一现象，本章分析了我国食物浪费的关键环节及主要问题，聚焦于家庭食物浪费，利用CHNS数据库中的食物数据集对家庭食物浪费进行了量化分析，测算了家庭食物浪费的生态足迹、碳足迹、水足迹，并采用熵权TOSIS方法对各省份的家庭食物浪费所产生的资源环境效应进行了综合评价，主要结论如下：总体上我国家庭食物的人均浪费量在1991—2009年呈现出先上升后下降并趋于平稳的趋势，呈现出省际差异和地区差异，估算的年家庭食物浪费总量比较惊人，与餐饮浪费量相当。从资源环境效应各指标的测算结果和综合评价结果来看，蔬菜类、豆类和水产品对资源环境的负面影响比较突出，应当采取相关措施优化居民膳食结构，鼓励居民有计划地购买和科学地储存食品。湖北和辽宁家庭食物浪费带给资源环境的压力较为突出，应视当地具体情况制定相应的减少浪费的政策和措施。

根据本章的研究结论，提出以下政策建议：

（1）利用好传统媒体和自媒体普及合理膳食知识，倡导养成文明饮食习惯。这样有助于居民根据每天食物的科学摄入量来制订饮食计划，不仅有助于减少食物浪费，还能够提升国民身体素质。针对中青年人群，可在微信公众号、短视频平台发布膳食知识和食物储存技巧；针对老年人群，可在社区发放《中国居民膳食指南》等宣传资料。这样引导大众采取科学措施对食物进行保鲜，定量烹饪每一餐，可以帮助从源头减少家庭食物的浪费。

（2）对未成年人开展科学有效的教育工作，从小树立勤俭节约的“光盘”意识。中小学可定期举办科学讲座或班会活动，将食物浪费现状，以及食物浪费对资源环境的影响、对粮食安全的影响用简单易懂的方式向学生普及。除此之外，还要鼓励学生参与相关的社会实践活动，如去农场参与一日蔬菜种植，学校食堂设立开放日让学生帮厨等，在实践中让学生体会来之不易的每一份食物。

（3）在企事业单位、高校等地加强反食品浪费的宣传工作，提高高学历高收入人群的节约意识。对于高学历高收入人群，由于浪费的成本相对较低，更容易发生食物浪费。因此，有必要重点加强该群体的宣传工作，可视情况建立奖惩制度。

（4）针对各地区制定差异化政策，并针对城乡居民的不同特点实行不同的宣传和监管措施。例如，在食物浪费严重的省市，可强化厨余垃圾分类的监管，增加居民在家中处理浪费食物的难度，从而倒逼居民减少食物浪费。各地政府应该加强对本地食物浪费情况的调研，以便有的放矢，根据实际情况来制定更适合本地的政策和措施。

第2章　不同主体负责回收的废弃产品回收决策分析

废弃产品的正规回收利用对我国社会健康发展至关重要。例如，废弃电器电子产品在拆解过程中会产生持久性有机污染物排放，不仅对空气、土壤和水环境造成严重污染，也会给人类健康带来危害。2017年，上海出现大量倾倒过期食品罐头遭周边居民哄抢事件，产生了很大的食品安全隐患。有效回收废弃产品并进行安全合理利用对保障人们安全、保护环境与节约资源至关重要。在具体实践中，负责回收废弃产品的主体有产品制造商、第三方回收者、零售商以及零供回收一体化的共同利益体，不同主体负责回收模式下的相关决策如何，哪种模式对相关主体更有经济推动力，是关系废弃产品回收再利用有效实施的关键问题。

在相关废弃产品回收处理主体的研究中，Sudhir等基于循环经济分析利益机制，并提出通过提高原生资源价格，给予负责废弃产品回收利用的生产者经济补贴等对策；Atasu等建立了生产商与政府、消费者之间的博弈模型，分析了回收法规的环境和经济影响，电子产品回收立法对相关主体成本和福利的影响；Kaya等研究了制造商对回收商的激励和最优生产决策，设计了基于转移支付的线性合同协调机制；周永圣和汪寿阳分析了在生产商直接负责、委托零售商负责与委托第三方回收者负责的三种回收模式下回收成本与激励、惩罚价格之间的关系；范体军等建立了考虑和不考虑激励因素两种情况下废旧产品回收外包的决策模型；付小勇等分析了废旧电子产品回收市场两条逆向供应链之间竞争的条件下，处理商在直接回收模式与间接回收模式中的回收价格、数量及利润；Wei Jie等分析了信息不对称下制造商和零售商的批发价格、零售价格及回收比例的决策；刘慧慧等构建了价格竞争模型，分析认为电子产品回收处理成本差异使非正规企业始终处于竞争优势地位；费威和马跃针对废弃食品回收问题，分析了制造商与零售商各自负责回收模式下的回收比例等相关决策及其影响因素；肖露等分析了由原始制造商和独立再制造商进行价格竞争情况下，再制造产品数量相关决策及其政府税收的激励政策。然而，现有研究对不同主体负责回收废弃产品的回收效率、销售量和利润等方面的比较分析有待深入。因此，本章分别对制造商负责、第三方回收者负责、零供回收一体化负责、零售商负责四种不同主体负责回收模式下的废弃产品回收率、价格、销售量等进行了分析，并比较分析了不同主体负责回收模式下的相关主体利润，为促进废弃产品的有效回收再利用提供了启示建议。

2.1 问题描述及模型分析

本章分析的是某产品制造商生产产品直接供应给下游零售商，零售商将产品销售给消费者的基本问题背景。假设产品需求函数为一般的线性需求函数 $Q=\alpha-\beta p$。其中 α 表示与价格无关的产品基本需求量，β 表示产品需求量的价格敏感度。p 是由零售商决定的产品单位零售价格。

制造商除了利用原材料进行正常生产之外，还可以合理利用回收的废弃产品以节省部分原材料再生产新产品，因而这样能够节省部分生产成本，并实现废弃产品的安全有效利用、节能环保等目标。c_0 表示正常生产的单位成本，c_r 是利用回收废弃产品原材料再生产的单位成本。

τ表示废弃产品回收率，它是由负责回收废弃产品的主体决定的变量，显然$0 \leqslant \tau \leqslant 1$。废弃产品回收率为$\tau$时要付出的回收成本为$\frac{1}{2}c\tau^2$，其中$c$表示废弃产品边际回收成本系数。因此，制造商生产产品的平均单位成本为$C_M=(1-\tau)c_0+\tau c_r=c_0-\tau(c_0-c_r)=c_0-\tau\Delta$。其中$\Delta$表示回收废弃产品进行生产的单位节省成本。$w$表示制造商决定的产品单位批发价格。假设$\alpha-\beta c_0>0$，这符合现实中$p>w>c_0$的常识。以上参数取值均为正。

本章分别对制造商负责回收、第三方回收者负责回收、零供回收一体化负责回收以及零售商负责回收四种模式相关决策进行分析及比较，为废弃产品的有效回收利用提供参考依据。

2.1.1 制造商负责回收废弃产品的模型分析

制造商除了负责生产产品，还要负责对废弃产品进行回收并付出相应的回收成本。因此，制造商为自身利润最大化对产品批发价格和废弃产品回收率进行决定，零售商则根据自身利润最大化决定产品的零售价格。相应的制造商利润和零售商利润最大化模型如下：

$$\max \quad \Pi_M(w,\ \tau)=(w-c_0+\tau\Delta)Q-\frac{1}{2}c\tau^2 \tag{2-1}$$

$$\max \quad \Pi_R(p)=(p-w)Q \tag{2-2}$$

根据逆向归纳法，先由零售商利润最大化的最优条件$\frac{d\Pi_R(p)}{dp}=0$，$\frac{d^2\Pi_R(p)}{dp^2}=-2\beta<0$，解得零售价格为$p=\frac{\alpha+\beta w}{2\beta}$。将该结果代入制造商利润表达式，由制造商利润最大化的一阶最优条件$\frac{\partial\Pi_M(w,\ \tau)}{\partial w}=0$，$\frac{\partial\Pi_M(w,\ \tau)}{\partial\tau}=0$，解得$\tau^*=\frac{(\alpha-\beta c_0)\Delta}{4c-\beta\Delta^2}$，$w^*=\frac{\alpha}{\beta}-\frac{2c(\alpha-\beta c_0)}{\beta(4c-\beta\Delta^2)}$。相应的二阶条件Hesse矩阵（海塞矩阵）为$H=\begin{pmatrix}-\beta & -\frac{1}{2}\beta\Delta \\ -\frac{1}{2}\beta\Delta & -c\end{pmatrix}$。Hesse矩阵满足负定，其各阶顺序主子式为$H_1=-\beta<0$，$H_2=\beta c-\frac{\beta^2\Delta^2}{4}>0$。因此，当

$c>\frac{\beta\Delta^2}{4}$时，制造商有最优的废弃产品回收率和产品批发价格，即τ^*和w^*。易见$\tau^*>0$。并且当$\alpha<\frac{4c-\beta\Delta^2}{\Delta}+\beta c_0$时，有$\tau^*<1$；当$\alpha\geqslant\frac{4c-\beta\Delta^2}{\Delta}+\beta c_0$时，有$\tau^*=1$。

相应的产品零售价格和销售量、零售商利润与制造商利润分别为

$p^*=\frac{\alpha}{\beta}-\frac{c(\alpha-\beta c_0)}{\beta(4c-\beta\Delta^2)}$，

$$Q^*=\frac{c(\alpha-\beta c_0)}{4c-\beta\Delta^2}，\Pi_R^*=\frac{c^2(\alpha-\beta c_0)^2}{\beta(4c-\beta\Delta^2)^2}，\Pi_M^*=\frac{c(\alpha-\beta c_0)^2}{2\beta(4c-\beta\Delta^2)}。$$

由此可得如下结论：

结论2.1　在制造商负责回收废弃产品模式下有如下结论：

（1）当废弃产品边际回收成本系数相对较高（即高于$\frac{\beta\Delta^2}{4}$）时，制造商具有最优的废弃产品回收率和批发价格。

（2）当产品基本需求量较低（即低于$\frac{4c-\beta\Delta^2}{\Delta}+\beta c_0$）时，最优的废弃产品回收率大于0且小于1，具有实际意义；当产品基本需求量较高（即不低于$\frac{4c-\beta\Delta^2}{\Delta}+\beta c_0$）时，最优的废弃产品回收率等于1。

2.1.2　第三方回收者负责回收废弃产品的模型分析

第三方回收者负责回收废弃产品，并将回收的废弃产品提供给制造商。但制造商需要向第三方回收者支付一定的废弃产品回收费用，以弥补第三方回收者的回收成本。因此，制造商基于自身利润最大化决定产品的批发价格和废弃产品的回收价格，第三方回收者依据制造商支付的回收价格决定废弃产品回收率，零售商根据自身利润最大化决定产品的零售价格。相应的制造商利润和零售商利润、第三方回收者利润最大化模型如下：

$$\max\quad \Pi_M(w,\ b)=(w-c_0+\tau\Delta)Q-b\tau Q \tag{2-3}$$

$$\max\quad \Pi_R(p)=(p-w)Q \tag{2-4}$$

$$\max \quad \Pi_T(\tau)=b\tau Q-\frac{1}{2}c\tau^2 \tag{2-5}$$

根据逆向归纳法，先由第三方回收者利润最大化的最优条件 $\frac{d\,\Pi_T(\tau)}{d\tau}=0$，$\frac{d^2\Pi_T(\tau)}{d\tau^2}=-c<0$，解得废弃产品回收率 $\tau=\frac{bQ}{c}$。由零售商利润最大化的最优条件 $\frac{d\Pi_R(p)}{dp}=0$，$\frac{d^2\Pi_R(p)}{dp^2}=-2\beta<0$，解得产品零售价格 $p=\frac{\alpha+\beta w}{2\beta}$。将该结果代入制造商利润表达式，由制造商利润最大化的一阶最优条件 $\frac{\partial\Pi_M(w,\ b)}{\partial w}=0$，$\frac{\partial\Pi_M(w,\ b)}{\partial b}=0$，解得 $b^{**}=\frac{\Delta}{2}$，$w^{**}=\frac{\alpha}{\beta}-\frac{4c(\alpha-\beta c_0)}{\beta(8c-\beta\Delta^2)}$。相应的二阶条件 Hesse 矩阵为 $H=\begin{pmatrix}\frac{\beta^2\Delta^2}{8c}-\beta & 0\\ 0 & -\frac{(a-\beta w^*)^2}{2c}\end{pmatrix}$。Hesse 矩阵满足负定，其各阶顺序主子式为 $H_1=\frac{\beta^2\Delta^2}{8c}-\beta<0$，$H_2=(\beta-\frac{\beta^2\Delta^2}{8c})\frac{(a-\beta w^{**})^2}{2c}>0$。因此，当 $c>\frac{\beta\Delta^2}{8}$ 时，制造商有最优的废弃产品回收价格和产品批发价格。

相应的第三方回收者废弃产品回收率，即 $\tau^{**}=\frac{(a-\beta c_0)\Delta}{8c-\beta\Delta^2}$。易见 $\tau^{**}>0$。并且当 $\alpha<\frac{8c-\beta\Delta^2}{\Delta}+\beta c_0$ 时，有 $\tau^{**}<1$；当 $\alpha\geqslant\frac{8c-\beta\Delta^2}{\Delta}+\beta c_0$ 时，有 $\tau^{**}=1$。相应的产品零售价格和销售量分别为 $p^{**}=\frac{a}{\beta}-\frac{2c(a-\beta c_0)}{\beta(8c-\beta\Delta^2)}$，$Q^{**}=\frac{2c(a-\beta c_0)}{8c-\beta\Delta^2}$。第三方回收者利润、零售商利润与制造商利润分别为 $\Pi_T^{**}=\frac{c\Delta^2(\alpha-\beta c_0)^2}{2(8c-\beta\Delta^2)^2}$，$\Pi_R^{**}=\frac{4c^2(\alpha-\beta c_0)^2}{\beta(8c-\beta\Delta^2)^2}$，$\Pi_M^{**}=\frac{c(\alpha-\beta c_0)^2}{\beta(8c-\beta\Delta^2)}$。

由此可得如下结论：

结论 2.2　在第三方回收者负责回收废弃产品模式下有如下结论：

（1）当废弃产品边际回收成本系数相对较高（即高于 $\frac{\beta\Delta^2}{8}$）时，制造商具有最优的废弃产品回收率和产品批发价格。

（2）当产品基本需求量较低（即低于$\frac{8c-\beta\Delta^2}{\Delta}+\beta c_0$）时，最优的废弃产品回收率大于0且小于1，具有实际意义；当产品基本需求量较高（即不低于$\frac{8c-\beta\Delta^2}{\Delta}+\beta c_0$）时，最优的废弃产品回收率等于1。

2.1.3 零供回收一体化负责回收废弃产品的模型分析

制造商与零售商是一体化的经济共同体，产品的生产、销售与回收都由一体化的零供主体共同完成。因此，零供主体根据总利润最大化决定产品零售价格和废弃产品回收率。相应的零供回收一体化总利润最大化模型如下：

$$\max \quad \Pi(p,\ \tau)=\left(p-c_0+\tau\Delta\right)Q-\frac{1}{2}c\tau^2 \tag{2-6}$$

根据零供回收一体化总利润最大化的一阶最优条件$\frac{\partial\Pi(p,\ \tau)}{\partial p}=0$，$\frac{\partial\Pi(p,\ \tau)}{\partial\tau}=0$，解得产品零售价格和废弃产品回收率分别为$p^{***}=\frac{\alpha}{\beta}-\frac{c(\alpha-\beta c_0)}{\beta(2c-\beta\Delta^2)}$，$\tau^{***}=\frac{\Delta(\alpha-\beta c_0)}{2c-\beta\Delta^2}$。相应的二阶条件Hesse矩阵为$H=\begin{pmatrix}-2\beta & -\beta\Delta\\ -\beta\Delta & -c\end{pmatrix}$。Hesse矩阵满足负定，其各阶顺序主子式为$H_1=-2\beta<0$，$H_2=-2\beta c-\beta^2\Delta^2>0$。因此，当$c>\frac{\beta\Delta^2}{2}$时，零供回收一体化主体具有产品零售价格和废弃产品回收率的最优决策。易见$\tau^{***}>0$。并且当$\alpha<\frac{2c-\beta\Delta^2}{\Delta}+\beta c_0$时，有$\tau^{***}<1$；当$\alpha\geqslant\frac{2c-\beta\Delta^2}{\Delta}+\beta c_0$时，有$\tau^{***}=1$。相应的产品销售量、零供回收一体化总利润分别为$Q^{***}=\frac{c(\alpha-\beta c_0)}{2c-\beta\Delta^2}$，$\Pi^{***}=\frac{c(\alpha-\beta c_0)^2}{2\beta(2c-\beta\Delta^2)}$。

由此可得如下结论：

结论2.3 在零供回收一体化负责回收废弃产品模式下有如下结论：

（1）当废弃产品边际回收成本系数相对较高（即高于$\frac{\beta\Delta^2}{2}$）时，零供回收一体化主体具有最优的产品零售价格和废弃产品回收率。

（2）当产品基本需求量较低（即低于$\frac{2c-\beta\Delta^2}{\Delta}+\beta c_0$）时，最优的废弃产品回收率大于0且小于1，具有实际意义；当产品基本需求量较高（即不低于$\frac{2c-\beta\Delta^2}{\Delta}+\beta c_0$）时，最优的废弃产品回收率等于1。

2.1.4 零售商负责回收废弃产品的模型分析

零售商除了负责销售产品，还要对废弃产品进行回收并付出相应的回收成本。因此，制造商基于自身利润最大化决定产品批发价格和废弃产品回收价格，零售商根据自身利润最大化决定废弃产品回收率。相应的制造商利润和零售商利润最大化模型如下：

$$\max \quad \Pi_M(w,\ b)=\left(w-c_0+\tau\Delta\right)Q-b\tau Q \tag{2-7}$$

$$\max \quad \Pi_R(\tau)=mQ+b\tau Q-\frac{1}{2}c\tau^2 \tag{2-8}$$

其中m表示零售商的边际加价，它是由产品市场决定的参数，取值为正。

根据逆向归纳法，先由零售商利润最大化的最优条件$\frac{d\,\Pi_R(\tau)}{d\tau}=0$，$\frac{d^2\Pi_R(\tau)}{d\tau^2}=-c<0$，解得零售商决定的废弃产品回收率为$\tau=\frac{b(\alpha-\beta w-\beta m)}{c}$。将上述结果代入制造商利润表达式，由制造商利润最大化的一阶最优条件$\frac{\partial\Pi_M(w,\ b)}{\partial w}=0$，$\frac{\partial\Pi_M(w,\ b)}{\partial b}=0$，解得$b^{****}=\frac{\Delta}{2}$，$w^{****}=\frac{\alpha}{\beta}-\frac{2c(\alpha-\beta c_0)}{\beta(4c-\beta\Delta^2)}-\frac{(2c-\beta\Delta^2)m}{4c-\beta\Delta^2}$。相应的二阶条件Hesse矩阵为$H=\begin{pmatrix}-2\beta+\frac{\beta^2\Delta^2}{2c} & 0\\ 0 & -\frac{2(a-\beta w-\beta m)^2}{c}\end{pmatrix}$。Hesse矩阵满足负定，其各阶顺

序主子式为$H_1=-2\beta+\dfrac{\beta^2\Delta^2}{2c}<0$，$H_2>0$。因此，当$c>\dfrac{\beta\Delta^2}{4}$时，制造商有最优的产品批发价格和废弃产品回收价格，即w^{***}和b^{***}。相应的废弃产品回收率、产品零售价格和销售量分别为$\tau^{****}=\dfrac{\Delta(a-\beta c_0-\beta m)}{4c-\beta\Delta^2}$，$p^{****}=\dfrac{a}{\beta}-\dfrac{2c(a-\beta c_0)}{\beta(4c-\beta\Delta^2)}+\dfrac{2cm}{4c-\beta\Delta^2}$，$Q^{****}=\dfrac{2c(a-\beta c_0-\beta m)}{4c-\beta\Delta^2}$。制造商利润和零售商利润分别为$\Pi_M^{****}=\dfrac{c(\alpha-\beta c_0-\beta m)^2}{\beta(4c-\beta\Delta^2)^2}$，$\Pi_R^{****}=\dfrac{c\Delta^2(\alpha-\beta c_0-\beta m)^2}{2(4c-\beta\Delta^2)^2}+\dfrac{2mc(\alpha-\beta c_0-\beta m)}{4c-\beta\Delta^2}$。易见$\tau^{****}>0$。并且当$\alpha<\dfrac{4c-\beta\Delta^2}{\Delta}+\beta c_0+\beta m$时，有$\tau^{****}<1$；当$\alpha\geqslant\dfrac{4c-\beta\Delta^2}{\Delta}+\beta c_0+\beta m$时，有$\tau^{****}=1$。

由此可得如下结论：

结论2.4　在零售商负责回收废弃产品模式下有如下结论：

（1）当废弃产品边际回收成本系数相对较高（即高于$\dfrac{\beta\Delta^2}{4}$）时，制造商具有最优的批发价格和废弃产品回收价格。

（2）当产品基本需求量较低（即低于$\dfrac{4c-\beta\Delta^2}{\Delta}+\beta c_0+\beta m$）时，最优的废弃产品回收率大于0且小于1，具有实际意义；当产品基本需求量较高时（即不低于$\dfrac{4c-\beta\Delta^2}{\Delta}+\beta c_0+\beta m$），最优的废弃产品回收率等于1。

2.2 不同主体负责回收模式的比较分析及数值算例

2.2.1 不同主体负责回收模式的相关决策比较分析

综合上述不同主体负责回收模式的相应最优决策实现的条件可见：当废弃产品边际回收成本系数高于某一定值时，即$c>\dfrac{\beta\Delta^2}{2}$，在不同主体负责回收的四种模式下相关主体均有最优决策。下面对不同主体负责回收模式的最优决策及其利润进行比较分析。

2.2.1.1 不同主体负责回收模式的最优决策比较分析

比较不同模式的最优决策有如下结果：

（1）若 $m<\dfrac{4c(\alpha-\beta c_0)}{\beta(8c-\beta\Delta^2)}$，则 $\tau^{***}>\tau^{*}>\tau^{****}>\tau^{**}$；若 $m\geqslant\dfrac{4c(\alpha-\beta c_0)}{\beta(8c-\beta\Delta^2)}$，则 $\tau^{***}>\tau^{*}>\tau^{**}\geqslant\tau^{****}$。

该结果表明：①当零售商负责回收模式的零售商边际加价相对某一定值（即 $\dfrac{4c(\alpha-\beta c_0)}{\beta(8c-\beta\Delta^2)}$）较低时，比较不同模式的废弃产品回收率，可见：零供回收一体化的废弃产品回收率最高，制造商负责回收的废弃产品回收率次之，零售商负责回收的废弃产品回收率再次，第三方回收者负责回收的废弃产品回收率最低。②当零售商边际加价不低于该定值（即 $\dfrac{4c(\alpha-\beta c_0)}{\beta(8c-\beta\Delta^2)}$）时，比较不同模式的废弃产品回收率，可见：零供回收一体化的废弃产品回收率最高，制造商负责回收的废弃产品回收率其次，第三方回收者负责回收的废弃产品回收率比制造商负责回收的废弃产品回收率低，但不低于零售商负责回收的废弃产品回收率。

（2）若 $m<\dfrac{\alpha-\beta c_0}{2\beta}$，则 $p^{***}<p^{****}<p^{*}<p^{**}$；若 $\dfrac{\alpha-\beta c_0}{2\beta}\leqslant m<\dfrac{4c(\alpha-\beta c_0)}{\beta(8c-\beta\Delta^2)}$，则 $p^{***}<p^{*}\leqslant p^{****}<p^{**}$；若 $m\geqslant\dfrac{4c(\alpha-\beta c_0)}{\beta(8c-\beta\Delta^2)}$，则 $p^{***}<p^{*}<p^{**}\leqslant p^{****}$。相应地，若 $m<\dfrac{\alpha-\beta c_0}{2\beta}$，则 $Q^{***}>Q^{****}>Q^{*}>Q^{**}$；若 $\dfrac{\alpha-\beta c_0}{2\beta}\leqslant m<\dfrac{4c(\alpha-\beta c_0)}{\beta(8c-\beta\Delta^2)}$，则 $Q^{***}>Q^{*}\geqslant Q^{****}>Q^{**}$；若 $m\geqslant\dfrac{4c(\alpha-\beta c_0)}{\beta(8c-\beta\Delta^2)}$，则 $Q^{***}>Q^{*}>Q^{**}\geqslant Q^{****}$。

该结果表明：①当在零售商负责回收模式下的零售商边际加价相对某一定值（即 $\dfrac{\alpha-\beta c_0}{2\beta}$）较低时，比较不同模式的产品零售价格，可见：零供回收一体化的零售价格最低，零售商负责回收的零售价格次之，制造商负责回收的零售价格再次，第三方回收者负责回收的零售价格最低。②当零售商边际加价既不过高也不过低，处于某两定值之间（即

$\frac{\alpha-\beta c_0}{2\beta}\leqslant m<\frac{4c(\alpha-\beta c_0)}{\beta(8c-\beta\Delta^2)}$）时，比较不同模式的产品零售价格，可见：零供回收一体化的零售价格最低，制造商负责回收的零售价格次之，第三方回收者负责回收的零售价格不低于制造商负责回收的零售价格，零售商负责回收的零售价格最高。③当零售商负责回收模式的零售商边际加价相对某一定值（即$\frac{4c(\alpha-\beta c_0)}{\beta(8c-\beta\Delta^2)}$）不低时，比较不同模式的产品零售价格，可见：零供回收一体化的零售价格最低，制造商负责回收的零售价格次之，第三方回收者负责回收的零售价格再次之，零售商负责回收的零售价格不高于第三方回收者负责回收的零售价格。

相应地，比较不同模式的销售量，与上述三种不同条件情况下的零售价格高低排序的结果刚好相悖。

（3）若$\frac{\alpha-\beta c_0}{2\beta}\leqslant m<\frac{4c(\alpha-\beta c_0)}{\beta(8c-\beta\Delta^2)}$，则$\tau^{***}Q^{***}>\tau^{*}Q^{*}\geqslant\tau^{****}Q^{****}>\tau^{**}Q^{**}$；若$m\geqslant\frac{4c(\alpha-\beta c_0)}{\beta(8c-\beta\Delta^2)}$，则$\tau^{***}Q^{***}>\tau^{*}Q^{*}>\tau^{**}Q^{**}\geqslant\tau^{****}Q^{****}$。

该结果表明：①当在零售商负责回收模式下的零售商边际加价既不过高也不过低，处于某两定值之间（即$\frac{\alpha-\beta c_0}{2\beta}\leqslant m<\frac{4c(\alpha-\beta c_0)}{\beta(8c-\beta\Delta^2)}$）时，比较不同模式的废弃产品回收量，可见：零供回收一体化的废弃产品回收量最高，制造商负责回收的废弃产品回收量次之，零售商负责回收的废弃产品回收量不高于制造商负责回收的废弃产品回收量，第三方回收者负责回收的废弃产品回收量最低。②当零售商边际加价相对某一定值（即$\frac{4c(\alpha-\beta c_0)}{\beta(8c-\beta\Delta^2)}$）不低时，比较不同模式的废弃产品回收量，可见：零供回收一体化的废弃产品回收量最高，制造商负责回收的废弃产品回收量其次，第三方回收者负责回收的废弃产品回收量再次，零售商负责回收的废弃产品回收量不高于第三方回收者负责回收的废弃产品回收量。

（4）$w^{****}<w^{*}<w^{**}$。

该结果表明：对于产品零售价格，零售商负责回收时的产品零售价格最低，制造商负责回收的产品零售价格其次，第三方回收者负责回收的产品零售价格最高。

（5）$b^{**}=b^{****}$。

该结果表明：对于废弃产品回收价格，第三方回收者负责回收与零售商负责回收时的废弃产品回收价格相同，都是回收废弃产品进行生产的单位节省成本的1/2。

2.2.1.2　不同主体负责回收模式的利润比较分析

对不同主体负责回收模式的制造商与零售商获得的利润之和（即总利润）进行比较，有如下结果：

（1）若 $m<\frac{(2-\sqrt{2})(a-\beta c_0)}{2\beta}$，则 $\Pi_M{}^{****}>\Pi_M{}^{*}>\Pi_M{}^{**}$；若 $\frac{(2-\sqrt{2})(\alpha-\beta c_0)}{2\beta}<m\leqslant\frac{(\alpha-\beta c_0)}{\beta}\left(1-\sqrt{\frac{4c-\beta\Delta^2}{8c-\beta\Delta^2}}\right)$，则 $\Pi_M{}^{*}\geqslant\Pi_M{}^{****}>\Pi_M{}^{**}$；若 $m\geqslant\frac{(\alpha-\beta c_0)}{\beta}\left(1-\sqrt{\frac{4c-\beta\Delta^2}{8c-\beta\Delta^2}}\right)$，则 $\Pi_M{}^{*}>\Pi_M{}^{**}\geqslant\Pi_M{}^{****}$。

该结果表明：①当在零售商负责回收模式下的零售商边际加价相对某一定值（即 $\frac{(2-\sqrt{2})(\alpha-\beta c_0)}{2\beta}$）较低时，比较不同模式的制造商利润，可见：零售商负责回收的制造商利润最高，制造商负责回收的制造商利润次之，第三方回收者负责回收的制造商利润最低。②当零售商边际加价既不过高也不过低（即 $\frac{(2-\sqrt{2})(\alpha-\beta c_0)}{2\beta}\leqslant m<\frac{(\alpha-\beta c_0)}{\beta}\left(1-\sqrt{\frac{4c-\beta\Delta^2}{8c-\beta\Delta^2}}\right)$）时，比较不同模式的制造商利润，可见：制造商负责回收的制造商利润最高，零售商负责回收的制造商利润不低于制造商负责回收时的制造商利润，第三方回收者负责回收时的制造商利润最低。③当零售商边际加价相对某一定值（即 $\frac{(\alpha-\beta c_0)}{\beta}\left(1-\sqrt{\frac{4c-\beta\Delta^2}{8c-\beta\Delta^2}}\right)$）不低时，比较不同模式的制造商利润，可见：制造商负责回收的制造商利润最高，第三方回收者负责回收的制造

商利润其次，零售商负责回收的制造商利润不高于第三方回收者负责回收的制造商利润。

（2）若 $m > \dfrac{(2c-\beta\Delta^2)(\alpha-\beta c_0)}{\beta\left[8c-\beta\Delta^2+\sqrt{(8c-\beta\Delta^2)^2+5\beta\Delta^2(2c-\beta\Delta^2)}\right]}$，则 $\Pi_R^{****} > \Pi_R^{*} > \Pi_R^{**}$。若 $m \leqslant \dfrac{(2c-\beta\Delta^2)(\alpha-\beta c_0)}{\beta\left[8c-\beta\Delta^2+\sqrt{(8c-\beta\Delta^2)^2+5\beta\Delta^2(2c-\beta\Delta^2)}\right]}$，有 $\Pi_R^{*} \geqslant \Pi_R^{****}$。并且无须满足任何参数条件，恒有 $\Pi_R^{*} > \Pi_R^{**}$。

该结果表明：①当在零售商负责回收模式下的零售商边际加价相对某一定值（即 $\dfrac{(2c-\beta\Delta^2)(\alpha-\beta c_0)}{\beta\left[8c-\beta\Delta^2+\sqrt{(8c-\beta\Delta^2)^2+5\beta\Delta^2(2c-\beta\Delta^2)}\right]}$）较高时，比较不同模式的零售商利润，可见：零售商负责回收的零售商利润最高，制造商负责回收的零售商利润次之，第三方回收者负责回收的零售商利润最低。②当零售商边际加价相对某一定值（即 $\dfrac{(2c-\beta\Delta^2)(\alpha-\beta c_0)}{\beta\left[8c-\beta\Delta^2+\sqrt{(8c-\beta\Delta^2)^2+5\beta\Delta^2(2c-\beta\Delta^2)}\right]}$）不高时，制造商负责回收模式的零售商利润不低于零售商负责回收模式的零售商利润。③制造商负责回收模式的零售商利润始终恒大于第三方回收者负责回收模式的零售商利润。

（3）$\Pi^{***} > \Pi_M^{*} + \Pi_R^{*} > \Pi_M^{**} + \Pi_R^{**}$。

该结果表明：零供回收一体化的总利润始终高于制造商负责回收模式的总利润，制造商负责回收模式的总利润始终高于第三方回收者负责回收的总利润。

（4）若 $m > \dfrac{2c(\alpha-\beta c_0)}{\beta\left[\beta\Delta^2+\sqrt{\beta^2\Delta^4+2c(8c-3\beta\Delta^2)}\right]}$，有 $\Pi^{*} < \Pi^{****}$；若 $m \leqslant$

$$\frac{2c\left(\alpha-\beta c_0\right)}{\beta\left[\beta\Delta^2+\sqrt{\beta^2\Delta^4+2c\left(8c-3\beta\Delta^2\right)}\right]}$$，有 $\Pi^* \geqslant \Pi^{****}$。

该结果表明：在零售商负责回收模式下的零售商边际加价相对某一定值（即 $\frac{2c\left(\alpha-\beta c_0\right)}{\beta\left[\beta\Delta^2+\sqrt{\beta^2\Delta^4+2c\left(8c-3\beta\Delta^2\right)}\right]}$）较高时，制造商负责回收的总利润低于零售商负责回收的总利润。反之，则相悖。

由于零售商负责回收模式的零售商利润 Π_R^{****} 与第三方回收者负责回收模式的零售商利润 Π_R^{**} 的比较结果不确定，以及零售商负责回收的总利润与其他模式总利润的比较结果不确定，因此下面将借助数值算例针对这两种情况进行分析阐述。

2.2.2 数值算例分析

根据问题描述及模型变量设定，假设相应的参数取值为 $\alpha=10$，$\beta=10$，$c_0=1$，$c=0.1$，$m=12$。由于不同类别废弃产品回收对应生产的单位节省成本有所不同，依据单位生产成本与废弃产品回收成本系数的取值设定，将回收废弃产品对应的单位节省成本设置在0.1到0.9之间变化，即 $\Delta\in[0.1,\ 0.9]$。并且废弃产品边际回收成本系数满足不同主体负责回收模式的最优决策条件，即 $c>\frac{\beta\Delta^2}{2}$。零售商边际加价 m 的取值也符合不高于不同主体负责回收模式相应的零售价格与批发价格差额的实际约束。

在上述参数取值设定下，如图2-1所示：零售商负责回收模式与第三方回收者负责回收模式的零售商利润都随着回收废弃产品的单位节省成本增加而增大；零售商负责回收模式的零售商利润始终高于第三方回收者负责回收模式的零售商利润，并且随着单位节省成本的增加，两种模式的零售商利润差距逐渐拉大。

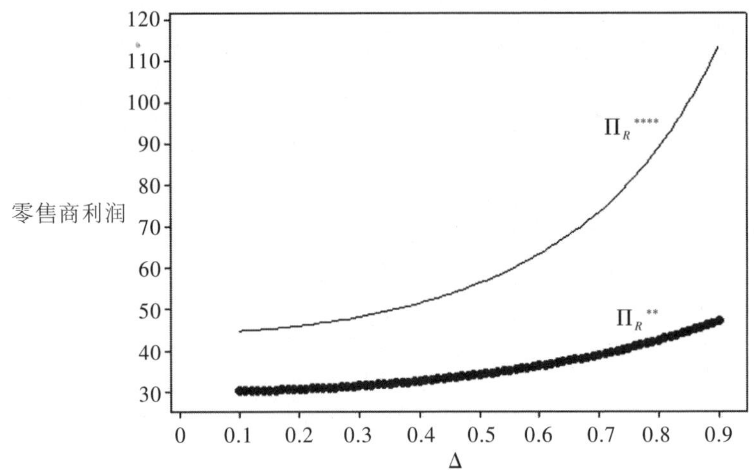

图2-1 随着回收废弃产品单位节省成本Δ变化的Π_R^{****}与Π_R^{**}比较分析

在上述参数取值设定下，如图2-2所示：零售商负责回收模式与第三方回收者负责回收模式、零供回收一体化模式的总利润都随着回收废弃产品的单位节省成本的增加而增大。比较三种模式的总利润，可见：零供回收一体化模式的总利润最高，零售商负责回收模式的总利润次之，而第三方回收者负责回收模式的总利润最低，并且三种模式的总利润差距都随着单位节省成本的增加而显著拉大。

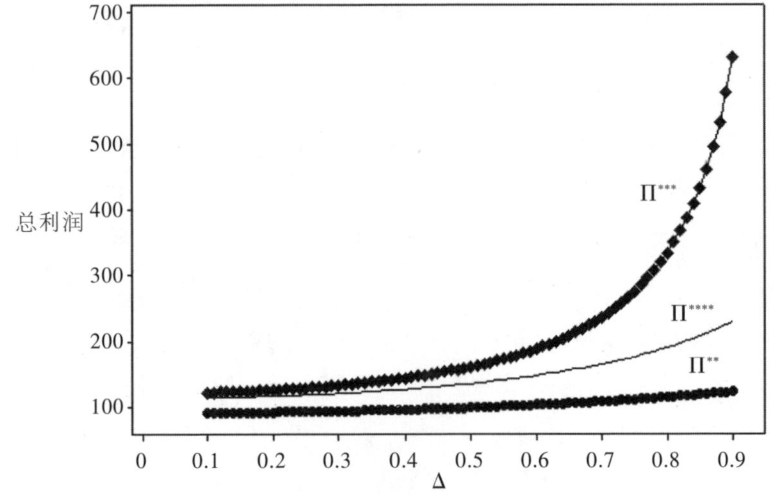

图2-2 随着回收废弃产品单位节省成本Δ变化的Π^{****}与Π^{**}、Π^{***}比较分析

2.3 本章小结

本章通过对制造商负责、第三方回收者负责、零供回收一体化负责以及零售商负责四种回收模式的相关主体决策及利润进行分析，得到以下启示：

（1）在四种回收模式中，回收产品绩效最高的是零供回收一体化模式，即该模式下的废弃产品回收率与回收量都是最高的。并且，产品销售量是最高的，零售价格是最低的，这与不考虑废弃产品回收时价格和销量的比较分析结论相一致。该模式的总利润也比制造商负责回收模式和第三方回收者负责回收模式的总利润都高。

（2）针对废弃产品回收价格的决定，第三方回收者负责回收和零售商负责回收模式的废弃产品回收价格是一致的，并且该回收价格是由回收废弃产品所带来的收益（即单位节省成本）所决定的。这说明回收废弃产品的显性收益是制造商为其支付回收价格的唯一决定因素。并且，回收价格与负责回收的主体无关，制造商仅依据废弃产品回收所带来的生产成本节约决定其支付的回收价格。

（3）对具有较大基本需求量的产品实施废弃产品回收的比率较高，甚至能够实现完全有效回收，而具有相对较小基本需求量的产品，其废弃产品回收率会下降。这与废弃产品回收负责主体无关。说明对于需求旺盛的产品更应该积极开发其相应废弃产品回收潜力，这样不仅能够降低生产成本、节约资源和避免浪费，而且更容易实现有效回收。

（4）从产品批发价格的高低不同可见，由于制造商利用回收的废弃产品进行生产能够获得收益，因此制造商需要向负责回收的主体支付一定的回收价格，为此制造商决定的批发价格会提高进而分担部分增加的成本。当制造商自身负责回收废弃产品时，其批发价格要比第三方回收者负责回收时低。不同的是，当零售商负责回收废弃产品时，制造商的批发价格不升反降，这是由于零售商决定废弃产品的回收价格，为避免因批发价格过高而导致零售商提高回收价格的后果，因此在零售商负责回收模式下制造商决定的产品批发价格最低。

（5）比较不同主体负责回收模式，相关主体的总利润有情况：零供回收一体化模式的总利润高于制造商负责回收模式的总利润，而制造商负责回收模式的总利润高于第三方回收者负责回收模式的总利润。不同的是，零售商负责回收模式的总利润与上述模式总利润的大小关系比较，取决于零售商边际加价高低。说明对不同产品实施废弃产品回收行为时，哪种模式更有利于相关主体出于“自利”动力参与回收，取决于不同类别产品零售环节加价幅度。但在不考虑零售商负责回收模式时，零供回收一体化模式仍然是最有利益动力的模式，而制造商回收模式因其生产与回收均为制造商主体实施，并且第三方回收者负责回收废弃产品将分割部分利润，所以相比于第三方回收者负责回收时的总利润更高。因此，在废弃产品回收实施过程中应积极鼓励有条件的制造商自身开展回收活动。

（6）相关主体的决策及利润受到因回收废弃产品而带来的单位节省成本的影响，在不同主体负责回收模式下都是一致的。具体而言，废弃产品回收率随着单位节省成本增加而提高；零售价格随着单位节省成本增加而降低；产品销售量随着单位节省成本增加而增大。制造商负责回收、第三方回收者负责回收与零售商负责回收模式下的产品零售价格都随着单位节省成本增加而下降。第三方回收者负责回收与零售商负责回收模式的废弃产品回收价格随着单位节省成本增加而提高。说明对废弃产品实施回收后再利用成效越显著，回收效率将越高，同时能够促进产品价格下调从而使消费者获利。

（7）不同主体负责回收模式的总利润都随着单位节省成本增加而提高。制造商负责回收、第三方回收者负责回收与零售商负责回收模式的零售商利润、制造商利润都随着单位节省成本增加而提高。第三方回收者负责回收模式的第三方回收者利润随着单位节省成本增加而提高。从相关主体利益角度考虑，实施废弃产品回收对于制造商、零售商和第三方回收主体也都是有利可图的。

第3章　废弃食品非正规回收商的决策分析

废弃食品非正规回收是诱发食品安全问题的根源之一，如“地沟油”事件、“过期食品罐头遭周边居民哄抢”、“僵尸肉”事件等。非正规回收商在经济利益的驱动下，对废弃食品进行回收，通过直接销售或者简单加工再售等伪装行为，掩盖其违规回收处理活动。我国废弃食品多被归入垃圾回收处理一并处置，缺乏有针对性的监管机制。因此，大量的非正规回收商活跃在废弃食品回收处理环节，这更加剧了废弃食品非正规回收处理引致的食品安全等问题。

下面归纳一下废弃食品回收处理的相关研究。Griffin等分析了美国部分地区废弃食品回收处理情况，认为有近1/3的废弃食品得到了有效回收，其余2/3的废弃食品回收不当造成了严重的资源浪费。钟永光提出以市场机制为核心促进废弃产品的回收利用，只有建立废弃产品循环利用体系，才能从根本上解决废弃产品的回收处理问题。Comber和Thieme研究认为社会激励与惩罚机制能够减少废弃食品的无序无规丢弃现象发生。Goot等基于食品可持续生产思想，分析了为减少环境影响的食品生产加工链问题。为实现食品废弃物的妥善处理和回收利用，李朝伟和陈青川总结了国外食品回收管理模式和经验。我国对过期食品的处置方式主要有：一是当作垃圾直接扔掉；二是用作畜禽饲料；三是直接或委托第三方进行焚烧销毁。对此，沈一平研究发现：过期食品多数是由第三方上门回收，回收隐蔽性高、安全性弱、处置方式单一、处理费用高，回收使用缺乏监管。莫鸣和李亚婷研究认为，食品经营者往往将临保食品、过期食品退给供应商，极大地增加了食品安全风险，并且我国对过期食品安全标准认定缺乏依据，导致一些过期食品重新回流至食品生产和经营环节。Shearer等基于生命周期成本分析评估了废弃食品回收处理系统的成本效益，认为初期现场回收系统成本较高，此后逐渐降低。Tran等通过logistic和多元线性回归分析，建立剩余食品和可回收食品分离行为的预测模型，分析了属性间分离率的差异，根据影响因素和属性提出了促进分离行为的方法。Hotta等针对亚洲的非正规回收行业普遍存在的问题，提出亚洲回收率标准化测量的必要性，以及制定3R（reduce，减少原料；reuse，重新利用；recycle，物品回收）政策并监测地区3R进展的对策。Stancu等研究了食物浪费的社会心理因素，包括家庭感知能力和社会人口统计学特征等。Pham Phu等利用层次分析法确定了回收层次结构，设计了5个回收层次，研究表明酒店固体废弃物管理系统（SWM）有很大的发展潜力。程亚莉等通过借鉴英美德三个国家的废弃食品回收经验，提出构建产业利益链，对废弃食品、副产品进行补贴等措施引导家庭及餐饮企业参与建立智能化收运体系。张红等通过研究日本食品废弃物量化管理体系，提出构建我国废弃食品量化管理体系的建议。周章金等从碳税价格影响废弃产品回收运营角度，分析了废弃产品回收站点分布问题。彭长华以“互联网+食品”为视角，分析提出推进科技伦理体系建设，凸显食品安全道德文化价值，在自由与规制平衡中构建食品安全道德文化生态的对策。徐国冲和霍龙霞探讨了合法性对食品安全合作监管网络生成逻辑的影响，考察了网络演化的动力机制。费威针对正规回收渠道处理商的回收处理成本递增和不变的两种不同情况分别建立优化模型，分析了政府部门依据非正规回收渠道处理商的回收处理利润最小值而决定对其实施惩罚的影响因素。

现有研究对过期食品、召回食品的回收处置方式及监管缺失、食品废弃物产生因素等分析较多，针对餐厨垃圾的回收处置及再利用较为关注，提出了改进与完善废弃产品及食品回收处理的对策。然而，现有研究对一般废弃产品的研究没有结合废弃食品回收处理的特点，对废弃食品非正规回收处理的研究侧重于现状分析与对策的定性探讨，缺乏结合回收处理主体特征从其决策动机构建模型来进行理论阐释与深入剖析。对此，本章针对非正规回收商构成的近似完全竞争市场，建立废弃食品非正规回收商的预期总利润优化模型，分析非正规回收商将废弃食品再售等违规行为的伪装行动力和回收率的决策，从而剖析废弃食品回收问题的利益驱动根源，为废弃食品回收处理的监管提供参考。

3.1 问题描述及模型构建

3.1.1 废弃食品非正规回收商预期总利润优化模型基本假设

现实中废弃食品非正规回收商数量众多，因此废弃食品非正规回收近似于完全竞争市场。在完全竞争市场上，非正规回收商根据市场价格回收废弃食品，并对其进行简单加工再出售，而单个非正规回收商对其废弃食品回收数量及回收价格、出售价格没有决定权。非正规回收商为逃避监管部门检查监督，规避监管部门的惩罚，会通过正规回收商身份（以掩盖非正规回收行为）进行回收或者对废弃食品进行违规简单加工再造，本章将非正规回收商采取这些伪装行为的可能性定义为“伪装概率”。显然，非正规回收商的伪装行为会随着监管完善度的变化而改变，本章将监管完善度定义为各地区各部门综合执法与协调执法能力、社会信用建设体系完善程度、法律和行政法规制定完善程度以及技术检测监管能力的综合程度。由于非正规回收商依赖其非正规回收行为获利，监管完善度越高，非正规回收商的伪装行动力越强，反之若监管完善度越低，非正规回收商的伪装行动力越弱，即非正规回收商的伪装行动力 d 与监管完善度正相关。相应的非正规回收商伪装概率为 $b=b(d)$，并且满足 $0\leqslant b(d)\leqslant 1$，$b'(d)>0$，$b''(d)<0$，即伪装概率随伪装行动力（监管

完善度）的增强而变大，伪装概率的变化率随伪装行动力（监管完善度）的增强而变小。这是由于监管完善度水平较低时，即使较易识别的非正规回收行为也难以被查处，而随着监管完善度水平提高，只有较难辨别的非正规回收行为才有可能无法被及时监管查处。非正规回收商对废弃食品简单加工的成本可以分为固定成本和可变成本两部分。假设非正规回收商的伪装成本为$\frac{\rho}{2}d^2$，符合边际成本递增规律。模型的主要变量和参数符号及其含义见表3-1。

表3-1 **主要变量和参数符号及其含义**

变量和参数符号	含义
ε	非正规回收商的废弃食品平均回收率，是其回收行为固定成本的凹函数，它是非正规回收商的决策变量
d	非正规回收商的伪装行动力，其强弱与监管部门的监管完善度成正比，它是非正规回收商的决策变量
ρ	非正规回收商伪装成本的边际成本系数
ζ	非正规回收商出售废弃食品的价格
τ	固定成本系数
S	单位回收成本
D	市场中废弃食品数量
$\overline{C}$	非正规回收商的平均总成本
$\overline{C_f}$	非正规回收商的平均固定成本
$\overline{C_v}$	非正规回收商的平均可变成本
r	在完全竞争市场中，监管部门对非正规回收商进行处罚时，非正规回收商的绝对损失，即处罚金额减去非正规回收商收益的净值，是非正规回收商的绝对损失
n	非正规回收商的数量
λ	随着非正规回收商数量增加，单位非正规回收商规模递增收益或规模递减收益，即规模变化收益

3.1.2 废弃食品非正规回收商预期总利润优化模型构建及分析

非正规回收商的总回收成本由固定成本和可变成本组成。结合废弃食品回收特点，固定成本与回收率之间满足$\overline{C_f}=\tau\varepsilon^2$，平均可变成本为$\overline{C_v}=S\varepsilon D$。非正规回收商预期废弃食品出售价格大于其单位回收成本，即$\zeta b(d)>S$，非正规回收商的平均回收总成本为$C=\overline{C_f}+\overline{C_v}=\tau\varepsilon^2+S\varepsilon D$。

在一定时期内，某类废弃食品的市场存有量固定，非正规回收商数量越多，其平均回收量越小；反之，非正规回收商数量越少，其平均回收量越大。针对n个废弃食品回收商构成的废弃食品回收市场，依据规模经济理论，非正规回收商数量n的大小不同对应的回收规模不同，即单位回收收益不变（单位回收收益不受回收规模影响）、单位回收收益随规模增大而增加（类似规模经济）与单位回收收益随规模增大而减少（类似规模不经济）。因此，本章给出三种不同情况的废弃食品回收商预期总利润模型分别如下：

$$E\left[\pi_1(d,\ \varepsilon)\right]=\sum_{k=1}^{n}C_n^k(b(d))^k(1-b(d))^{n-k}\zeta\varepsilon Dk-\sum_{k=1}^{n}C_n^k(1-b(d))^k(b(d))^{n-k}rk-nC-\frac{\rho}{2}nd^2 \tag{3-1}$$

$$E\left[\pi_2(d,\ \varepsilon)\right]=\sum_{k=1}^{n}C_n^k(b(d))^k(1-b(d))^{n-k}(\zeta\varepsilon D+\lambda k)k-\sum_{k=1}^{n}C_n^k(1-b(d))^k(b(d))^{n-k}rk-nC-\frac{\rho}{2}nd^2 \tag{3-2}$$

$$E\left[\pi_3(d,\ \varepsilon)\right]=\sum_{k=1}^{n}C_n^k(b(d))^k(1-b(d))^{n-k}(\zeta\varepsilon D-\lambda k)k-\sum_{k=1}^{n}C_n^k(1-b(d))^k(b(d))^{n-k}rk-nC-\frac{\rho}{2}nd^2 \tag{3-3}$$

上述模型中第一项表示在废弃食品回收市场中未被监管部门查处的非正规回收商的总利润，第二项表示被监管部门查处的非正规回收商的预期总损失，第三项为非正规回收商的回收总成本，第四项为非正规回收商应对监管部门检查的总伪装成本。

本章研究的是近似完全竞争市场，单个非正规回收商没有废弃食品的回收定价权以及出售定价权，单个非正规回收商退出以及被监管部门处罚并不会影响非正规回收商的废弃食品回收价格和出售价格。由于非正规回收的特殊性以及巨大利润驱动，非正规回收商没有被监管部门查处时，他们的预期总利润都大于零；反之，非正规回收商被监管部门查处，都会面临损失。模型（3-1）是在单位回收收益不变的情况下，市场中非正规回收商预期总利润；模型（3-2）是在单位回收收益增加的情况下，市场中非正规回收商预期总利润；模型（3-3）是在单位回收收益减少的情况下，市场中非正规回收商预期总利润。

3.1.2.1 单位回收收益不变情况下非正规回收商的预期总利润最大化分析

当市场中非正规回收商数量既不过多也不过少，符合单位回收收益不变条件时，根据模型（3-1）以及级数求和化简可得非正规回收商的预期总利润如下：

$$E\left[\pi_1(d,\ \varepsilon)\right]=n\zeta\varepsilon Db(d)-nr(1-b(d))-n\tau\varepsilon^2-nS\varepsilon D-n\frac{\rho}{2}d^2 \tag{3-4}$$

根据该预期总利润最大化的一阶条件 $\frac{\partial E\left[\pi_1(d,\ \varepsilon)\right]}{\partial d}=0$，$\frac{\partial E\left[\pi_1(d,\ \varepsilon)\right]}{\partial \varepsilon}=0$，相应的海塞（Hessian）矩阵为 $H=\begin{pmatrix} n\zeta\varepsilon Db''(d)+nrb''(d))-np & n\zeta Db'(d) \\ n\zeta Db'(d) & -2\tau n \end{pmatrix}$。根据二阶条件Hesse矩阵负定，需满足 $\zeta Db'(d)>\sqrt{-2\tau(\zeta\varepsilon Db''(d)+rb''(d)-\rho}$。

当非正规回收商数量为 n 时，伪装行动力 d 和废弃食品回收率 ε 最优解为：

$$d^*=\frac{b'(d)}{\rho}\left\{\frac{\zeta D^2}{2\tau}\left[\zeta b(d)-S\right]+r\right\} \tag{3-5}$$

$$\varepsilon^*=\frac{D}{2\tau}\left[\zeta b(d)-S\right] \tag{3-6}$$

当非正规回收商数量为 $n+1$ 时，伪装行动力的最优水平 d^*_{n+1} 满足：

$$\frac{\partial E_{n+1}{}^*[\pi_1(d^*,\ \varepsilon)]}{\partial d}=(n+1)[\zeta\varepsilon Db'(d^*)+rb'(d^*)-\rho d^*] \tag{3-7}$$

将式（3-5）代入式（3-7）可得 $\frac{\partial E_{n+1}{}^*[\pi_1(d,\ \varepsilon)]}{\partial d}=0$。根据二阶条件可知 $d^*_n=d^*_{n+1}$。

此时非正规回收商预期总利润对非正规回收商数量求导有 $\frac{\partial E\pi_1}{\partial n}=\zeta\varepsilon Db(d)-r(1-b(d))-\tau\varepsilon^2-S\varepsilon D-\frac{\rho}{2}d^2$。当非正规回收商的伪装行动力满足 $0<d<\sqrt{\frac{2}{\rho}[\zeta\varepsilon Db(d)-r(1-b(d))-\tau\varepsilon^2-S\varepsilon D(d)]}$ 时，随着非正规回收商数量增加，非正规回收商的预期总利润增大；当非正规回收商的伪装行动力满足 $d>\sqrt{\frac{2}{\rho}[\zeta\varepsilon Db(d)-r(1-b(d))-\tau\varepsilon^2-S\varepsilon D(d)]}$ 时，随着非正规回收商数量增加，非正规回收商的预期总利润减小。

由式（3-5）可知：$\frac{\partial d^*}{\partial\rho}=-\frac{b'(d)}{\rho^2}\left\{\frac{\zeta D^2}{2\tau}\left[\zeta b(d)-S\right]+r\right\}<0$；$\frac{\partial d^*}{\partial r}=\frac{b'(d)}{\rho}>0$；$\frac{\partial d^*}{\partial S}=-\frac{\zeta D^2 b'(d)}{2\tau\rho}<0$；$\frac{\partial d^*}{\partial\zeta}=\frac{D^2 b'(d)}{2\tau\rho}\left[2b(d)\zeta-S\right]>0$；$\frac{\partial d^*}{\partial b}=\frac{\zeta^2 D^2 b'(d)}{2\tau\rho}>0$；$\frac{\partial d^*}{\partial D}=\frac{\zeta D b'(d)}{\tau\rho}\left[\zeta b(d)-S\right]>0$；$\frac{\partial d^*}{\partial\tau}=-\frac{\zeta D^2 b'(d)}{2\tau^2\rho}\left[\zeta b(d)-S\right]<0$。

由式（3-6）可知：$\frac{\partial\varepsilon^*}{\partial D}=\frac{1}{2\tau}\left[\zeta b(d)-S\right]>0$；$\frac{\partial\varepsilon^*}{\partial S}=-\frac{D}{2\tau}<0$；$\frac{\partial\varepsilon^*}{\partial\zeta}=\frac{D}{2\tau}b(d)>0$；$\frac{\partial\varepsilon^*}{\partial b}=\frac{D}{2\tau}\zeta>0$；$\frac{\partial\varepsilon^*}{\partial\tau}=-\frac{D}{2\tau^2}\left[\zeta b(d)-S\right]<0$。由此可得非正规回收商的最优伪装行动力与废弃食品回收率的影响因素及其效应（见表3-2）。

表3-2　**单位回收收益不变情况下最优伪装行动力与废弃食品回收率的影响因素及其效应**

	D	τ	S	b	ζ	ρ	r
d^*	+	−	−	+	+	−	+
ε^*	+	−	−	+	+	无	无

由表3-2可见，在单位回收收益不变情况下，非正规回收商的伪装行动力与废弃食品回收率分别受到废弃食品数量、伪装概率和废弃食品出售价格的正向影响，受到固定成本系数和单位回收成本的负向影响。此外，伪装行动力还受到伪装边际成本的负向影响，非正规回收商被惩罚后绝对损失额的正向影响。由此可得出如下结论：

结论 3.1 在单位回收收益不变的情况下，当非正规回收商通过出售废弃食品获得预期边际收益大于某一值时，非正规回收商预期总利润最大化的伪装行动力与废弃食品回收率的最优水平有如下结论：

（1）当非正规回收商的伪装行动力相对较低时，非正规回收商越多，市场中非正规回收商的预期总利润越高。当非正规回收商的伪装行动力相对较强时，非正规回收商越多，反而会降低该市场中非正规回收商的预期总利润。

（2）非正规回收商的伪装行动力随着市场中废弃食品数量的增加而增强，随着伪装概率增大而增强，随着废弃食品出售价格提高而增强，随着非正规回收商被政府部门惩罚后绝对损失额的增加而增强，随着固定成本或者单位回收成本、伪装边际成本的增加而减弱。

（3）非正规回收商的废弃食品回收率随着市场中废弃食品数量的增加而增大，随着伪装概率增大而增大，随着废弃食品出售价格提高而增大，随着固定成本或者单位回收成本的增加而减弱。

该结论表明：非正规回收商伪装其回收行为的动力与非正规回收商数量对预期总利润增加具有相互替代作用；伪装行动力受到回收成本和伪装成本的显著负向影响，各类成本对伪装行动力产生显著的负效应；废弃食品回收率仅受到固定成本和回收成本的显著负向影响；而废弃食品数量与出售价格对非正规回收商的伪装与回收行为均具有正向激励作用。

3.1.2.2 单位回收收益增加情况下非正规回收商的预期总利润最大化分析

当市场中非正规回收商数量较少，单位回收收益增加时，非正规回收商的预期总利润为模型（3-2），化简可得

$$E\left[\pi_2(d)\right]=n\zeta\varepsilon Db(d)+n\lambda b(d)+n(n-1)\lambda(b(d))^2-nr(1-b(d))-nr\varepsilon^2-nS\varepsilon D-n\frac{\rho}{2}d^2 \tag{3-8}$$

对$E\left[\pi_2(d),\ \varepsilon\right]$求$d$和$\varepsilon$的二阶导数，可得$\frac{\partial^2 E\left[\pi_2(d),\ \varepsilon\right]}{\partial d^2}=(\zeta\varepsilon D+\lambda+r)nb''(d)+2n(n-1)\lambda(b'^2(d)+b(d)b''(d))-n\rho$；$\frac{\partial^2 E\left[\pi_1(d,\ \varepsilon)\right]}{\partial\varepsilon^2}=-2\tau n<0$。相应的 Hesse

矩阵为 $H=\begin{bmatrix} n(\zeta\varepsilon D+\lambda+r)b''(d)+2n(n-1)\lambda(b'^2(d)+b(d)b''(d))-n\rho & n\zeta Db'(d) \\ n\zeta Db'(d) & -2\tau n \end{bmatrix}$。

因此，当 $\rho>(\zeta\varepsilon D+\lambda+r)b''(d)+2(n-1)\lambda(b'^2(d)+b(d)b''(d))$，并且 $\zeta Db'(d)<\sqrt{-2\tau\left[(\zeta\varepsilon D+\lambda+r)b''(d)+2(n-1)\lambda(b'^2(d)+b(d)b''(d))-\rho\right]}$ 时，非正规回收商具有最优决策。

根据非正规回收商预期总利润最大化的一阶条件 $\frac{\partial E\left[\pi_2(d,\ \varepsilon)\right]}{\partial d}=0$，$\frac{\partial E\left[\pi_2(d,\ \varepsilon)\right]}{\partial\varepsilon}=0$，可得当非正规回收商数量为 n 时，伪装行动力 d 和废弃食品回收率 ε 的最优解为

$$d^{**}=\frac{b'(d)}{\rho}\{(\zeta\frac{D^2}{2\tau}\left[\zeta b(d)-S\right]+\lambda+r)+2n(n-1)\lambda b(d)\} \tag{3-9}$$

$$\varepsilon^{**}=\frac{D}{2\tau}\left[\zeta b(d)-S\right] \tag{3-10}$$

当非正规回收商数量为 $n+1$ 时，非正规回收商伪装行动力 $d^{**}{}_{n+1}$ 的一阶条件满足

$$\frac{\partial E_{n+1}^{**}\left[\pi_2(d^{**},\ \varepsilon)\right]}{\partial d}=(n+1)\left[\zeta\varepsilon Db'(d^{**})+\lambda b'(d^{**})+rb'(d^{**})+n\lambda 2b(d^{**})b'(d^{**})-\rho d^{**}\right] \tag{3-11}$$

将式（3-9）代入式（3-11）有 $\frac{\partial E_{n+1}^{**}\left[\pi_1(d^{**},\ \varepsilon)\right]}{\partial d}=2\lambda(n+1)b(d^{**})b'(d^{**})>0$。根据二阶最优条件，可知 $d^{**}{}_n<d^{**}{}_{n+1}$。

非正规回收商的预期总利润对非正规回收商数量的一阶导数和二阶导数如下

$$\frac{\partial E\pi_2}{\partial n}=\zeta\varepsilon Db(d)+\lambda b(d)+\lambda(2n-1)(b(d))^2-r(1-b(d))-\tau\varepsilon^2-S\varepsilon D-\frac{\rho}{2}d^2=0 \tag{3-12}$$

$$\frac{\partial E\pi_2}{\partial n^2}=2\lambda(b(d))^2>0 \tag{3-13}$$

由式（3-12）和式（3-13）可得 $n^{**}=\frac{1}{2\lambda(b(d))^2}\left\{-(\zeta\varepsilon D+\lambda)b(d)+r(1-b(d))+\tau\varepsilon^2+S\varepsilon D+\frac{\rho}{2}d^2\right\}+\frac{1}{2}$，此时非正规回收商的预期总利润有最小值，并且非正规回收商的预期总利润会随着其

数量的增加而增加。

由式（3-9）可知：$\frac{\partial d^{**}}{\partial \rho} = -\frac{b'(d)}{\rho^2}\{(\zeta \frac{D^2}{2\tau}[\zeta b(d)-S]+\lambda+r)+2n(n-1)\lambda b(d)\}<0$；$\frac{\partial d^{**}}{\partial S} = -\frac{D^2}{2\tau\rho}\zeta b'(d)<0$；$\frac{\partial d^{**}}{\partial \lambda} = \frac{1}{\rho}b'(d)>0$；$\frac{\partial d^{**}}{\partial r} = \frac{1}{\rho}b'(d)>0$；$\frac{\partial d^{**}}{\partial n} = \frac{2\lambda}{\rho}b'(d)b(d)(2n-1)>0$；$\frac{\partial d^{**}}{\partial \zeta} = \frac{D^2 b'(d)}{2\tau\rho}[2\zeta b(d)-S]>0$；$\frac{\partial d^{**}}{\partial \tau} = -\frac{D^2\zeta}{2\tau^2\rho}b'(d)[\zeta b(d)-S]<0$；$\frac{\partial d^{**}}{\partial b} = \frac{b'(d)}{\rho}\left\{\frac{D^2}{2\tau}\zeta^2+2n(n-1)\lambda\right\}>0$；$\frac{\partial d^{**}}{\partial D} = \frac{D\zeta}{\tau\rho}b'(d)[\zeta b(d)-S]>0$。

由式（3-10）可知：$\frac{\partial \varepsilon^{**}}{\partial D} = \frac{1}{2\tau}[\zeta b(d)-S]>0$；$\frac{\partial \varepsilon^{**}}{\partial S} = -\frac{D}{2\tau}<0$；$\frac{\partial \varepsilon^{**}}{\partial \zeta} = \frac{D}{2\tau}b(d)>0$；$\frac{\partial \varepsilon^{**}}{\partial b} = \frac{D}{2\tau}\zeta>0$；$\frac{\partial \varepsilon^{**}}{\partial \tau} = -\frac{D}{2\tau^2}[\zeta b(d)-S]<0$。由此可得非正规回收商的最优伪装行动力与废弃食品回收率的影响因素及其效应，见表3-3。

表3-3 **单位回收收益增加情况下最优伪装行动力与废弃食品回收率的影响因素及其效应**

	D	τ	S	b	ζ	ρ	r	n	λ
d^{**}	+	–	–	+	+	–	+	+	+
ε^{**}	+	–	–	+	+	无	无	无	无

由表3-3可见，在单位回收收益增加的情况下，非正规回收商的伪装行动力与废弃食品回收率分别受到废弃食品数量、伪装概率和废弃食品出售价格的正向影响，受到固定成本系数和单位回收成本的负向影响。此外，伪装行动力还受到伪装边际成本的负向影响，以及非正规回收商被惩罚后绝对损失额、非正规回收商的数量和非正规回收商规模变化收益的正向影响。由此可得如下结论：

结论3.2 在单位回收收益增加的情况下，当非正规回收商通过出售废弃食品获得预期边际收益低于某一值，并且非正规回收商伪装成本的边际成本高于某一值时，非正规回收商预期总利润最大化的伪装行动力与废弃食品回收率的最优水平有如下结论：

（1）当非正规回收商的单位回收收益增加时，非正规回收市场具有规模经济效应，非正规回收商越多，非正规回收商的预期总利润越高。

（2）非正规回收商的伪装行动力随着市场中废弃食品数量的增加而增强，随着伪装概率增大而增强，随着废弃食品出售价格提高而增强，随着其被政府部门惩罚后绝对损失额的增加而增强，随着非正规回收商数量的增加而增强，随着非正规回收商规模变化收益增加而增强，随着固定成本或者单位回收成本、伪装边际成本的增加而减弱。

（3）非正规回收商的废弃食品回收率随着市场中废弃食品数量的增加而增大，随着伪装概率增大而增大，随着废弃食品出售价格提高而增大，随着固定成本或者单位回收成本的增加而减弱。

该结论表明：废弃食品非正规回收市场的规模经济效应会进一步刺激非正规回收市场规模的扩大。此外，非正规回收商的伪装行动力还受到非正规回收市场规模及其规模经济效益的正向激励。非正规回收商的伪装行动力和废弃食品回收率的其他影响因素及其效应与单位回收收益不变情况相似。

3.1.2.3 单位回收收益减少情况下非正规回收商的预期总利润最大化分析

当市场中非正规回收商数量较多，单位回收收益减少时，非正规回收商的预期总利润为模型（3-3），化简可得

$$E\left[\pi_3(d)\right]=n\zeta\varepsilon Db(d)-n\lambda b(d)-n(n-1)\lambda(b(d))^2-nr(1-b(d))-nr\varepsilon^2-nS\varepsilon D-n\frac{\rho}{2}d^2 \quad (3\text{-}14)$$

对$E\left[\pi_3(d,\ \varepsilon)\right]$求$d$和$\varepsilon$的二阶导数，可得$\frac{\partial^2 E\left[\pi_3(d,\ \varepsilon)\right]}{\partial d^2}=n(\zeta\varepsilon D-\lambda+r)b''(d)-2n(n-1)\lambda(b'^2(d)+b(d)b''(d))-n\rho$；$\frac{\partial^2 E\left[\pi_3(d,\ \varepsilon)\right]}{\partial \varepsilon^2}=-2\tau n<0$。相应的Hesse矩阵为$H=\begin{bmatrix}(\zeta\varepsilon D-\lambda+r)b''(d)-2(n-1)\lambda(b'^2(d)+b(d)b''(d))-\rho & \zeta Db'(d)\\ \zeta Db'(d) & -2\tau\end{bmatrix}$。

由二阶最优条件可知$\rho>(\zeta\varepsilon D-\lambda+r)b''(d)-2(n-1)\lambda(b'^2(d)+b(d)b''(d))$，并且$\zeta Db'(d)<\sqrt{-2\tau\left[(\zeta\varepsilon D-\lambda+r)b''(d)-2(n-1)\lambda(b'^2(d)+b(d)b''(d))+\rho\right]}$。

根据一阶条件 $\frac{\partial E\left[\pi_3(d,\ \varepsilon)\right]}{\partial d}=0$，$\frac{\partial E\left[\pi_3(d,\ \varepsilon)\right]}{\partial \varepsilon}=0$，可得当非正规回收商数量为$n$时，非正规回收商的伪装行动力$d$和废弃食品回收率$\varepsilon$的最优解为

$$d^{***}=\frac{b'(d)}{\rho}\left\{(\zeta\frac{D^2}{2\tau}\left[\zeta b(d)-S\right]-\lambda+r)-2n(n-1)\lambda b(d)\right\} \tag{3-15}$$

$$\varepsilon^{***}=\frac{D}{2\tau}\left[\zeta b(d)-S\right] \tag{3-16}$$

当非正规回收商的数量为$n+1$时，非正规回收商的最优伪装行动力d^{**}_{n+1}满足一阶条件为

$$\frac{\partial E_{n+1}^{***}\left[\pi_2\left(d^{***},\ \varepsilon\right)\right]}{\partial d}=(n+1)\left\{\zeta\varepsilon Db'\left(d^{***}\right)-\lambda b'\left(d^{***}\right)+rb'\left(d^{***}\right)-2n\lambda b\left(d^{***}\right)b'\left(d^{***}\right)-\rho d^{***}\right\} \tag{3-17}$$

将式（3-15）代入式（3-17）可得 $\frac{\partial E_{n+1}^{***}\left[\pi_2\left(d^{***},\ \varepsilon\right)\right]}{\partial d}=-2\lambda(n+1)b\left(d^{***}\right)b'\left(d^{***}\right)<0$，根据二阶最优条件可知$d^{***}{}_{n}>d^{***}{}_{n+1}$。

非正规回收商的预期总利润对非正规回收商数量的一阶导数和二阶导数如下：

$$\frac{\partial E\pi_3}{\partial n}=\zeta\varepsilon Db(d)-\lambda b(d)-\lambda(2n-1)(b(d))^2+rb(d)-\tau\varepsilon^2-S\varepsilon D-\frac{\rho}{2}d^2=0 \tag{3-18}$$

$$\frac{\partial E\pi_3}{\partial n^2}=-2\lambda(b(d))^2<0 \tag{3-19}$$

由此可得 $n^{***}=\frac{1}{2\lambda(b(d))^2}\left\{(\zeta\varepsilon D-\lambda+r)b(d)-\tau\varepsilon^2-S\varepsilon D-\frac{\rho}{2}d^2\right\}+\frac{1}{2}$。此时，非正规回收商的预期总利润有最大值，并且非正规回收商的预期总利润会随着非正规回收商数量的增加而减少。

由式（3-15）可知：$\frac{\partial d^{***}}{\partial \rho}=-\frac{1}{\rho^2}\left\{(\zeta\frac{D^2}{2\tau}b'(d)\left[\zeta b(d)-S\right]-\lambda+r)-2n(n-1)\lambda b(d)\right\}<0$；$\frac{\partial d^{***}}{\partial S}=-\frac{D^2}{2\tau\rho}\zeta b'(d)<0$；$\frac{\partial d^{***}}{\partial \lambda}=-\frac{1}{\rho}b'(d)<0$；$\frac{\partial d^{***}}{\partial r}=\frac{1}{\rho}b'(d)>0$；$\frac{\partial d^{***}}{\partial n}=-\frac{2\lambda}{\rho}b'(d)b(d)(2n-1)<0$；$\frac{\partial d^{***}}{\partial \zeta}=\frac{D^2}{2\tau\rho}b'(d)[2\zeta b(d)-S]>0$；$\frac{\partial d^{***}}{\partial \tau}=$

$-\dfrac{D^2\zeta}{2\tau^2\rho}b'(d)\left[\zeta b(d)-S\right]<0$； $\dfrac{\partial d^{***}}{\partial b}=\dfrac{b'(d)}{\rho}\left\{\dfrac{D^2}{2\tau}\zeta^2-2n(n-1)\lambda\right\}>0$； $\dfrac{\partial d^{***}}{\partial D}=\dfrac{D\zeta}{\tau\rho}b'(d)\left[\zeta b(d)-S\right]>0$。

由式（3-16）可知：$\dfrac{\partial \varepsilon^{***}}{\partial D}=\dfrac{1}{2\tau}\left[\zeta b(d)-S\right]>0$； $\dfrac{\partial \varepsilon^{***}}{\partial S}=-\dfrac{D}{2\tau}<0$； $\dfrac{\partial \varepsilon^{***}}{\partial \zeta}=\dfrac{D}{2\tau}b(d)>0$； $\dfrac{\partial \varepsilon^{***}}{\partial b}=\dfrac{D}{2\tau}\zeta>0$； $\dfrac{\partial \varepsilon^{***}}{\partial \tau}=-\dfrac{D}{2\tau^2}\left[\zeta b(d)-S\right]<0$。

由此可得非正规回收商的最优伪装行动力与废弃食品回收率的影响因素及其效应，见表3-4。

表3-4 **单位回收收益减少情况下最优伪装行动力与废弃食品回收率的影响因素及其效应**

	D	τ	S	b	ζ	ρ	r	n	λ
d^{***}	+	-	-	+	+	-	+	-	-
ε^{***}	+	-	-	+	+	无	无	无	无

由表3-4可见，在单位回收收益减少的情况下，非正规回收商的伪装行动力与废弃食品回收率分别受到废弃食品数量、伪装概率和废弃食品出售价格的正向影响，受到固定成本系数和单位回收成本的负向影响。此外，伪装行动力还受到伪装边际成本、非正规回收商的数量和非正规回收商规模变化收益的负向影响，以及非正规回收商被惩罚后绝对损失额的正向影响。由此可得出如下结论：

结论3.3 在单位回收收益减少的情况下，当非正规回收商通过出售废弃食品获得预期边际收益低于某一值，并且非正规回收商伪装成本的边际成本高于某一值时，非正规回收商预期总利润最大化的伪装行动力与废弃食品回收率的最优水平有如下结论：

（1）当非正规回收商的单位回收收益减少时，非正规回收市场具有规模不经济效应，非正规回收商越多，非正规回收商的预期总利润越低。

（2）非正规回收商的伪装行动力随着市场中废弃食品数量的增加而增强，随着伪装概率增大而增强，随着废弃食品出售价格提高而增强，随着其被政府部门惩罚后绝对损失额的增加而增强；非正规回收商的伪装行动力随着固定成本或者单位回收成本、伪装边际成本的增加而减弱，随着非正规回收商数量的增加而减弱，随着非正规回收商规模变化收益增加而减弱。

（3）非正规回收商的废弃食品回收率随着市场中废弃食品数量的增加而增大，随着伪装概率增大而增大，随着废弃食品出售价格提高而增大，随着固定成本或者单位回收成本的增加而减弱。

该结论表明：废弃食品非正规回收市场的规模不经济效应会进一步削减非正规回收市场的整体利益。此外，非正规回收商的伪装行动力还受到非正规回收市场规模及其规模不经济效应的负向抑制作用。非正规回收商的伪装行动力和废弃食品回收率的其他影响因素及其效应与单位回收收益不变情况相似。

3.2 废弃食品非正规回收典型案例的数值分析——以“僵尸肉”事件为例

3.2.1 “僵尸肉”事件的背景分析

“僵尸肉”是指冷冻多年后再次销往市场的冻肉品。“僵尸肉”大多数是通过走私途径非法进入国境的，其质量安全无法得到保证。过期肉制品即使长期在冷冻状态下，也会有细菌和霉菌繁殖，食用后会对人体产生致癌作用。并且，腐败肉类会分解出甲胺、尸胺等毒性物质，可能引起急性中毒，严重甚至导致心力衰竭和死亡。2016年10月，云南省金平县公安机关查获走私无主冻品400余吨，并依法在金平县垃圾处理厂进行无害化深埋销毁处理。然而有大部分当地村民受非法回收商利益驱使，在深埋销毁现场挖掘冻肉。2018年3月至4月，云南省金平县公安机关先后查获多批走私冻肉制品案件。这些“僵尸肉”在被填埋后，被当地村民盗挖提供给回收商，而后这些“僵尸肉”或被简单加工或被制成肉制品在市场中售卖。近年来，此类“僵尸肉”被私自挖掘回收与制售等事件屡见不鲜，已经形成一条依法处置—私自挖掘回收与制售—回流到市场的“黑色产业链”。由此可见，废弃食品回收处理问题亟待解决。尽管监管部门对非法入境等其他渠道的“僵尸肉”进行了严厉查处，直接有效地管控了“僵尸肉”在市场上“第一层面”的非法违规贩卖，然而针对查处后的掩埋等无害化处理后的监管仍存在较大漏洞，给违规回收商以可乘之机。回收商在相关法律法规缺失、相应的监管体系不完善的情况下，通过利益诱导村民盗挖“僵尸肉”，进而通过“二次”回收使“僵尸肉”再次回流到市场中。在“第二层面”，“僵尸肉”通常被回收商等简单再加工为肉制品，这些“伪装行为”使监管查处的难度大幅增加，更加剧了回收商的违规行为，从而形成恶性循环。

3.2.2 “僵尸肉”事件的数值分析

根据案例资料，令回收商对应市场上僵尸肉数量为$D=1.25$吨。由于非正规回收商多为小加工作坊，为便于计算假设市场中非正规回收商数量为$n=200$个。“僵尸肉”回收商的单位回收成本为$S=10$元/斤，平均回收率为$\varepsilon=0.8$。非正规回收商将“僵尸肉”简单加工为肉制品在市场上进行销售的价格平均为$\zeta=30$元/斤。规模变化收益$\lambda=1$，伪装成本的边际成本系数为$\rho=1\,500$，监管部门对非正规回收商的处罚为$r=50\,000$元，非正规回收商的伪装概率为$b=0.7$，固定成本系数为$\tau=10\,000$。

（1）在单位回收收益不变情况下，非正规回收商的预期总利润满足

$$E\left[\pi_1(d,\ \varepsilon)\right]=200\times60\times0.8\times1.25\times10^3\times0.7-200\times5\times10^4\times0.3-200\times10^4\times0.8^2-200\times20\times0.8\times1.25\times10^3-100\times1.5\times10^3\times d^{*2}\geqslant0$$

当非正规回收商预期总利润非负时，伪装行动力需满足$0<d^*\leqslant\frac{\sqrt{80}}{10}\approx0.8944$。

（2）在单位回收收益增加情况下，非正规回收商的预期总利润满足

$$E\left[\pi_2(d,\ \varepsilon)\right]=200\times60\times0.8\times1.25\times10^3\times0.7+200\times0.7\times1+200\times199\times1\times0.7^2-200\times5\times10^4\times0.3-200\times10^4\times0.8^2-200\times20\times0.8\times1.25\times10^3-100\times1.5\times10^3\times d^{**2}\geqslant0$$

当非正规回收商预期总利润非负时，伪装行动力需满足$0<d^{**}\leqslant$

$\frac{\sqrt{93}}{10} \approx 0.9644$。

（3）在单位回收收益减少情况下，非正规回收商的预期总利润满足

$$E\left[\pi_3(d,\ \varepsilon)\right] = 200 \times 60 \times 0.8 \times 1.25 \times 10^3 \times 0.7 - 200 \times 0.7 \times 1 - 200 \times 199 \times 1 \times 0.7^2 - 200 \times 5 \times 10^4 \times 0.3 - 200 \times 10^4 \times 0.8^2 - 200 \times 20 \times 0.8 \times 1.25 \times 10^3 - 100 \times 1.5 \times 10^3 \times d^{***^2} \geqslant 0$$

当非正规回收商预期总利润非负时，伪装行动力需满足 $0 < d^{***} \leqslant \frac{\sqrt{67}}{10} \approx 0.8185$。

利用Matlab软件对上述参数取值进行模拟仿真，可得非正规回收商预期总利润随非正规回收商伪装行动力变化趋势（与监管完善度变化趋势相一致），如图3-1所示。

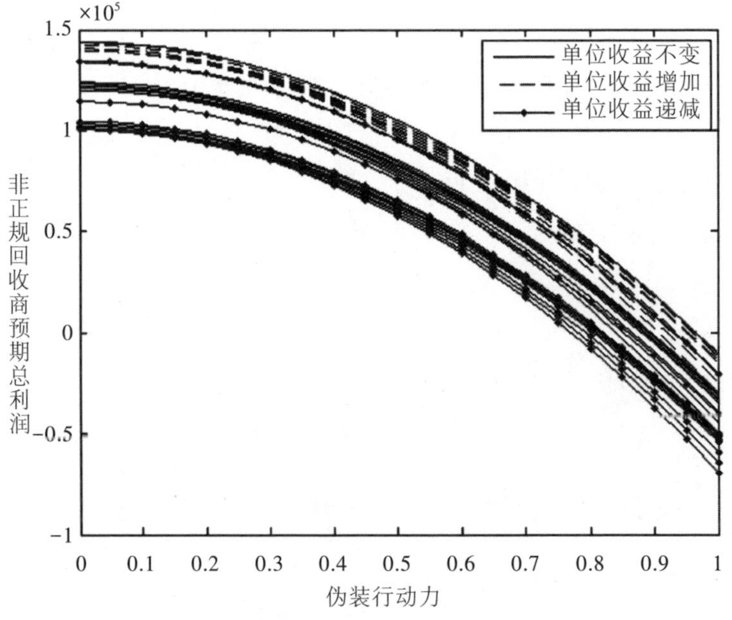

图3-1 非正规回收商预期总利润随伪装行动力变化

根据上述结果可知：首先，在单位回收收益增加、不变与减少的情况下，非正规回收商的伪装行动力取值范围依次缩小。这也在一定程度上反映了非正规回收市场规模对回收收益影响效应大小，与它对非正规回收商伪装行动力的激励作用强弱相一致。其次，无论单位回收收益增

加、不变或者减少，非正规回收商的预期总利润都随着非正规回收商的伪装行动力的增强而减少，并且预期总利润减少幅度随着伪装行动力的增强而增大。这表明非正规回收商进行伪装的成本效应凸显，直接导致非正规回收市场上非正规回收商预期总利润随伪装成本投入的加大而减少。并且，非正规回收商的伪装成本符合边际成本递增规律，对预期总利润影响效应随伪装行动力增强而逐渐增大。

3.3 本章小结

本章针对废弃食品非正规回收市场中回收商大量存在，近似完全竞争市场的现状，并且非正规回收商数量规模导致单位回收收益随规模变化的不同，分别建立了在单位回收收益不变、增加与减少三种情况下非正规回收商预期总利润的优化模型，分析了非正规回收商的伪装行动力与回收率的决策及其影响因素，以及非正规回收商数量对其利润和伪装行动力的影响。同时，结合废弃食品非正规回收典型案例"僵尸肉"事件对结论进行了数值分析，得到以下主要结论及启示。

首先，对于伪装行动力和回收率的影响因素及其效应有如下结论：无论单位回收收益不变、增加还是减少，非正规回收商的伪装行动力与废弃食品回收率都分别受到废弃食品数量、伪装概率和废弃食品出售价格的正向影响，受到固定成本系数和单位回收成本的负向影响；此外，伪装行动力还受到伪装边际成本的负向影响，非正规回收商被惩罚后绝对损失额的正向影响。在单位回收收益增加的情况下，非正规回收商的伪装行动力会受到回收商数量和规模变化收益的正向影响。在单位回收收益减少的情况下，非正规回收商的伪装行动力会受到回收商数量和规模变化收益的负向影响，这与单位回收收益增加的情况相悖。

其次，对于非正规回收商预期总利润有如下结论：在单位回收收益不变的情况下，如果非正规回收商的伪装行动力较弱，非正规回收商预期总利润随着回收商数量增加而增加，如果非正规回收商的伪装行动力较强，非正规回收商预期总利润随着回收商数量增加而减少；在单位回收收益增加的情况下，非正规回收商的预期总利润随着回收商数量增加而增加，并且对应一定的回收商数量，非正规回收商预期总利润具有最小值；在单位回收收益减少的情况下，非正规回收商的预期总利润随着回收商数量增加而减少，并且对应一定的回收商数量，非正规回收商预期总利润具有最大值。

非正规回收商伪装行动力是依据政府部门监管完善度变化而变化的，因此伪装行动力变化趋势与监管完善度变化趋势相一致。依据本章主要结论提出以下政策建议：

首先，依据垃圾分类处理政策，并结合废弃食品特点，针对不同类别废弃食品实施分类有效回收与良性再利用。例如，通过社区等便民渠道设立可再利用的废弃食品定点回收站，对废弃食品进行分类规范回收，将可直接食用废弃食品提供给福利院，将可作为饲料、肥料原材料的废弃食品进行规范化处理，提供给下游产品生产商等。

其次，针对废弃食品回收处理的监管，一方面应重视与落实相应的制度设计，制定废弃食品回收处置的规章细则，明确奖惩措施，加大处罚力度，健全废弃食品回收处理的监管体系；另一方面应参考质量安全追溯体系等硬件设施建设经验，利用数字技术试点建立废弃食品回收处理的全程追溯，加大废弃食品回收处理监管的科技投入。通过上述废弃食品回收处理监管的“软件”与“硬件”的有力结合，实现对废弃食品违规回收处理的“堵”与“疏”的有效监管。

最后，在实施废弃食品回收处理监管时，要明确非正规回收市场单位回收收益随非正规回收商数量增大而不变、增加或减少，即规模无影响、“规模经济”、“规模不经济”，增加非正规回收商的伪装成本与回收成本。并且，针对上述单位回收收益变化的不同情况，在规模经济时从监管倒逼非正规回收商退出回收市场；在规模不经济时通过利益诱导非正规回收商的内部竞争，即使非正规回收商数量增多也会削弱其违规行为的动力。

第4章　废弃食品回收处理的相关主体决策分析

近年来废弃食品被非正规回收处理问题频现。早在2001年，知名食品生产企业——南京冠生园食品厂就曾被曝光“陈馅月饼事件”。2013年，上海黄浦江万头死猪漂浮、病死猪牛羊肉被非法回收制售。2014年4月，北京大柳树市场被曝光存在超低价销售大量过期品牌或者进口食品的问题。2014年7月，上海福喜公司将2013年5月生产的6个批次4 396箱烟熏风味肉饼更改包装，篡改生产日期重新销售。2016年，武汉出现大量“淹水食品”重新包装再售问题。2017年，上海出现倾倒大量过期变质食品罐头并被人们争相抢捡事件。废弃食品被非正规回收处理关系到食品安全，甚至可能危及人们的生命安全。

目前关于废弃食品的相关研究主要包括以下几个方面：针对食品废弃物的有关研究认为，要参考国外的管理模式和经验，结合我国实际，通过研发各种生物转化技术等高科技手段，建立一套科学完善的管理体制，以实现食品废弃物的妥善处理和回收利用。针对过期食品回收处置的相关研究中，沈一平研究认为过期食品多数是由第三方上门回收，回收隐蔽性高、安全性差、处置不当、处理费用高，回收使用缺乏监管（食品经营者通常将过期食品退给供应商，极大增加了食品安全风险，并且我国对过期食品安全标准认定缺乏依据，导致一些过期食品重新回流至食品生产和经营环节）。在废弃食品回收处理的安全监管问题相关分析中，费威针对废弃食品回收处理的安全现状进行了案例阐释，并利用博弈模型分析了政府进行回收处理补贴的影响因素；吴军等、王茜和陈明艺利用委托-代理模型研究了信息不对称条件下政府对地沟油流向和回收的监管问题，分析了政府补贴和监管措施等奖惩机制。对于一般废弃产品的回收处理问题，部分学者从循环经济角度分析提出建立利益机制，以实现生产者承担废弃产品的回收和循环利用责任，通过提高原生资源价格、给予负责废弃产品回收利用的生产者经济补贴或优惠措施等对策，更好地促进废弃产品有效回收；研究认为，生产者承担废弃产品的回收和循环利用责任能够弥补消费后产品在废弃回收处理阶段责任主体的空缺问题，以市场机制为核心促进废弃产品的回收利用，建立废弃产品循环利用体系，会从根本上解决废弃产品回收处理问题。考虑产品回收的闭环供应链相关研究中，何喜军等针对制造商负责回收和处理废旧产品的两级闭环供应链，建立制造商主导的stackelberg博弈下的微分对策模型；Zhou等研究了产品回收和再造的不确定性对多级闭环供应链动态绩效的影响；郑本荣等分析了制造商与零售商构成的一对一闭环供应链系统中，两者回收成本分摊机制。

由此可见，针对食品废弃物的研究以定性分析为主，废弃食品回收处理研究主要集中于相关危害性、监管规制分析，对于一般废弃产品的研究以再制造闭环供应链建模及相关机制分析为主，而考虑废弃食品回收的相关主体决策分析较为缺乏。对此，本章针对实际中可能存在的食品制造商与供应商是相互独立的经济个体或者一体化经济总体的不同情况，通过建立优化模型分析废弃食品回收处理时食品零售商、制造商与供应商的相关决策及其影响因素，为我国废弃食品有效回收再利用，全面保障食品质量安全水平提供参考依据。

4.1 问题描述及模型分析

本章分析的废弃食品回收处理问题分为两个时期。在第一期，供应商为食品制造商提供制造食品的原料，并且假设原料质量安全水平直接决定了制造食品的质量安全水平，食品制造商利用原料制造食品后，提供给下游零售商进行销售。在第二期，上述主体根据食品市场剩余食品数量，进行废弃食品回收。若食品零售商作为回收主体，就能够通过回收废弃食品获得由食品制造商或者供应商支付的回收收益；食品制造商也因回收废弃食品获得原料质量安全保障收益或者来自社会大众反馈的声誉价值，获得由食品制造商或者零售商回收的废弃食品，利用废弃食品进行原料再生产，例如堆肥、作为生物能源等。废弃食品回收处理为食品供应商、制造商和零售商均带来了相应收益。因此，供应商、制造商与零售商将根据各自获得的两期利润进行相应决策。本章假设只有质量安全的食品才能够销售，相应的废弃食品可以被回收再利用。

食品需求函数为$Q=\alpha-\beta p+\theta s$。其中$Q$为食品需求量；$p$为食品零售价格；$s$为食品质量安全水平（食品原料质量安全水平），它可以在一定程度上反映质量安全食品的比例；α表示市场上该食品基本需求量；β表示需求价格敏感度；θ表示需求质量安全水平敏感度，反映了消费者对食品质量安全水平的关注度。本章研究的是一般类别食品，食品净销量与食品需求量相同。废弃食品回收率为$R(s)=\dfrac{\gamma}{s}$①。其中γ表示废弃食品回收率受食品质量安全水平的反向影响程度，称为废弃食品回收率的质量安全水平影响因子。较高的食品质量安全水平其销售量也随之增加，使得相应的废弃食品回收率降低。

4.1.1 食品制造商与供应商是相互独立个体的情况

当食品制造商与供应商是相互独立的经济个体时，供应商F、制造商M与食品零售商R的利润表达式分别为

① 本章的废弃食品回收率是指废弃食品回收数量占食品需求量的比例。

$$\pi_F(v,\ s)=vsQ+\delta u_F\frac{\gamma}{s}sQ-\frac{1}{2}es^2 \tag{4-1}$$

$$\pi_M(w)=(w-v)sQ+\delta u_M\frac{\gamma}{s}sQ \tag{4-2}$$

$$\pi_R(p)=(p-ws)Q+\delta u_R\frac{\gamma}{s}sQ \tag{4-3}$$

其中，w 为单位食品批发价格；v 为供应商的单位食品收益。u_F、u_M 和 u_R 分别表示废弃食品回收给供应商、制造商和零售商带来的单位废弃食品回收净收益；$u=u_F+u_M+u_R$，表示供应商、制造商与零售商的废弃食品回收净收益总和。e 表示供应商的质量安全水平边际成本系数。δ 是跨期折扣因子。p、w、v 和 s 为本章研究的变量。

根据逆向回推法，首先由食品零售商利润最大化的一阶最优条件 $\frac{d\pi_R(p)}{dp}=0$ 解得 $p=\frac{1}{2\beta}(\alpha+\theta s+\beta ws-\beta\delta\gamma u_R)$。相应的二阶条件为 $\frac{d^2\pi_R(p)}{dp^2}=-2\beta<0$，满足最优性。然后将上述零售价格 p 的表达式代入食品制造商的利润表达式，进一步由最优条件 $\frac{d\pi_M(w)}{dw}=0$，可得 $w=\frac{1}{2\beta s}[\alpha+\theta s+\beta vs+\beta\delta\gamma(u_R-u_M)]$。相应的二阶条件为 $\frac{d^2\pi_M(w)}{dw^2}=-\beta s^2<0$，满足最优性。最后将批发价格 w 的表达式代入供应商的利润表达式，由供应商的一阶条件 $\frac{\partial\pi_F(v,\ s)}{dv}=0$，$\frac{\partial\pi_F(v,\ s)}{ds}=0$ 构成的方程组可得最优的单位收益和质量安全水平决策。

$$v_1=\frac{4e(\alpha+\beta\delta\gamma u)-\delta\gamma u_F\left(8\beta e-\theta^2\right)}{\theta(\alpha+\beta\delta\gamma u)} \tag{4-4}$$

$$s_1=\frac{\theta(\alpha+\beta\delta\gamma u)}{8\beta e-\theta^2} \tag{4-5}$$

相应供应商利润的二阶条件 Hesse 矩阵为

$$H=\begin{pmatrix} \frac{1}{2}v_1\left(\theta-\beta v_1\right)-e & \frac{1}{2}s_1\left(\theta-\beta v_1\right)+\frac{1}{4}s_1\left[\alpha+\beta\delta r\left(u_R+u_M-u_F\right)\right] \\ \frac{1}{2}s_1\left(\theta-\beta v_1\right)+\frac{1}{4}s_1\left[\alpha+\beta\delta r\left(u_R+u_M-u_F\right)\right] & -\frac{1}{2}\beta s_1^2 \end{pmatrix}$$

根据 Hesse 矩阵的一阶顺序主子式 $H_1=-\frac{1}{2}\left[\beta\left(\mathrm{v}_1-\frac{\theta}{2\beta}\right)^2+\frac{8\beta\mathrm{e}-\theta^2}{4\beta}\right]$，

二阶顺序主子式 $H_2=\frac{s_1^2}{8}\left[2\beta^2\left(v_1-\frac{\theta}{2\beta}\right)^2+4\beta e-\theta^2\right]$，可见当 $\theta^2<4\beta e$ 时，有 $H_1<0$，$H_2>0$。由此可得如下结论：

结论4.1　当需求质量安全水平敏感度乘方低于需求价格敏感度与供应商的质量安全水平边际成本乘数效应的4倍时，供应商具有最优的单位收益和质量安全水平决策。

在供应商的最优决策下，其他决策变量——批发价格、需求量和零售价格结果如下：

$$w_1=\frac{2e}{\theta}-\frac{\delta\gamma(8\beta e-\theta^2)(u_M+u_F)}{\theta(\alpha+\beta\delta\gamma u)} \tag{4-6}$$

$$Q_1=\frac{1}{2}\beta\delta\gamma(u_M+u_F)+\frac{\beta e(\alpha+\beta\delta\gamma u)}{8\beta e-\theta^2} \tag{4-7}$$

$$p_1=\frac{7e\alpha+\delta\gamma(\theta^2-\beta e)u}{8\beta e-\theta^2}-\frac{1}{2}\delta\gamma(u_M+u_F) \tag{4-8}$$

相应的废弃食品回收量为

$$R_1=\frac{\gamma}{s_1}Q_1=\frac{\beta\gamma e}{\theta}+\frac{\beta\delta\gamma^2\left(8\beta e-\theta^2\right)\left(u_M+u_F\right)}{2\theta(\alpha+\beta\delta\gamma u)} \tag{4-9}$$

在上述最优决策基础上，分别分析相应决策的影响因素有如下结果。

（1）对供应商的单位食品收益分析可见：$\frac{\partial v_1}{\partial\alpha}=\frac{\delta\gamma u_F\left(8\beta e-\theta^2\right)}{\theta(\alpha+\beta\delta\gamma u)^2}>0$；$\frac{\partial v_1}{\partial\delta}=\frac{-\alpha\gamma u_F\left(8\beta e-\theta^2\right)}{8\theta(\alpha+\beta\delta\gamma u)}<0$；　$\frac{\partial v_1}{\partial\beta}=\frac{-\delta\gamma u_F\left(8ea+\theta^2\delta\gamma u\right)}{(\alpha+\beta\delta\gamma u)^2}<0$；　$\frac{\partial v_1}{\partial\gamma}=-\frac{\alpha\delta u_F\left(8\beta e-\theta^2\right)}{\theta(\alpha+\beta\delta\gamma u)^2}<0$；　$\frac{\partial v_1}{\partial u_M}=\frac{\partial v_1}{\partial u_R}=\frac{\delta\gamma u_F\left(8\beta e-\theta^2\right)}{\theta(\alpha+\beta\delta\gamma u)^2}>0$；　$\frac{\partial v_1}{\partial u_F}=-\frac{\delta\gamma u_F\left(8\beta e-\theta^2\right)\left[\alpha+\beta\delta\gamma\left(u_M+u_R\right)\right]}{\theta(\alpha+\beta\delta\gamma u)^2}<0$。　$\frac{\partial v_1}{\partial e}=\frac{4\left[\alpha+\beta\delta\gamma\left(u_R+u_M-u_F\right)\right]}{\theta(\alpha+\beta\delta\gamma u)}$；$\frac{\partial v_1}{\partial\theta}=\frac{\delta\gamma u_F(8\beta e+\theta^2)-4e(\alpha+\beta\delta\gamma u)}{\theta^2(\alpha+\beta\delta\gamma u)}$。当 $u_F<u_R+u_M+\frac{\alpha}{\beta\delta\gamma}$ 时，有 $\frac{\partial v_1}{\partial e}>0$；当 $u_F>\frac{4e[\alpha+\beta\delta\gamma(u_M+u_R)]}{\delta\gamma(4\beta e+\theta^2)}$ 时，有 $\frac{\partial v_1}{\partial\theta}>0$，否则相悖。

结论4.2 当其他条件保持不变时，食品制造商与供应商相互独立的情况下，供应商的单位收益受到如下因素影响：

①供应商的单位收益随着食品基本需求量增加而提高，随着跨期折扣因子增大而降低，随着需求价格敏感度增强而降低，随着废弃食品回收率的质量安全水平影响因子增大而降低，随着食品制造商或者零售商的单位食品回收净收益增加而提高，随着食品供应商的单位食品回收净收益增加而降低。

②当供应商的单位食品回收净收益低于制造商和零售商的单位食品回收净收益与倍数的食品基本需求量之和时，供应商的单位收益随着供应商质量安全水平边际成本系数增加而提高。

③当供应商的单位食品回收净收益高于由制造商和零售商的单位食品回收净收益与倍数的食品基本需求量构成的某一定值时，供应商的单位收益随着需求质量安全水平敏感度增加而提高。

（2）对食品质量安全水平分析可见：$\frac{\partial s_1}{\partial \alpha}=\frac{\theta}{8\beta e-\theta^2}>0$；$\frac{\partial s_1}{\partial e}=-\frac{8\beta\theta(\alpha+\beta\delta\gamma u)}{(8\beta e-\theta^2)^2}<0$；$\frac{\partial s_1}{\partial \delta}=\frac{\theta\beta\gamma u}{8\beta e-\theta^2}>0$；$\frac{\partial s_1}{\partial \beta}=-\frac{\theta(8e\alpha+\theta^2\delta\gamma u)}{(8\beta e-\theta^2)^2}<0$；$\frac{\partial s_1}{\partial \gamma}=\frac{\theta\beta\delta u}{8\beta e-\theta^2}>0$；$\frac{\partial s_1}{\partial \theta}=\frac{\theta(\alpha+\beta\delta\gamma u)(8\beta e+\theta^2)}{(8\beta e-\theta^2)^2}>0$；$\frac{\partial s_1}{\partial u_F}=\frac{\partial s_1}{\partial u_M}=\frac{\partial s_1}{\partial u_R}=\frac{\theta\beta\delta\gamma}{8\beta e-\theta^2}>0$。

结论4.3 在其他条件保持不变，食品制造商与供应商相互独立的情况下，食品质量安全水平受到如下因素影响：食品质量安全水平随着食品基本需求量增加而提高，随着供应商的质量安全水平边际成本系数增大而降低，随着跨期折扣因子增大而提高，随着需求价格敏感度增强而降低，随着废弃食品回收率的质量安全水平影响因子增大而提高，随着需求质量安全水平敏感度增强而提高，随着供应商、制造商或者零售商的单位食品回收净收益增加而提高。

（3）对单位食品批发价格分析可见：$\frac{\partial w_1}{\partial \alpha}=\frac{8\gamma(8\beta e-\theta^2)(u_M+u_F)}{\theta(\alpha+\beta\delta\gamma u)^2}>0$；

$\frac{\partial w_1}{\partial \delta}=-\frac{\gamma(8\beta e-\theta^2)(u_M+u_F)}{\theta(\alpha+\beta\delta\gamma u)}<0$；　$\frac{\partial w_1}{\partial \beta}=-\frac{\delta\gamma(u_M+u_F)(8e\alpha+\delta\gamma u\theta^2)}{\theta(\alpha+\beta\delta\gamma u)^2}<0$；

$\frac{\partial w_1}{\partial \gamma}=-\frac{\alpha\delta(8\beta e-\theta^2)(u_M+u_F)}{\theta(\alpha+\beta\delta\gamma u)^2}<0$；　$\frac{\partial w_1}{\partial u_R}=\frac{\beta\delta^2\gamma^2(8\beta e-\theta^2)(u_M+u_F)}{\theta(\alpha+\beta\delta\gamma u)^2}>0$；

$\frac{\partial w_1}{\partial u_M}=\frac{\partial w_1}{\partial u_F}=-\frac{\delta\gamma(8\beta e-\theta^2)(\alpha+\beta\delta\gamma u_R)}{\theta(\alpha+\beta\delta\gamma u)^2}<0$。$\frac{\partial w_1}{\partial e}=\frac{2[\alpha+\beta\delta\gamma u_R-3\beta\delta\gamma(u_M+u_F)]}{\theta(\alpha+\beta\delta\gamma u)}$；

$\frac{\partial w_1}{\partial \theta}=\frac{\delta\gamma(8\beta e+\theta^2)(u_M+u_F)-2e(\alpha+\beta\delta\gamma u)}{\theta^2(\alpha+\beta\delta\gamma u)}$。当 $u_R>3(u_M+u_F)-\frac{\alpha}{\beta\delta\gamma}$ 时，有 $\frac{\partial w_1}{\partial e}>0$；当 $u_R<(3+\frac{\theta^2}{2\beta e})(u_M+u_F)-\frac{\alpha}{\beta\delta\gamma}$ 时，有 $\frac{\partial w_1}{\partial \theta}>0$，否则相悖。

结论4.4　在其他条件保持不变，食品制造商与供应商相互独立的情况下，单位食品批发价格受到如下因素影响：

①批发价格随着食品基本需求量增加而上涨，随着跨期折扣因子增大而下降，随着需求价格敏感度增强而下降，随着废弃食品回收率的质量安全水平影响因子增大而下降，随着食品零售商的单位食品回收净收益增加而上涨，随着供应商或者制造商的单位食品回收净收益增加而下降。

②当食品零售商的单位食品回收净收益高于3倍的制造商和供应商单位食品回收净收益之和与某倍数食品基本需求量的差额时，批发价格随着供应商的质量安全水平边际成本系数增加而提高。当零售商的单位食品回收净收益低于制造商和供应商的单位食品回收净收益之和的某倍数值与某倍数食品基本需求量的差额时，批发价格随着需求质量安全水平敏感度增强而上涨。

（4）对食品需求量分析可见：$\frac{\partial Q_1}{\partial \alpha}=\frac{\beta e}{8\beta e-\theta^2}>0$；$\frac{\partial Q_1}{\partial e}=-\frac{\beta\theta^2(\alpha+\beta\delta\gamma u)}{(8\beta e-\theta^2)^2}<0$；$\frac{\partial Q_1}{\partial \delta}=-\frac{\alpha\gamma(8\beta e-\theta^2)(u_M+u_F)}{\theta(\alpha+\beta\delta\gamma u)^2}<0$；$\frac{\partial Q_1}{\partial \gamma}=\frac{1}{2}\beta\delta(u_M+u_F)+\frac{\beta^2 e\delta u}{8\beta e-\theta^2}>0$；$\frac{\partial Q_1}{\partial \theta}=\frac{2\theta\beta e(\alpha+\beta\delta\gamma u)}{(8\beta e-\theta^2)^2}>0$；$\frac{\partial Q_1}{\partial u_F}=\frac{\partial Q_1}{\partial u_M}=\frac{1}{2}\beta\delta\gamma+\frac{\beta^2 e\delta\gamma u}{8\beta e-\theta^2}>0$；$\frac{\partial Q_1}{\partial u_R}=\frac{\beta^2 e\delta\gamma}{8\beta e-\theta^2}>0$。$\frac{\partial Q_1}{\partial \beta}=\frac{1}{2}\delta\gamma(u_M+u_F)-\frac{e[\alpha\theta^2-2\beta\delta\gamma u(4\beta e-\theta^2)]}{(8\beta e-\theta^2)^2}$。

当 $u_R < \dfrac{\left(24\beta^2 e^2\delta\gamma - 6\beta e\delta\gamma\theta^2 + \theta^4\right)\left(u_M + u_F\right) - \alpha e\theta^2}{2\beta e\delta\gamma\left(4\beta e - \theta^2\right)}$ 时，有 $\dfrac{\partial Q_1}{\partial\beta} > 0$，否则相悖。

结论 4.5　在其他条件保持不变，食品制造商与供应商相互独立情况下，食品需求量受到如下因素影响：

①食品需求量随着食品基本需求量增加而增加，随着供应商的质量安全水平边际成本系数增加而减少，随着跨期折扣因子增大而减少，随着废弃食品回收率的质量安全水平影响因子增大而增加，随着需求质量安全水平敏感度增强而增加，随着供应商或者制造商、零售商的单位食品回收净收益增加而增加。

②当食品零售商的单位食品回收净收益低于制造商和供应商的单位食品回收净收益与食品基本需求量构成的某一定值时，食品需求量随着需求价格敏感度增强而增加。

（5）对食品零售价格分析可见：$\dfrac{\partial p_1}{\partial\alpha} = \dfrac{7e}{8\beta e - \theta^2} > 0$；$\dfrac{\partial p_1}{\partial e} = -\dfrac{7\theta^2(\alpha + \beta\delta\gamma u)}{(8\beta e - \theta^2)^2} < 0$；$\dfrac{\partial p_1}{\partial\beta} = -\dfrac{7e(8e\alpha + \theta^2\delta\gamma u)}{(8\beta e - \theta^2)^2} < 0$；$\dfrac{\partial p_1}{\partial\theta} = \dfrac{14\theta e(\alpha + \beta\delta\gamma u)}{(8\beta e - \theta^2)^2} > 0$。$\dfrac{\partial p_1}{\partial\delta} = \dfrac{\gamma[(3\theta^2 - 10\beta e)(u_M + u_F) + 2(\theta^2 - \beta e)u_R]}{2(8\beta e - \theta^2)}$；$\dfrac{\partial p_1}{\partial\gamma} = \dfrac{\delta[2u_R(\theta^2 - \beta e) + (u_M + u_F)(3\theta^2 - 10\beta e)]}{2(8\beta e - \theta^2)}$；$\dfrac{\partial p_1}{\partial u_F} = \dfrac{\partial p_1}{\partial u_M} = \dfrac{\delta\gamma(3\theta^2 - 10\beta e)}{2(8\beta e - \theta^2)}$；$\dfrac{\partial p_1}{\partial u_R} = \dfrac{\delta\gamma(\theta^2 - \beta e)}{8\beta e - \theta^2}$。若 $\theta^2 > \beta e$ 且当 $u_R > \dfrac{(10\beta e - 3\theta^2)(u_M + u_F)}{2(\theta^2 - \beta e)}$ 时，有 $\dfrac{\partial p_1}{\partial\delta} > 0$，$\dfrac{\partial p_1}{\partial\gamma} > 0$；若 $\theta^2 < \beta e$ 时，有 $\dfrac{\partial p_1}{\partial\delta} < 0$；$\dfrac{\partial p_1}{\partial\gamma} < 0$。当 $\theta^2 > \beta e$ 时，有 $\dfrac{\partial p_1}{\partial u_R} > 0$，否则相悖。当 $\theta^2 > \dfrac{10}{3}\beta e$ 时，有 $\dfrac{\partial p_1}{\partial u_F} > 0$，$\dfrac{\partial p_1}{\partial u_M} > 0$。

结论 4.6　在其他条件保持不变，食品制造商与供应商相互独立情况下，食品零售价格受到如下因素影响：

①零售价格随着食品基本需求量增加而上涨，随着供应商的质量安全水平边际成本系数增加而下降，随着需求质量安全水平敏感度增强而

上涨。

②当需求质量安全水平敏感度乘数值高于需求价格敏感度与供应商的质量安全水平边际成本系数乘积，并且食品零售商的单位食品回收净收益高于制造商和供应商的单位食品回收净收益构成的某一定值时，零售价格随着跨期折扣因子增大而上涨，随着废弃食品回收率的质量安全水平影响因子增大而上涨；当需求质量安全水平敏感度乘数值低于需求价格敏感度与供应商的质量安全水平边际成本系数乘积时，零售价格随着跨期折扣因子增大而下降，随着废弃食品回收率的质量安全水平影响因子增大而下降；当需求质量安全水平敏感度乘数值高于需求价格敏感度与供应商的质量安全水平边际成本系数乘积时，零售价格随着零售商的单位食品回收净收益增加而上涨。

③当需求质量安全水平敏感度乘数值高于需求价格敏感度与供应商的质量安全水平边际成本系数乘积的10/3倍数值时，零售价格随着供应商或者制造商的单位食品回收净收益增加而上涨。

（6）对废弃食品回收量分析可见：$\frac{\partial R_1}{\partial \alpha}=-\frac{\beta\delta\gamma^2(8\beta e-\theta^2)(u_M+u_F)}{2\theta(\alpha+\beta\delta\gamma u)^2}<0$；$\frac{\partial R_1}{\partial e}=\frac{\beta\gamma}{\theta}+\frac{4\beta^2\delta\gamma^2(u_M+u_F)}{\theta(\alpha+\beta\delta\gamma u)}>0$；$\frac{\partial R_1}{\partial \delta}=\frac{\alpha\beta\gamma^2(8\beta e-\theta^2)(u_M+u_F)}{2\theta(\alpha+\beta\delta\gamma u)^2}>0$；$\frac{\partial R_1}{\partial \beta}=\frac{\gamma e}{\theta}+\frac{\delta\gamma^2(u_M+u_F)[(16\beta e-\theta^2)\alpha+8\beta^2 e\delta\gamma u]}{2\theta(\alpha+\beta\delta\gamma u)^2}>0$；$\frac{\partial R_1}{\partial \gamma}=\frac{\beta e}{\theta}+\frac{\beta\delta\gamma(8\beta e-\theta^2)(u_M+u_F)(2\alpha+\beta\delta\gamma u)}{2\theta(\alpha+\beta\delta\gamma u)^2}>0$；$\frac{\partial R_1}{\partial \theta}=-\frac{\beta\gamma e}{\theta^2}-\frac{\beta\delta\gamma^2(8\beta e-\theta^2)(u_M+u_F)}{2\theta^2(\alpha+\beta\delta\gamma u)}-\frac{\beta\delta\gamma^2(u_M+u_F)}{(\alpha+\beta\delta\gamma u)}<0$；$\frac{\partial R_1}{\partial u_F}=\frac{\partial R_1}{\partial u_M}=\frac{\beta\delta\gamma^2(8\beta e-\theta^2)(\alpha+\beta\delta\gamma u_R)}{2\theta(\alpha+\beta\delta\gamma u)^2}>0$；$\frac{\partial R_1}{\partial u_R}=-\frac{\beta^2\delta^2\gamma^3(8\beta e-\theta^2)(u_M+u_F)}{2\theta(\alpha+\beta\delta\gamma u)^2}<0$。

结论4.7　在其他条件保持不变，食品制造商与供应商相互独立的情况下，废弃食品回收量受到如下因素影响：废弃食品回收量随着食品基本需求量增加而减少，随着供应商的质量安全水平边际成本系数增大而增加，随着跨期折扣因子增大而增加，随着需求价格敏感度增强而增加，随着废弃食品回收率的质量安全水平影响因子增大而增加，随着需求质量安全水平敏感度增强而减少，随着供应商或者制造商的单位食品回收净收益增加而增加，随着零售商的单位食品回收净收益增加而减少。

4.1.2 食品制造商与供应商是一体化经济总体的情况

当食品制造商与供应商是一体化经济总体时，食品制造商与供应商的利润表达式为

$$\pi_{FM}(w,\ s)=\pi_F+\pi_M=wsQ+\delta(u_F+u_M)\frac{\gamma}{s}sQ-\frac{1}{2}es^2 \tag{4-10}$$

食品零售商的利润表达式仍为式（4-3）不变，由前述分析的零售价格 p 表达式代入式（4-10），求解由一阶条件 $\frac{\partial\pi_{FM}(w,\ s)}{dw}=0$，$\frac{\partial\pi_{FM}(w,\ s)}{ds}=0$ 构成的方程组可得最优的批发价格和食品质量安全水平决策。

$$w_2=\frac{2e}{\theta}-\frac{\delta\gamma(4\beta e-\theta^2)(u_M+u_F)}{\theta(\alpha+\beta\delta\gamma u)} \tag{4-11}$$

$$s_2=\frac{\theta(\alpha+\beta\delta\gamma u)}{4\beta e-\theta^2} \tag{4-12}$$

相应的二阶条件Hesse矩阵为

$$H=\begin{pmatrix} w_2\left(\theta-\beta w_2\right)-e & -\frac{1}{2}\left[\alpha+\beta\delta r\left(u_R-u_M-u_F\right)\right] \\ -\frac{1}{2}\left[\alpha+\beta\delta r\left(u_R-u_M-u_F\right)\right] & -\beta s_2^2 \end{pmatrix}。$$

根据Hesse矩阵的一阶顺序主子式 $H_1=-\left[\beta\left(w_2-\frac{\theta}{2\beta}\right)^2+\frac{4\beta e-\theta^2}{4\beta}\right]<0$，二阶顺序主子式 $H_2=\frac{1}{4}\left\{\left(4\beta e-\theta^2\right)s_2^2+\left[\alpha+\beta\delta r\left(u_R-u_M-u_F\right)\right]^2\right\}$。当 $\theta^2<4\beta e$ 时，有 $H_1<0$，$H_2>0$。这表明在食品制造商和供应商是相互独立的经济个体具有最优决策时，两者是一体化经济总体时也同样具有最优决策。

在上述具有最优决策的条件下，食品需求量和零售价格的结果如下

$$Q_2=\frac{(2\beta e+\theta^2)(\alpha+\beta\delta\gamma u)}{2(4\beta e-\theta^2)} \tag{4-13}$$

$$p_2=\frac{\alpha}{\beta}-\frac{(2\beta e-\theta^2)(\alpha+\beta\delta\gamma u)}{2\beta(4\beta e-\theta^2)} \tag{4-14}$$

相应的废弃食品回收量为：

$$R_2=\frac{\gamma}{s_2}Q_2=\frac{\gamma(2\beta e+\theta^2)}{2\theta} \tag{4-15}$$

在上述最优决策基础上，分别分析相应决策的影响因素有如下结果。

（1）对批发价格分析可见：$\frac{\partial w_2}{\partial \alpha}=\frac{\delta\gamma(4\beta e-\theta^2)(u_M+u_F)}{\theta(\alpha+\beta\delta\gamma u)^2}>0$；$\frac{\partial w_2}{\partial \delta}=-\frac{\alpha\gamma(4\beta e-\theta^2)(u_M+u_F)}{\theta(\alpha+\beta\delta\gamma u)^2}<0$；$\frac{\partial w_2}{\partial \beta}=-\frac{\delta\gamma(u_M+u_F)(4e\alpha+\delta\gamma u\theta^2)}{\theta(\alpha+\beta\delta\gamma u)^2}<0$；$\frac{\partial w_2}{\partial \gamma}=-\frac{\alpha\delta(4\beta e-\theta^2)(u_M+u_F)}{\theta(\alpha+\beta\delta\gamma u)^2}<0$；$\frac{\partial w_2}{\partial u_M}=\frac{\partial w_2}{\partial u_F}=-\frac{\delta\gamma(4\beta e-\theta^2)(\alpha+\beta\delta\gamma u_R)}{\theta(\alpha+\beta\delta\gamma u)^2}<0$；$\frac{\partial w_2}{\partial u_R}=\frac{\beta\delta^2\gamma^2(4\beta e-\theta^2)(u_M+u_F)}{\theta(\alpha+\beta\delta\gamma u)^2}>0$。$\frac{\partial w_2}{\partial e}=\frac{2\left[\alpha+\beta\delta\gamma\left(u_R-u_M-u_F\right)\right]}{\theta(\alpha+\beta\delta\gamma u)}$。当 $u_R>u_M+u_F-\frac{\alpha}{\beta\delta\gamma}$ 时，有 $\frac{\partial w_2}{\partial e}>0$，否则相悖。$\frac{\partial w_2}{\partial \theta}=\frac{\delta\gamma\left(2\beta e+\theta^2\right)\left(u_M+u_F\right)-2\beta e\delta\gamma u_R}{\theta^2(\alpha+\beta\delta\gamma u)}$。当 $u_R<(1+\frac{\theta^2}{2\beta e})(u_M+u_F)$ 时，有 $\frac{\partial w_2}{\partial \theta}>0$，否则相悖。

结论4.8　在其他条件保持不变，食品制造商与供应商一体化的情况下，食品批发价格受到如下因素影响：

①当食品零售商的单位食品回收净收益高于制造商和供应商的单位食品回收净收益之和与食品基本需求量倍数值的差额时，批发价格随着供应商的质量安全水平边际成本系数增加而提高。

②当食品零售商的单位食品回收净收益低于制造商和供应商的单位食品回收净收益之和的倍数值时，批发价格随着需求质量安全水平敏感度增加而上涨。

（2）对食品质量安全水平分析可见：$\frac{\partial s_2}{\partial \alpha}=\frac{\theta}{4\beta e-\theta^2}>0$；$\frac{\partial s_2}{\partial e}=-\frac{4\beta\theta(\alpha+\beta\delta\gamma u)}{(4\beta e-\theta^2)^2}<0$；$\frac{\partial s_2}{\partial \delta}=\frac{\theta\beta\gamma u}{4\beta e-\theta^2}>0$；$\frac{\partial s_2}{\partial \beta}=-\frac{\theta(4e\alpha+\theta^2\delta\gamma u)}{(4\beta e-\theta^2)^2}<0$；$\frac{\partial s_2}{\partial \gamma}=\frac{\theta\beta\delta u}{4\beta e-\theta^2}>0$；$\frac{\partial s_2}{\partial \theta}=\frac{\theta(\alpha+\beta\delta\gamma u)(4\beta e+\theta^2)}{(4\beta e-\theta^2)^2}>0$；$\frac{\partial s_2}{\partial u_F}=\frac{\partial s_2}{\partial u_M}=\frac{\partial s_2}{\partial u_R}=\frac{\theta\beta\delta\gamma}{4\beta e-\theta^2}>0$。

结论 4.9 在其他条件保持不变，食品制造商与供应商一体化的情况下，食品质量安全水平受到的因素影响效应与独立情况下的食品质量安全水平结论相一致。

（3）对食品需求量分析可见：$\frac{\partial Q_2}{\partial \alpha}=\frac{2\beta e+\theta^2}{2(4\beta e-\theta^2)}>0$；$\frac{\partial Q_2}{\partial e}=-\frac{3\beta\theta^2(\alpha+\beta\delta\gamma u)}{(4\beta e-\theta^2)^2}<0$；$\frac{\partial Q_2}{\partial \delta}=\frac{\beta\gamma u(2\beta e+\theta^2)}{2(4\beta e-\theta^2)}>0$；$\frac{\partial Q_2}{\partial \gamma}=\frac{(2\beta e+\theta^2)\beta\delta u}{2(4\beta e-\theta^2)}>0$；$\frac{\partial Q_2}{\partial \theta}=\frac{6\beta e\theta(\alpha+\beta\delta\gamma u)}{(4\beta e-\theta^2)^2}>0$；$\frac{\partial Q_2}{\partial u_F}=\frac{\partial Q_2}{\partial u_M}=\frac{\partial Q_2}{\partial u_R}=\frac{\beta\delta\gamma(2\beta e+\theta^2)}{2(4\beta e-\theta^2)}>0$。$\frac{\partial Q_2}{\partial \beta}=\frac{-\theta^2\left(\delta\gamma u\theta^2+4\beta e\delta\gamma u+6\alpha e\right)+8\beta^2e^2\delta\gamma u}{2\left(4\beta e-\theta^2\right)^2}$。若 $\theta^2<2(\sqrt{3}-1)\beta e$ 且当 $\alpha<\delta\gamma u(\frac{4\beta^2 e}{3\theta^2}-\frac{\theta^2}{6e}-\frac{2}{3}\beta)$时，有$\frac{\partial Q_2}{\partial \beta}>0$；若$\theta^2\geqslant 2(\sqrt{3}-1)\beta e$，则有$\frac{\partial Q_2}{\partial \beta}<0$。

结论 4.10 在其他条件保持不变，食品制造商与供应商一体化的情况下，食品需求量受到如下因素影响：

①食品需求量随着跨期折扣因子增大而增加。

②当需求质量安全水平敏感度乘数值低于需求价格敏感度与供应商的质量安全水平边际成本系数乘积的倍数值，并且食品基本需求量低于相关主体的单位食品回收净收益总和的某一系数值时，食品需求量随着需求价格敏感度增强而增加。而当需求质量安全水平敏感度乘数值不低于需求价格敏感度与供应商的质量安全水平边际成本系数乘积的较小倍数值时，食品需求量随着需求价格敏感度增强而减少。

（4）对食品零售价格分析可见：$\frac{\partial p_2}{\partial \alpha}=\frac{(6\beta e-\theta^2)}{2\beta(4\beta e-\theta^2)}>0$；$\frac{\partial p_2}{\partial e}=$

$-\frac{\theta^2(\alpha+\beta\delta\gamma u)}{(4\beta e-\theta^2)^2}<0$；　$\frac{\partial p_2}{\partial\theta}=\frac{2e\theta(\alpha+\beta\delta\gamma u)}{(4\beta e-\theta^2)^2}>0$。　$\frac{\partial p_2}{\partial\delta}=-\frac{\beta\gamma u(2\beta e-\theta^2)}{2\beta(4\beta e-\theta^2)}$；$\frac{\partial p_2}{\partial\gamma}=-\frac{\beta\delta u(2\beta e-\theta^2)}{2\beta(4\beta e-\theta^2)}$；$\frac{\partial p_2}{\partial u_F}=\frac{\partial p_2}{\partial u_M}=\frac{\partial p_2}{\partial u_R}=-\frac{\delta\gamma(2\beta e-\theta^2)}{2(4\beta e-\theta^2)}$。当 $\theta^2>2\beta e$ 时，有 $\frac{\partial p_2}{\partial\delta}>0$；$\frac{\partial p_2}{\partial\gamma}>0$；$\frac{\partial p_2}{\partial u_i}>0$。当 $\theta^2<2\beta e$ 时，$\frac{\partial p_2}{\partial\delta}<0$；$\frac{\partial p_2}{\partial\gamma}<0$；$\frac{\partial p_2}{\partial u_i}<0$。$i=F$，$M$，$R$。$\frac{\partial p_2}{\partial\beta}=\frac{\alpha(22\beta e\theta^2-72\beta^2e^2-16\beta^3e^2\delta\gamma u-2\theta^4)}{4\beta^2(4\beta e-\theta^2)^2}$。当 $u<\frac{11\beta e\theta^2-36\beta^2e^2-\theta^4}{8\beta^3e^2\delta\gamma}$ 时，有 $\frac{\partial p_2}{\partial\beta}>0$，否则相悖。

结论4.11　在其他条件保持不变，食品制造商与供应商一体化的情况下，食品零售价格受到如下因素影响：

①当需求质量安全水平敏感度乘数值高于需求价格敏感度与供应商的质量安全水平边际成本系数乘积的2倍数值时，零售价格随着跨期折扣因子、废弃食品回收率的质量安全水平影响因子或者相关主体的单位食品回收净收益增大而上涨。

②当需求质量安全水平敏感度乘数值低于需求价格敏感度与供应商的质量安全水平边际成本系数乘积的2倍数值时，零售价格随着跨期折扣因子、废弃食品回收率的质量安全水平影响因子或者相关主体的单位食品回收净收益增大而下降。

③当相关主体的单位食品回收净收益总和低于需求价格敏感度与供应商的质量安全水平边际成本系数、跨期折扣因子、需求质量安全水平敏感度构成的某一定值时，零售价格随着需求价格敏感度增强而上涨。

（5）对废弃食品回收量分析可见：$\frac{\partial R_2}{\partial e}=\frac{\beta\gamma}{\theta}>0$；$\frac{\partial R_2}{\partial\beta}=\frac{\gamma e}{\theta}>0$；$\frac{\partial R_2}{\partial\gamma}=\frac{(2\beta e+\theta^2)}{2\theta}>0$。$\frac{\partial R_2}{\partial\theta}=\frac{\gamma(\theta^2-2\beta e)}{2\theta^2}$。当 $\theta^2>2\beta e$ 时，有 $\frac{\partial R_2}{\partial\theta}>0$；当 $\theta^2<2\beta e$ 时，$\frac{\partial R_2}{\partial\theta}<0$。

结论4.12　在其他条件保持不变，食品制造商与供应商一体化的情况下，废弃食品回收量受到如下因素影响：废弃食品回收量不受到食品基本需求量、跨期折扣因子以及相关主体单位食品回收净收益的影响。

当需求质量安全水平敏感度乘数值高于需求价格敏感度与供应商的质量安全水平边际成本系数乘积的2倍数值时，废弃食品回收量随着需求质量安全水平敏感度增强而增加，否则相悖。

除了上述决策变量影响因素以外，其他因素的影响效应与食品制造商和供应商相互独立情况下的分析结论一致。

4.1.3 不同情况的最优决策及其利润比较

4.1.3.1 两种情况的最优决策比较

根据两种不同情况的决策结论进行比较分析可见：

①$s_1 < s_2$；$w_1 < w_2$。

②若$\theta^2 > (5-\sqrt{13})\beta e$，则有$Q_1 < Q_2$。

③若$\theta^2 < 2.4\beta e$，则有$p_1 < p_2$。

④若$\alpha < \beta\delta\gamma[(\frac{8\beta e}{\theta^2}-2)(u_M+u_F)-u_R]$，则有$R_1 < R_2$；否则相悖。

综上可见，比较食品制造商与供应商相互独立或者一体化时的最优决策值可得出如下结论：

结论4.13 相对于食品制造商与供应商相互独立的情况，食品制造商与供应商一体化情况下的食品质量安全水平、批发价格更高；当需求质量安全水平敏感度乘数值高于需求价格敏感度与供应商的质量安全水平边际成本系数乘积的$(5-\sqrt{13})$倍数值时，一体化情况下的食品需求量更高；当需求质量安全水平敏感度乘数值低于需求价格敏感度与供应商的质量安全水平边际成本系数乘积的2.4倍数值时，一体化情况下的零售价格更高；当食品基本需求量低于由食品需求价格敏感度、跨期折扣因子、需求质量安全水平敏感度乘数值、相关主体的单位食品回收净收益以及废弃食品回收率的质量安全水平影响因子构成的某一定值时，一体化情况下的废弃食品回收量更低。

4.1.3.2 两种情况的相关主体利润分析及数值比较

相应地，食品制造商与供应商相互独立的情况下，供应商、制造商与零售商的利润分别为

$$\pi_{F_1}=\frac{4\beta e\delta\gamma\left(u_M+u_F\right)(\alpha+\beta\delta\gamma u)+e(\alpha+\beta\delta\gamma u)^2}{2(8\beta e-\theta^2)} \tag{4-16}$$

$$\pi_{M_1}=\frac{\beta e\delta\gamma\left(u_M+u_F\right)(\alpha+\beta\delta\gamma u)}{8\beta e-\theta^2}+\frac{2\beta e^2(\alpha+\beta\delta\gamma u)^2}{(8\beta e-\theta^2)^2} \tag{4-17}$$

$$\pi_{R_1}=\frac{\beta e\delta\gamma\left(u_M+u_F\right)(\alpha+\beta\delta\gamma u)}{2(8\beta e-\theta^2)}+\frac{\beta e^2(\alpha+\beta\delta\gamma u)^2}{(8\beta e-\theta^2)^2} \tag{4-18}$$

食品制造商与供应商一体化的情况下，制造商与供应商一体化的总利润、零售商的利润分别为

$$\pi_{FM_2}=\frac{e(\alpha+\beta\delta\gamma u)}{\left(4\beta e-\theta^2\right)}\left[2-\frac{\theta^2(\alpha+\beta\delta\gamma u)}{2\left(4\beta e-\theta^2\right)}\right] \tag{4-19}$$

$$\pi_{R_2}=\frac{(4\beta^2e^2-\theta^4)(\alpha+\beta\delta\gamma u)^2}{4\beta(4\beta e-\theta^2)^2} \tag{4-20}$$

根据上述利润表达式可得如下结论：

结论4.14　无论食品制造商与供应商是相互独立的还是一体化的情况，食品基本需求量越大、单位食品回收净收益越高、跨期折扣因子越大或者废弃食品回收率的质量安全水平影响因子越大，对于食品零售商、制造商和供应商的利润越具有提升作用。

为进一步明确消费者食品质量安全敏感度对食品制造商与供应商不同合作情况下相关主体利润的影响，并对制造商与供应商不同合作情况下相关主体利润进行比较，下面根据本章参数设定含义以及最优决策满足条件，对模型中相关参数取值予以设定。令$\alpha=10$，$\beta=0.5$，$e=2$，$\delta=0.6$，$\gamma=0.8$，$u_F=0.3$，$u_M=0.2$，$u_R=0.1$，$u=0.6$。重点针对利润的食品需求质量安全敏感度影响效应进行数值分析，可得如下结果：

如图4-1所示，零售商利润随着食品需求质量安全敏感度增强而增大；食品制造商与供应商一体化情况下的零售商利润更高；并且当食品需求质量安全敏感度较强（即超过0.5）时，零售商利润随着该敏感度增强而增加更快，一体化情况下的零售商利润增加趋势更显著。

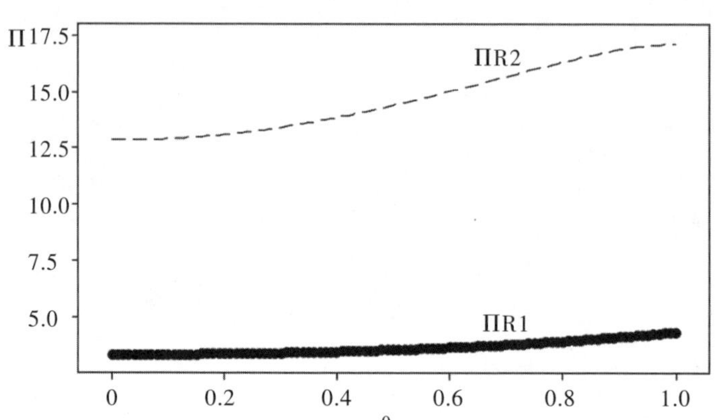

图 4-1 不同合作情况下零售商利润的食品需求质量安全敏感度影响效应

如图 4-2 所示，在食品制造商与供应商相互独立的情况下，制造商与供应商利润之和随着食品需求质量安全敏感度增强而增大；一体化情况下制造商与供应商一体的利润随着食品需求质量安全敏感度增强而减小。并且只有当食品需求质量安全敏感度非常强（即超过 0.9）时，相互独立情况下制造商与供应商利润之和才会反超一体化情况下两者的总利润，而在其他食品需求质量安全敏感度条件下一体化时的利润更高。

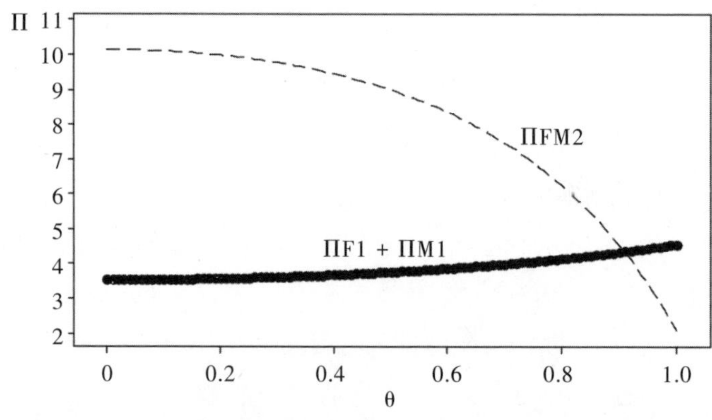

图 4-2 不同合作情况下制造商与供应商利润的食品需求质量安全敏感度影响效应

如图 4-3 所示，在食品制造商与供应商相互独立的情况下，相关主体总利润随着食品需求质量安全敏感度增强而增大；一体化情况下总利润随着食品需求质量安全敏感度增强而先增加后减小。并且，相互独立情况下的总利润始终低于一体化情况下的总利润。

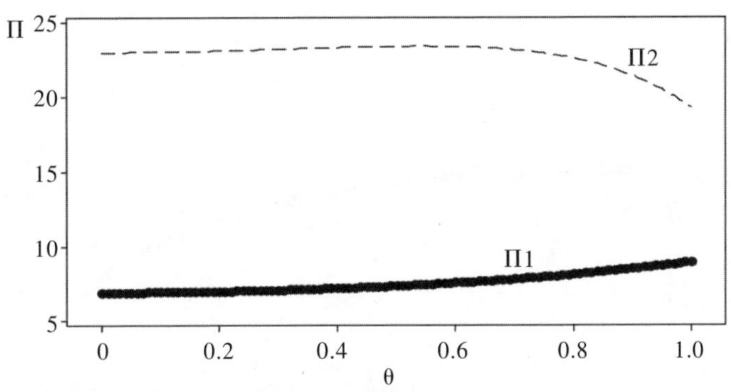

图4-3 不同合作情况下相关主体总利润的食品需求质量安全敏感度影响效应

如图4-4所示，在食品制造商与供应商相互独立的情况下，制造商利润和零售商利润、供应商利润都随着食品需求质量安全敏感度增强而增大。从利润表达式（4-16）至式（4-18）易见这一结论恒成立，与参数取值无关。相比较可见，食品制造商利润最高，零售商利润次之，供应商利润最低且较前两者利润低很多。

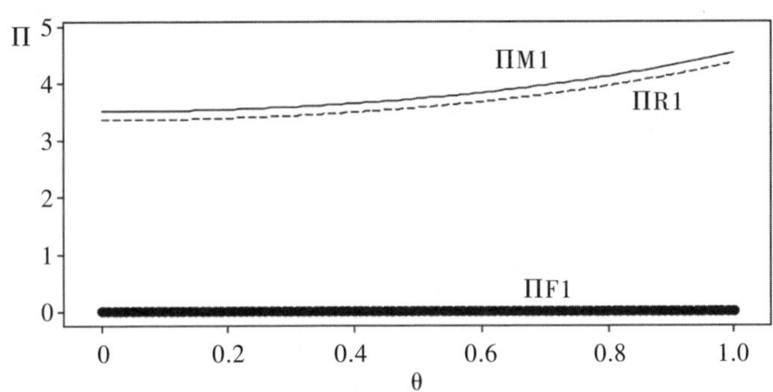

图4-4 食品制造商与供应商相互独立情况下相关主体利润的食品需求质量安全敏感度影响效应

如图4-5所示，在食品制造商与供应商一体化的情况下，食品制造商与供应商一体的总利润随着食品需求质量安全敏感度增强而减小，零售商利润随着食品需求质量安全敏感度增强而增大。当食品需求质量安全敏感度较强（即超过0.5）时，两者利润变化幅度更为显著。并且，食品零售商利润始终高于食品制造商与供应商一体的总利润。

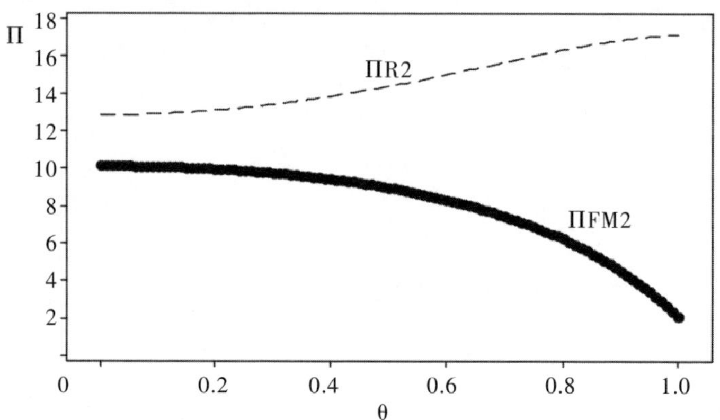

图 4-5 食品制造商与供应商一体化情况下相关主体利润的食品需求质量安全敏感度影响效应

综上，通过上述利润的数值分析及比较可见：

（1）消费者对食品质量安全水平关注度增强有利于零售商；制造商与供应商合作情况下的零售商利润远高于两者独立情况下的零售商利润。

（2）消费者对食品质量安全水平关注度增强有利于独立情况下的制造商与供应商，却不利于合作情况下的制造商与供应商，这主要是由于供应商需要为提高质量安全水平付出较高成本；尽管合作情况下制造商与供应商的总利润在食品需求质量安全敏感度不是很强时高于独立情况下两者利润之和，但是一旦消费者对食品质量安全水平关注度非常高时，由于合作情况下较高食品质量安全水平的成本作用，合作情况下的两者总利润就会低于独立情况下的两者利润之和。

（3）由于合作情况下制造商与供应商总利润在食品需求质量安全敏感度较强时受到消费者食品质量安全水平关注度增强的削弱效应，致使合作情况下总利润也产生同样的变化趋势，食品质量安全关注度增强对独立情况下相关主体利润都是有利的。在合作情况下相关主体总利润依然显著高于独立情况下的总利润。

（4）独立情况下制造商利润与零售商利润的变化趋势基本一致，并且由于现实中逆向回收链条中主体作用不同以及据此设定的制造商废弃食品回收单位净收益高于零售商废弃食品回收单位净收益，所以制造商因废弃食品回收获利一般高于零售商获利，制造商利润始终高于零售商利润。

4.2 本章小结

本章针对食品制造商与供应商是相互独立的还是一体化的不同合作情况，建立了考虑废弃食品回收处理的两期优化模型，分析了食品零售商、制造商和供应商的相关决策，得到以下主要结论：

（1）食品基本需求量的增加以及消费者对食品质量安全水平关注度的增强，都有利于提升食品质量安全水平。

（2）相关主体的废弃食品回收净收益增多不仅能够促进食品质量安全水平的提升，而且能够促进食品需求量的增加。

（3）当消费者对食品质量安全水平关注度较强时，相关主体的废弃食品回收净收益增多能够促进食品零售价格上涨。当消费者对食品质量安全水平关注度较弱时，在食品制造商与供应商一体化的情况下相关主体的废弃食品回收净收益减少会使食品零售价格下降。

（4）对食品制造商与供应商相互独立和一体化不同情况下的最优决策进行比较表明：一体化情况下的食品质量安全水平与批发价格都相对较高，体现了优质优价的特点。而食品需求量和零售价格，因受到需求质量安全水平敏感度、需求价格敏感度和质量安全水平边际成本大小关系的影响而不同。

（5）依据不同类别食品的基本需求量不同，食品制造商与供应商不同合作情况下的废弃食品回收量大小不同。在两者独立的情况下，基本需求量较小的食品废弃回收量更大。对于一般生活必需类食品而言，相应的废弃食品较易产生且数量较大。若供应商能够充分利用废弃食品进行正规有效再利用，则不仅有利于提升其自身利润，而且对食品制造商和零售商而言也都是有利可图的。

因此，政府有关部门应首先针对具有建设和发展废弃食品回收产业潜力的食品行业相关主体，制定实施积极的财政鼓励政策和优惠措施。对于缺乏废弃食品回收再利用条件的供应商等，政府部门可以通过发展

第三方专门回收处理机构为其提供回收再利用服务，并且通过探索供应商、制造商、零售商以及第三方专门回收处理机构之间的合作协调机制，为废弃食品回收再利用提供合作共赢的渠道。

第5章　废弃食品回收处理的政府惩罚规制分析

如前所述，目前我国的废弃食品处理水平还停留在比较落后的阶段，有关研究认为要参考国外的管理模式和经验，结合我国实际，通过研发各种生物转化技术等高科技手段，建立一套科学完善的管理体制，加强追溯体系建设，以实现废弃食品的妥善处理，实现环境效益、经济效益和社会效益的统一。

现有对废弃产品回收利用的研究，主要以废弃电子产品等具有较高的再利用经济价值、污染性较强的产品为主，而对于数量庞大、经济价值较低的废弃食品回收处理研究相对较为缺乏；基于循环经济的农产品逆向物流等方面研究，主要针对农产品废弃物如秸秆、地膜以及包装物等，多是从科学技术层面进行研究；食品安全的相关研究与废弃食品回收处理紧密联系，更多是从餐厨垃圾的回收处置方面进行研究。长远来看，从废弃食品回收处理相关主体决策以及政府部门对废弃食品非正规回收处理惩罚约束角度的研究需要进一步丰富。因此，本章针对废弃食品回收处理问题，从正规回收渠道与非正规回收渠道两类处理商竞争回收废弃食品的视角，在两类回收渠道处理商同时决定回收价格与正规回收渠道处理商先决定回收价格的不同背景下，对正规回收渠道处理商的回收处理成本递增和不变的不同情况建立优化模型，分析政府部门依据回收渠道处理商的经济利益决定对非正规回收处理商惩罚额度以及相应的影响因素。通过讨论影响政府惩罚额变化的因素，提出政府部门应该从哪些方面入手进行惩罚规制更有利于实施有效奖惩措施，为加强我国废弃食品安全回收处理，保障食品安全提供参考依据。

5.1 模型构建与问题描述

根据废弃食品回收处理的实际情况，存在正规与非正规两类不同的回收处理渠道。正规回收渠道是指符合食品安全、环境保护与合规有效利用等条件的废弃食品回收途径；非正规回收渠道是指回收处理技术含量低，有些甚至无门槛限制，如不符合质量安全标准规范等，包括不规范以及不合法的废弃食品回收途径。正规回收处理渠道的处理商会按照相关标准规范将废弃食品进行回收处置，对具有再利用价值的废弃食品还可以按照要求进行再加工，例如将废弃食品作为生物能源的原材料。非正规回收处理渠道的处理商通常不会按照相关标准规范对废弃食品进行回收处置，在缺乏监管规制的情况下，非正规回收渠道处理商可能将废弃食品出售给非法经营者或者进行不合规处理。两类渠道的处理商回收处理废弃食品的成本不同。正规回收渠道处理商回收处理废弃食品的成本相对较高，尤其是在废弃食品回收量较小时，其回收处理成本随着回收量递增，同时由于规模经济，回收处理的边际成本随着回收量递减；而当废弃食品回收量达到一定值后，即正规回收处理形成规模时，其回收处理成本将稳定在固定数额。因此，借鉴Shang等（2015）的研究，正规回收渠道处理商的回收处理成本函数为 $C(q)=\begin{cases} bq-\frac{1}{2}c_eq^2, & 若q<\bar{q}=\frac{b}{c_e} \\ \frac{b^2}{2c_e}, & 若q\geq\bar{q} \end{cases}$。其中 b 表示边际成本常系数，反映回收处理

的单位成本支出。C_e表示边际成本递减系数，反映回收处理的规模报酬递增效益。为满足最优条件，假设C_e相对回收渠道间竞争强度符合条件$c_e < \min\left\{2, \frac{3+\beta}{1+\beta}, \frac{4}{1+\beta}\right\}$。$b$和$C_e$均为正的参数值；$\bar{q} = \frac{b}{c_e}$表示回收处理成本递增至恒定对应的废弃食品回收量临界值。q是废弃食品的回收量，它是决策变量。当正规回收渠道回收处理的规模报酬递增效益相对于基本的回收处理单位成本支出较低时，即$c_e < \frac{b}{2\alpha}$时，正规回收渠道处理商的回收处理成本随着回收量递增，同时边际成本随着回收量递减。而当正规回收渠道回收处理的规模报酬递增效益相对于基本的回收处理单位成本支出较高时，即$c_e \geqslant \frac{b}{2\alpha}$时，正规回收渠道处理商的回收处理成本不随着回收量变化，保持恒定不变。相比之下，非正规回收渠道处理商回收处理的成本较小，为便于分析且不失一般性，本章将其标准化为零。

由于成本与收益的比较优势，非正规回收渠道的回收价格通常高于正规回收渠道。令$w\,(w>0)$表示正规回收渠道的回收价格，$w+m$表示非正规回收渠道的回收价格。其中$m\,(m>0)$表示非正规回收渠道的回收边际加价。并且，两类渠道在废弃食品回收市场形成竞争关系。正规回收渠道与非正规回收渠道的废弃食品回收量分别为q_1和q_2，它们受到不同回收价格w和$w+m$的直接影响。相应的废弃食品回收供给函数（Shin和Tunca，2010）为$q_1 = \alpha + (1+\beta)w - \beta(w+m) = \alpha + w - \beta m$，$q_2 = \alpha + \beta(w+m) - (1+\beta)w = \alpha - w + \beta m$。$\alpha\,(\alpha>0)$表示不受废弃食品回收价格影响的废弃食品基本回收量。由于市场中废弃食品的大量存在，不受回收价格影响的废弃食品基本回收量是相对较高的。这与是否正规或非正规回收渠道相关性并不大。因此，上述废弃食品回收供给函数中废弃食品基本回收量α一致。并且由于相关废弃食品回收处理规范的约束以及社会各界对食品安全重视度的提升，废弃食品回收市场受到正规回收价格（市场一般价格水平）的影响更为显著。$\beta\,(\beta>0)$表示废弃食品市场上两类回收渠道间的竞争强度，反映回收渠道间的竞争激烈程度，其具体取值并不表示现实中某种实际情况。假设两类回收渠道的处理商都具有较强的回收处理能力，能够完全消化市场上所有回收的废弃食品。

5.2 两类回收渠道处理商同时决定价格的政府部门惩罚额分析

当正规回收渠道与非正规回收渠道的处理商同时根据各自利润最大化决定回收价格与回收边际加价时，正规回收渠道处理商的回收处理成本有递增与不变两种情况。

5.2.1 正规回收渠道处理商的回收处理成本递增情况

在正规回收渠道处理商的回收处理成本随回收量递增满足的条件 $c_e < \dfrac{b}{2\alpha}$ 下，正规回收渠道处理商的回收处理成本函数为 $C(q_1) = bq_1 - \dfrac{1}{2}c_e q_1^{\,2}$。此时，正规与非正规回收渠道处理商的利润分别如下：

$$\pi_1(w) = (p - w)q_1 - bq_1 + \frac{1}{2}c_e q_1^{\,2} \tag{5-1}$$

$$\pi_2(m) = (s - w - m)q_2 \tag{5-2}$$

其中，p 和 s 分别表示正规回收渠道和非正规回收渠道处理商处置废弃食品获得的单位收益。

由两个渠道处理商利润的一阶最优条件 $\dfrac{d\pi_1(w)}{dw} = 0$ 和 $\dfrac{d\pi_2(m)}{dm} = 0$，以及相应的二阶条件 Hesse 矩阵为 $H = \begin{pmatrix} c_e - 2 & \beta(1 - c_e) \\ 1 - \beta & -2\beta \end{pmatrix}$ 应为负定，可知其各阶顺序主子式满足 $H_1 = c_e - 2 < 0$，$H_2 = \beta[3 + \beta - (1 + \beta)c_e] > 0$。

在此基础上可得两类处理商最优的正规回收价格和非正规回收边际加价分别为 $m^* = \dfrac{(c_e - 2)(\alpha - \beta s) + (1 - \beta)\left[\left(c_e - 1\right)\alpha + p - b\right]}{\beta[3 + \beta - (1 + \beta)c_e]}$，$w^* = \dfrac{(c_e - 1)(\alpha - \beta s) + 2\left[\left(c_e - 1\right)\alpha + p - b\right]}{3 + \beta - (1 + \beta)c_e}$。将它们代入非正规回收渠道处理商的

废弃食品回收量函数可得$q_2^*=\dfrac{\alpha+\beta s-(1+\beta)\left[2\left(c_e-1\right)\alpha+(p-b)\right]}{3+\beta-(1+\beta)c_e}$。

为加强对废弃食品的安全回收处理，政府部门将通过落实回收渠道的监管细则，加大监督的奖惩力度，使得非正规回收渠道处理商最终因经济利益过低，甚至“无利可图”而退出废弃食品回收市场。因此，政府部门可以通过设置惩罚额度从而直接负向影响非正规回收渠道处理商回收处理废弃食品的单位收益s，从而使其利润达到最小值。因此，将q_2^*代回式（5-2），非正规回收渠道处理商的利润作为政府部门惩罚额度的函数有

$$\pi_2{}^*(s)=\frac{(s-w-m)\left\{\alpha+\beta s-(1+\beta)[2(c_e-1)\alpha+(p-b)]\right\}}{3+\beta-(1+\beta)c_e} \tag{5-3}$$

根据$\min\limits_s \pi_2{}^*(s)$的一阶和二阶最优条件可得政府部门对非正规回收渠道处理商实施惩罚后，非正规回收渠道处理商处置废弃食品获得的单位收益为

$$s^*=\frac{[2(1+\beta)(c_e-1)-1]\alpha+(1+\beta)(p-b)}{\beta} \tag{5-4}$$

由式（5-4）有$\dfrac{\partial s^*}{\partial p}=\dfrac{1+\beta}{\beta}>0$；$\dfrac{\partial s^*}{\partial b}=-\dfrac{1+\beta}{\beta}<0$；$\dfrac{\partial s^*}{\partial c_e}=\dfrac{2\alpha(1+\beta)}{\beta}>0$。$\dfrac{\partial s^*}{\partial \alpha}=\dfrac{[2(1+\beta)c_e-3-2\beta]}{\beta}$；$\dfrac{\partial s^*}{\partial \beta}=\dfrac{(3-2c_e)\alpha-(p-b)}{\beta^2}$。若$c_e<\dfrac{1.5+\beta}{1+\beta}$，则$\dfrac{\partial s^*}{\partial \alpha}<0$；若$c_e<1.5-\dfrac{p-b}{2\alpha}$，则$\dfrac{\partial s^*}{\partial \beta}>0$。

在政府部门对非正规回收渠道处理商实施相应的惩罚后，非正规回收渠道处理商处置废弃食品的单位收益是未受惩罚时基本收益与政府部门惩罚额的差额，因此政府部门决定的废弃食品回收处理惩罚额的影响因素与该单位收益s^*的影响因素相同，但影响效应刚好相反。

由此可得如下结论：

结论5.1 在正规回收渠道与非正规回收渠道处理商同时决定回收价格，并且正规回收渠道处理商的回收处理成本递增的情况下，政府部门决定的废弃食品回收处理惩罚额受到回收渠道竞争强度、废弃食品基

本回收量、回收处理的规模报酬递增效益与单位成本支出，以及正规处理商获得的单位收益的直接影响。如果其他条件不变，该惩罚额就随着正规处理商获得的单位收益的增加而减小，随着回收处理单位成本支出的增大而增加，随着回收处理规模报酬递增效益的增大而减小。当回收处理规模报酬递增效益低于某一定值时，政府部门决定的废弃食品回收处理惩罚额随着基本回收量增加而增加；当回收处理边际成本递减系数低于某一定值时，该惩罚额随着回收渠道间竞争强度增大而减小。

5.2.2 正规回收渠道处理商的回收处理成本不变情况

在正规回收渠道处理商的回收处理成本随回收量不变满足的条件 $c_e \geqslant \dfrac{b}{2\alpha}$ 下，正规回收渠道处理商的回收处理成本为 $C(q_1)=\dfrac{b^2}{2c_e}$。此时，非正规回收渠道处理商的利润仍如式（5-2）所示，而正规回收渠道处理商的利润如下

$$\pi_1(w)=(p-w)(\alpha+w-\beta m)-\frac{b^2}{2c_e} \tag{5-5}$$

由式（5-5）一阶最优条件 $\dfrac{d\pi_1(w)}{dw}=0$ 与式（5-2）一阶最优条件 $\dfrac{d\pi_2(m)}{dm}=0$，以及相应的二阶 Hesse 矩阵 $H=\begin{pmatrix}-2 & \beta \\ 1-\beta & -2\beta\end{pmatrix}$，显然满足 Hesse 矩阵负定的二阶最优条件。求解可得两类处理商对应的最优回收价格和回收边际加价分别为 $m^{**}=\dfrac{(\beta-3)\alpha+(1-\beta)p+2\beta s}{\beta(3+\beta)}$，$w^{**}=\dfrac{-3\alpha+2p+\beta s}{3+\beta}$。相应的非正规回收渠道处理商的废弃食品回收量为 $q_2{}^{**}=\dfrac{(3+2\beta)\alpha-(1+\beta)p+\beta s}{3+\beta}$。类似地，非正规回收渠道处理商的利润作为政府部门惩罚额度的函数有

$$\pi_2{}^{**}(s)=\frac{(s-w-m)[(3+2\beta)\alpha-(1+\beta)p+\beta s]}{3+\beta} \tag{5-6}$$

根据 $\min\limits_{s}\pi_2{}^{**}(s)$ 的一阶和二阶最优条件，政府部门根据此时非正规回收渠道处理商利润最小值确定对其惩罚额有：

$$s^{**}=\frac{-(3+2\beta)\alpha+(1+\beta)p}{\beta} \tag{5-7}$$

由式（5-7）有 $\frac{\partial s^{**}}{\partial p}=\frac{1+\beta}{\beta}>0$；$\frac{\partial s^{**}}{\partial \alpha}=\frac{-(3+2\beta)}{\beta}<0$。$\frac{\partial s^{**}}{\partial \beta}=\frac{3\alpha-p}{\beta^2}$，若 $\alpha<\frac{p}{3}$，则 $\frac{\partial s^{**}}{\partial \beta}<0$。

由此可得如下结论：

结论 5.2　在正规回收渠道与非正规回收渠道处理商同时决定回收价格，并且正规回收渠道处理商的回收处理成本不变的情况下，政府部门决定的废弃食品回收处理惩罚额受到回收渠道间竞争强度、废弃食品基本回收量以及正规处理商处置废弃食品获得的单位收益的直接影响。如果其他条件不变，则该惩罚额随着正规处理商获得单位收益的增加而减小，随着废弃食品基本回收量的增加而增加。当废弃食品基本回收量低于正规处理商获得的单位收益的1/3时，政府部门决定的废弃食品回收处理惩罚额随着回收渠道间竞争强度的增大而增加。

5.3　正规回收渠道处理商先决定价格的政府部门惩罚额分析

由于遵守废弃食品相应的回收处理规范，正规回收渠道处理商的回收价格在市场上更易被观察和追随。因此，正规回收渠道处理商作为领导者先决定回收价格，非正规回收渠道处理商作为追随者再决定其回收边际加价的多少。在这一背景下，我们利用逆推法来具体分析政府部门惩罚额的决策过程。

5.3.1　正规回收渠道处理商的回收处理成本递增情况

首先，根据非正规回收渠道处理商的利润最大化的一阶最优条件 $\frac{d\pi_2(m)}{dm}=0$ 所得 $m=\frac{(1-\beta)w-\alpha+\beta s}{2\beta}$ 代入正规回收渠道处理商的利润函数 $\pi_1(w)$ 有

$$\pi_1(w)=\frac{(p-w-b)[3\alpha-\beta s+(1+\beta)w]}{2}+\frac{c_e[3\alpha-\beta s+(1+\beta)w]^2}{2} \tag{5-8}$$

由一阶最优条件 $\frac{d\pi_1(w)}{dw}=0$，以及二阶最优条件 $\frac{d^2\pi_1(w)}{dw^2}<0$，解得正规回收渠道处理商的最优回收价格为 $w^{***}=\frac{[c_e(1+\beta)-2](3\alpha-\beta s)+2(1+\beta)(p-b)}{-(1+\beta)[c_e(1+\beta)-4]}$。由此可得非正规回收渠道的回收边际加价以及非正规回收渠道处理商的废弃食品回收量分别为 $m^{***}=\frac{[(1+\beta)(\beta-2)c_e-\beta+5]\alpha+[(1+\beta)c_e-\beta-3]\beta s-(1+\beta)(1-\beta)(p-b)}{\beta(1+\beta)[c_e(1+\beta)-4]}$，$q_2{}^{***}=\frac{[5-2c_e(1+\beta)]\alpha+\beta s-(1+\beta)(p-b)}{4-(1+\beta)c_e}$。

类似地，非正规回收渠道处理商的利润作为政府部门惩罚额度的函数有

$$\pi_2{}^{***}(s)=\frac{\left\{\beta s-(1+\beta)(p-b)+[5-2c_e(1+\beta)]\alpha\right\}^2}{\beta[4-(1+\beta)c_e]^2} \tag{5-9}$$

根据 $\min_s \pi_2{}^{***}(s)$ 的最优条件，解得政府部门根据此时非正规回收渠道处理商利润最小值确定对其惩罚额有

$$s^{***}=\frac{[2(1+\beta)c_e-5]\alpha+(1+\beta)(p-b)}{\beta} \tag{5-10}$$

由式（5-10）有 $\frac{\partial s^{***}}{\partial p}=\frac{1+\beta}{\beta}>0$；$\frac{\partial s^{***}}{\partial b}=-\frac{1+\beta}{\beta}<0$；$\frac{\partial s^{***}}{\partial c_e}=\frac{2\alpha(1+\beta)}{\beta}>0$。$\frac{\partial s^{***}}{\partial \alpha}=\frac{[2(1+\beta)c_e-5]}{\beta}$；$\frac{\partial s^{***}}{\partial \beta}=\frac{(5-2c_e)\alpha-(p-b)}{\beta^2}$。若 $c_e<\frac{2.5}{1+\beta}$，则 $\frac{\partial s^{***}}{\partial \alpha}<0$；若 $c_e<2.5-\frac{p-b}{2\alpha}$，则 $\frac{\partial s^{***}}{\partial \beta}>0$。

由此可得如下结论：

结论 5.3 在正规回收渠道处理商先决定回收价格，并且正规回收渠道处理商的回收处理成本递增的情况下，正规回收渠道处理商先决定回收价格，并且在正规回收渠道处理商的回收处理成本递增的情况下，政府部门决定的废弃食品回收处理惩罚额的直接影响因素及其影响效应与两类处理商同时决定回收价格时的结果相同。

5.3.2 正规回收渠道处理商的回收处理成本不变情况

针对正规回收渠道处理商的回收处理成本不变情况，将 $m=\frac{(1-\beta)w-\alpha+\beta s}{2\beta}$ 代入该条件下的正规回收渠道处理商利润函数整理可得

$$\pi_1(w)=\frac{(p-w)[3\alpha-\beta s+(1+\beta)w]}{2}-\frac{b^2}{2c_e} \tag{5-11}$$

由最优条件 $\frac{d\pi_1(w)}{dw}=0$，$\frac{d^2\pi_1(w)}{dw^2}=-(1+\beta)<0$ 解得此时正规回收渠道处理商的最优回收价格为 $w^{****}=\frac{(1+\beta)p-3\alpha+\beta s}{2(1+\beta)}$。相应的非正规回收渠道的回收边际加价以及非正规回收渠道处理商的废弃食品回收量分别为 $m^{****}=\frac{(1+\beta)(1-\beta)p-(5-\beta)\alpha+(3+\beta)\beta s}{4\beta(1+\beta)}$，$q_2{}^{****}=\frac{5\alpha+\beta s-(1+\beta)p}{4}$。

此时，非正规回收渠道处理商的利润作为政府部门惩罚额度的函数有

$$\pi_2{}^{****}(s)=\frac{\{5\alpha+\beta s-(1+\beta)p\}^2}{16\beta} \tag{5-12}$$

根据 $\min\limits_{s}\pi_2{}^{****}(s)$ 的最优条件，解得政府部门根据此时非正规回收渠道处理商利润最小值确定对其惩罚额有

$$s^{****}=\frac{-5\alpha+(1+\beta)p}{\beta} \tag{5-13}$$

由此可得如下结论：

结论5.4　在正规回收渠道处理商先决定回收价格，并且正规回收渠道处理商的回收处理成本不变的情况下，政府部门决定的废弃食品回收处理惩罚额受到回收渠道间竞争强度、废弃食品基本回收量以及正规处理商处置废弃食品单位收益的直接影响。如果其他条件不变，该惩罚额随着正规处理商获得的单位收益的增加而减小，随着废弃食品基本回收量的增加而增加；当废弃食品基本回收量低于正规处理商获得的单位收益的1/5时，政府部门决定的废弃食品回收处理惩罚额随着回收渠道竞争强度的增大而增加。

综上所述，通过对两类回收渠道处理商同时决定回收价格，以及在正规回收渠道处理商先决定回收价格的不同背景下，正规回收渠道处理商的回收处理成本递增和不变时情况的政府部门惩罚额进行比较分析可见：$s^{*}-s^{***}=\dfrac{2(1-\beta)\alpha}{\beta}$，当$\beta>1$时，$s^{*}<s^{***}$；当$\beta\leqslant 1$时，$s^{*}\geqslant s^{***}$。在正规回收渠道处理商回收处理成本不变的情况下，正规回收渠道处理商同时定价与正规回收渠道处理商先定价的比较分析有上述相似的结论。由此可得如下结论：

结论5.5　在正规回收渠道处理商的回收处理成本递增或者不变的情况下，当回收渠道间竞争强度大于（不大于）1时，处理商同时定价背景下政府部门决定的废弃食品回收处理惩罚额都更低（不低）。

5.4 基于废弃食品回收处理的政府惩罚规制的主要结论及其启示

5.4.1 正规回收渠道处理商的回收处理成本递增情况的结论启示

5.4.1.1 正规与非正规回收渠道处理商同时决定回收价格的结论启示

政府部门在对废弃食品的回收处理实行相应的奖惩措施时，应根据正规回收处理再利用的收益与成本以及非正规回收渠道处理商在市场上的活跃程度、与正规回收处理商形成的竞争关系、废弃食品的基本回收量等因素决定具体的奖惩数额等规制细则。应积极发展废弃食品回收再利用产业，通过下游产业开发增强正规回收渠道处理商的回收收益，同时通过税收减免、补贴等方式减少正规回收处理的成本，在经济上扶持正规回收渠道处理商，突出正规回收处理的优势，增强其市场竞争力。并且，在逐步完善废弃食品正规回收处理流程，健全上下游产业循环发展体系的情况下，缩减正规回收处理成本，突出回收处理的规模报酬递增效益，这样即使在废弃食品基本回收量增加或者正规回收渠道竞争力减弱时，政府部门对非正规回收渠道的惩处力度即使不变或者减弱，也不会加剧废弃食品的非正规回收处理问题。

5.4.1.2 正规回收渠道处理商先决定回收价格的结论启示

政府部门决定的废弃食品回收处理惩罚额的影响因素及其效应都与两类处理商同时决定价格时的结论相似。

5.4.2 正规回收渠道处理商的回收处理成本不变情况的结论启示

5.4.2.1 正规回收渠道与非正规回收渠道处理商同时决定回收价格的结论启示

政府部门在对废弃食品的回收处理实行相应的奖惩措施时，应根据正规回收处理再利用的收益、回收渠道间的竞争关系以及废弃食品的基本回收量这些因素决定具体的奖惩数额等规制细则。当正规回收处理商的回收处置成本固定，即废弃食品回收再利用产业发展较为成熟时，政府部门实施的奖惩措施受到回收处理的成本因素影响减弱甚至可以忽略。此时政府部门可以更多地采取有利于废弃食品回收市场规模稳定及扩大的措施。例如，通过整合正规回收渠道，增强正规回收处理商的设备、技术与人力配置，促进示范型和发挥带头作用的回收处理企业的发展。当废弃食品回收市场规模相对较小时，加强回收渠道间竞争更有利于政府部门奖惩措施的有效实行；而在回收市场规模相对较大时，控制渠道间竞争更有利于政府部门奖惩措施的有效实行。

5.4.2.2 正规回收渠道处理商先决定回收价格的结论启示

政府部门决定的废弃食品回收处理惩罚额的影响因素及其效应都与两类处理商同时决定价格时的结论相似。

5.4.3 正规回收渠道处理商的回收处理成本递增或者不变的比较分析结论启示

首先，无论是两类回收渠道处理商同时决定价格还是正规回收渠道处理商先决定价格，政府部门依据非正规回收渠道处理商的回收处理利润最小值而决定的非正规回收渠道废弃食品回收处理惩罚额都能够有效治理非正规回收渠道，并激励正规回收渠道处理商的安全回收处理行为。

其次，针对正规回收渠道处理商进行回收处理的成本是递增还是不变的不同情况，相关决策变量的大小关系主要是由回收渠道间竞争强度所决定的。当正规回收渠道与非正规回收渠道间竞争较为激烈时，处于回收处理成本递增阶段的正规回收处理商所获利润更高。这主要是由于相应的回收价格较低，并且政府部门的废弃食品回收处理惩罚额更高，即对废弃食品的非正规回收处理监管规制更为严格。而当回收渠道间竞争关系较弱时，处于回收处理成本不变阶段的正规回收处理商所获利润更高，相应的回收价格更低，政府部门的回收处理监管规制更为严格。因此，政府部门针对废弃食品回收处理的监管规制要依据回收处理渠道的竞争状况与正规回收处理成本变化的具体情况进行。

第6章　零售商回收与制造商处理过期食品模式下三方演化博弈

频发的食品安全事件表明：我国过期食品回收处理问题突出，如何有效回收处理过期食品，保障食品安全与促进资源充分利用、减少环境污染是亟待解决的难题。

以“大量生产、大量消费、大量废弃”为特征的工业化给全球生态环境造成了极大破坏。世界各国都在就此进行深刻反省，寻求一条可持续发展之路。1994年，设在日本的联合国大学提出“零排放”概念，认为世界上没有无用之物，一切废弃物都能被利用起来。日本政府先后制定了7项有关处理和利用工业和生活废弃物、保护生态环境的法律，即《废弃物处理法》《资源循环利用法》《包装容器循环利用法》《家庭电器循环利用法》《建筑器材循环利用法》《食品资源循环利用法》《绿色采购法》。此外，《推进形成循环型社会基本法》规定了国家、地方政府、企业和国民等各方在保护生态环境方面的义务，提出了抑制废弃物发生、零部件的再利用和废弃物的再资源化等基本原则，标志着日本在建立循环型经济社会的道路上迈出决定性的一步。2013年，欧洲产业联盟发起了一项名为“废弃食物二次利用”的活动。该活动旨在加大废弃食物如油料、动物胶等二次利用的宣传力度。相较于发达国家，食品逆向物流及其回收利用并未引起我国的广泛重视，大多数食品企业的逆向物流意识淡薄，只有极少数的食品企业拥有自己的产品回收体系。

现有的研究认识到废弃食品回收处理的重要性，分析了过期食品回收处理和监管现状，利用博弈模型分析废弃食品回收的相关主体决策。然而针对某一类废弃食品的回收处理过程，零售商、制造商和政府部门的多方主体博弈关系分析有待深入。在过期食品回收处理过程中，零售商、制造商与政府部门这三方主体的策略行为选择至关重要，并且现实中上述主体是有限理性个体。对此，本章基于演化博弈，分析零售商回收与制造商处理过期食品模式下的零售商、制造商与政府部门之间的三方演化博弈关系，为有效回收处理过期食品提供参考。

6.1 问题描述

在零售商负责回收与制造商负责处理过期食品模式下，零售商、制造商与政府部门的行为特征如下：零售商作为食品销售终端，对食品上架销售时间格外敏感。由于大量过期食品的回收处理成本相对较高，零售商通常采取降价打折或者搭售等方式处理即将过期的食品；而对于已经过期的食品，零售商会将其下架，回收后退回给制造商（或供应商）①，或者集中丢弃。因此，本章将零售商的这两类行为策略分别简记为“回收”与“不回收”。由于我国过期食品的回收处理尚未形成规范有序的产业链条以及缺乏有效的约束，加上过期食品的处理利润微薄、过程烦琐、投入产出不成正比，大多数食品生产企业对过期食品不进行回收处理，仅有少数食品生产企业对过期食品进行回收处理。因此，本章将制造商的行为策略分为“正规处理”与“非正规处理”。由于过期食品回收处理的规范流程尚未确立，政府部门在监管资源有限的条件下，相应的监管成本高、监管缺位、监管漏洞多。因此，本章将政

① 为便于分析和说明，本章将处理过期食品的主体制造商和供应商统称为“制造商”。

府部门的行为策略分为“监管”与“不监管”。由此可得零售商、制造商与政府部门的三方博弈策略组合（见表6-1）。

表6-1　　零售商、制造商与政府部门的三方博弈策略组合

<table>
<tr><td colspan="2" rowspan="2"></td><td colspan="2">零售商</td><td colspan="2" rowspan="2"></td></tr>
<tr><td>回收</td><td>不回收</td></tr>
<tr><td rowspan="4">制造商</td><td>正规处理</td><td>回收
正规处理
监管</td><td>不回收
正规处理
监管</td><td rowspan="2">监管</td><td rowspan="4">政府部门</td></tr>
<tr><td>非正规处理</td><td>回收
非正规处理
监管</td><td>不回收
非正规处理
监管</td></tr>
<tr><td>正规处理</td><td>回收
正规处理
不监管</td><td>不回收
正规处理
不监管</td><td rowspan="2">不监管</td></tr>
<tr><td>非正规处理</td><td>回收
非正规处理
不监管</td><td>不回收
非正规处理
不监管</td></tr>
</table>

6.2　演化博弈模型假设及其参数设置

考虑到三方博弈决策环境的复杂性，为便于分析且不失一般性，对模型作出如下假设：

（1）假设1：三方博弈的参与者——零售商、制造商和政府部门都是有限理性的，更符合现实情况。

（2）假设2：过期食品被回收处理后可以产生经济效益。本章分析的是某类过期食品的回收处理，因此该类过期食品的回收处理成本、经济效益在具体食品之间是无差异的。

（3）假设3：零售商采取回收或不回收过期食品行为策略。“回收”是指零售商下架过期食品，正规回收给其制造商。本章假设过期食品回收后的处理工作均由制造商负责处理。政府部门的监管是指对零售商与制造商的过期食品回收处理行为进行监管。

（4）三方主体的行为策略比例：零售商采取“回收”过期食品的概率为x，采取“不回收”的概率为$1-x$；制造商采取“正规处理”过期食品的概率为y，采取“非正规处理”的概率为$1-y$；政府部门采取“监管”的概率为z，采取不监管的概率为$1-z$。其中$0\leqslant x\leqslant 1$，$0\leqslant y\leqslant 1$，$0\leqslant z\leqslant 1$。

（5）其他参数符号及含义见表6-2。

表6-2 **主要参数符号及含义**

参数符号	含义
C_1	零售商回收过期食品的成本
C_2	零售商不回收过期食品情况下制造商的处理成本（包括过期食品的运输与处理利用等成本）
C_3	零售商回收过期食品情况下制造商的处理成本
C_4	政府部门对过期食品回收处理的监管成本
C_5	政府部门对非正规回收处理过期食品行为后果的补救成本
R_1	零售商回收过期食品给制造商获得的综合收益（包括经济效益与社会声誉提升所带来的效益等）
R_2	制造商正规处理过期食品的综合收益（包括经济、社会等综合效益）
R_3	制造商非正规处理过期食品所获取的收益
R_4	政府部门监管过期食品回收处理获得的综合收益（包括食品安全、资源利用、环境保护以及社会公信力提升等收益）
T_1	政府部门对零售商回收过期食品行为的财政补贴（包括补贴、税收优惠等）
T_2	政府部门对制造商正规处理过期食品的财政补贴（包括补贴、税收优惠等）
F_1	政府部门对制造商非正规处理过期食品进行处罚所得的行政罚款①

根据我国目前过期食品回收处理现状，显然有制造商正规处理过期食品的综合收益低于其非正规处理过期食品的综合收益，即$R_2<R_3$。并且政府部门对制造商非正规处理过期食品进行处罚所得的行政罚款通常低于政府部门对过期食品回收处理的全程监管成本，即$F_1<C_4$。

① 由于某类食品零售商通常有多个，导致政府部门监管困境，因此本章假设政府部门处罚过期食品非正规回收处理行为对负责处理的制造商主体进行。

6.3 三方演化博弈模型建立及求解

由问题描述及模型假设可知，零售商、制造商与政府部门的三方博弈收益矩阵见表6-3。

表6-3 **零售商、制造商与政府部门三方博弈的收益矩阵**

		零售商			
		回收	不回收		
制造商	正规处理	$-C_1+R_1+T_1$	0	监管	政府部门
		$-C_3+R_2+T_2$	$-C_2+R_2+T_2$		
		$-C_4-T_1-T_2+R_4$	$-C_4-T_2+R_4$		
	非正规处理	$-C_1+R_1+T_1$	0		
		$-C_3+R_3-F_1$	$-C_2+R_3-F_1$		
		$-C_4-T_1+F_1-C_5$	$-C_4+F_1-C_5$		
	正规处理	$-C_1+R_1$	0	不监管	
		$-C_3+R_2$	$-C_2+R_2$		
		0	0		
	非正规处理	$-C_1+R_1$	0		
		$-C_3+R_3$	$-C_2+R_3$		
		$-C_5$	$-C_5$		

6.3.1 零售商回收过期食品的演化博弈模型构建及策略分析

由模型假设和三方博弈收益矩阵可得零售商采取回收策略的期望收益为

$$E_R = z[y(-C_1 + R_1 + T_1) + (1 - y)(-C_1 + R_1 + T_1)] + (1 - z)[y - (-C_1 + R_1) + (1 - y)(-C_1 + R_1)] = -C_1 + R_1 + zT_1 \tag{6-1}$$

显而易见，零售商采取不回收策略的期望收益为$E_{RN}=0$。因此，零售商采取回收和不回收策略的期望收益均值为

$$\overline{E_R} = xE_R + (1-x)E_{RN} = x(-C_1 + R_1 + zT_1) \tag{6-2}$$

由演化博弈理论可知零售商回收策略的复制动态方程$F(x)$为

$$F(x)=\frac{dx}{dt}=x(E_R-\overline{E_R})=x(1-x)(-C_1+R_1+zT_1) \tag{6-3}$$

对零售商回收策略的复制动态方程 $F(x)$ 求导可得

$$\frac{dF(x)}{dx}=(1-2x)(-C_1+R_1+zT_1) \tag{6-4}$$

根据式（6-4）进行稳定性分析如下：

（1）当 $z=\frac{C_1-R_1}{T_1}$（即 $-C_1+R_1+zT_1=0$）时，$F(x)=0$ 恒成立，即对所有 x 都处于稳定状态。

（2）当 $z\neq\frac{C_1-R_1}{T_1}$ 时，令 $F(x)=0$ 可知 $x=0$，$x=1$ 分别为 x 的两个稳定状态。

由此可知：当 $C_1<R_1$ 时，即零售商回收过期食品的成本低于零售商从中获得的综合收益，则 $z>\frac{C_1-R_1}{T_1}$，即 $-C_1+R_1+zT_1>0$，可知 $\left.\frac{dF(x)}{dx}\right|_{x=0}>0$，$\left.\frac{dF(x)}{dx}\right|_{x=1}<0$。由演化稳定策略的性质以及微分方程稳定性原理可得 $x=1$ 是演化稳定策略。当 $C_1>R_1$ 时，分为如下两种情形：①若 $z>\frac{C_1-R_1}{T_1}$，可得 $\left.\frac{dF(x)}{dx}\right|_{x=0}>0$，$\left.\frac{dF(x)}{dx}\right|_{x=1}<0$，则 $x=1$ 是演化稳定策略；②若 $0<z<\frac{C_1-R_1}{T_1}$，可得 $\left.\frac{dF(x)}{dx}\right|_{x=0}<0$，$\left.\frac{dF(x)}{dx}\right|_{x=1}>0$，则 $x=0$ 是演化稳定策略。

综上可得如下结论：

结论6.1 （1）当零售商回收过期食品获得的预期收益（零售商回收过期食品的综合收益加上政府监管时对其的财政补贴，再减去零售商回收成本的差额）为0时，零售商采取回收策略的概率可能是0和1之间的任何值。

（2）当零售商回收过期食品的预期收益为正时，零售商会采取回收策略。

（3）当零售商回收过期食品的净收益（零售商回收过期食品的综合

收益与其回收成本的差额）为负时，零售商采取回收策略与否是由政府部门采取监管策略的概率z大小所决定的。具体而言，若政府部门监管过期食品回收处理的概率较大时，即政府部门监管力度较强，那么零售商会采取回收策略；否则政府监管力度较弱，那么零售商会采取不回收策略。

6.3.2 制造商处理过期食品的演化博弈模型构建及策略分析

由模型假设和三方博弈收益矩阵可得制造商采取正规处理策略的期望收益为

$$E_M = z[x(-C_3 + R_2 + T_2) + (1 - x)(-C_2 + R_2 + T_2)] + (1 - z)[x(-C_3 + R_2) + (1 - x)(-C_2 + R_2)] = -C_2 + R_2 + x(C_2 - C_3) + zT_2 \tag{6-5}$$

制造商采取非正规处理策略的期望收益为

$$E_{MN} = z[x(-C_3 + R_3 - F_1) + (1 - x)(-C_2 + R_3 - F_1)] + (1 - z)[x(-C_3 + R_3) + (1 - x)(-C_2 + R_3)] = -C_2 + R_3 + x(C_2 - C_3) - zF_1 \tag{6-6}$$

因此，制造商采取正规处理策略和非正规处理策略的期望收益均值为

$$\overline{E_M} = yE_M + (1 - y)E_{MN} = y(R_2 - R_3 + zT_2 + zF_1) - xC_3 - C_2 + R_3 + xC_2 - zF_1 \tag{6-7}$$

由演化博弈理论可知制造商正规处理策略的复制动态方程$F(y)$为

$$F(y) = \frac{dy}{dt} = y(E_M - \overline{E_M}) = y(1 - y)(R_2 - R_3 + zT_2 + zF_1) \tag{6-8}$$

对制造商正规处理策略的复制动态方程$F(y)$求导可得

$$\frac{dF(y)}{dt} = (1 - 2y)(R_2 - R_3 + zT_2 + zF_1) \tag{6-9}$$

根据式（6-9）进行稳定性分析如下：

（1）当$z = \dfrac{R_3 - R_2}{T_2 + F_1}$（即$R_3 - zF_1 = R_2 + zT_2$）时，$F(y) = 0$恒成立，即对所有$y$都处于稳定状态。

（2）当$z \neq \dfrac{R_3 - R_2}{T_2 + F_1}$时，令$F(y) = 0$可知$y = 0$，$y = 1$分别为$y$的两个稳定状态。

由参数关系可知$R_2 < R_3$，此时分为以下两种情形：①若$z > \frac{R_3 - R_2}{T_2 + F_1}$，即$R_3 - zF_1 < R_2 + zT_2$，此时可得$\left.\frac{dF(y)}{dy}\right|_{y=0} > 0$，$\left.\frac{dF(y)}{dy}\right|_{y=1} < 0$，则$y = 1$是演化稳定策略；②若$z < \frac{R_3 - R_2}{T_2 + F_1}$，可得$\left.\frac{dF(y)}{dy}\right|_{y=0} < 0$，$\left.\frac{dF(y)}{dy}\right|_{y=1} > 0$，则$y = 0$是演化稳定策略。

综上可得如下结论：

结论6.2 （1）当制造商非正规处理过期食品获取的净收益（制造商非正规处理过期食品的综合收益减去政府部门对其的行政罚款）等于制造商正规处理过期食品获得的总收益（制造商正规处理过期食品的综合收益与其获取的政府部门财政补贴总额）时，制造商采取正规处理策略的概率可能是0和1之间的任何值。

（2）由于目前制造商正规处理过期食品获得的综合收益低于其非正规处理过期食品获取的综合收益，所以制造商采取正规处理策略与否是由政府采取监管策略的概率z大小所决定的。具体而言，若政府部门监管过期食品回收处理的概率较大时，即政府部门监管力度较强，那么制造商会采取正规处理策略；若政府监管力度较弱，那么制造商会采取非正规处理策略。

6.3.3 政府部门监管过期食品回收处理的演化博弈模型构建及策略分析

由模型假设和三方博弈收益矩阵可得政府部门采取监管策略的期望收益为

$$\begin{aligned} E_G &= y[x(-C_4 - T_1 - T_2 + R_4) + (1-x)(-C_4 - T_2 + R_4)] + (1-y)[x(-C_4 - T_1 + F_1 - C_5) \\ &\quad + (1-x)(-C_4 + F_1 - C_5)] \\ &= y(R_4 - T_2 - F_1 + C_5) - xT_1 - C_4 + F_1 - C_5 \end{aligned} \tag{6-10}$$

政府部门采取不监管策略的期望收益为

$$E_{GN} = y[x \cdot 0 + (1-x) \cdot 0] + (1-y)[x(-C_5) + (1-x)(-C_5)] = -(1-y)C_5 \tag{6-11}$$

因此，政府部门采取监管和不监管策略的期望收益均值为

$$\overline{E_G}=zE_G+(1-z)E_{GN}=z(-yT_2-xT_1-C_4+F_1-yF_1+yR_4)+yC_5-C_5 \tag{6-12}$$

由演化博弈理论可知政府部门监管策略的复制动态方程$F(z)$为

$$F(z)=\frac{dz}{dt}=z(E_G-\overline{E_G})=z(1-z)(-yT_2-xT_1-C_4+F_1-yF_1+yR_4) \tag{6-13}$$

对政府部门监管策略的复制动态方程$F(z)$求导可得

$$\frac{dF(z)}{dt}=(1-2z)(-yT_2-xT_1-C_4+F_1-yF_1+yR_4) \tag{6-14}$$

根据式（6-14）进行稳定性分析如下：

（1）当$y=\frac{F_1-C_4-xT_1}{F_1+T_2-R_4}$（即$xT_1+(1-x)\cdot 0+yT_2+(1-y)\cdot 0+C_4=y\cdot 0+(1-y)F_1+yR_4+(1-y)\cdot 0$），该等式左边是政府部门监管的期望成本，等式右边是政府部门监管的期望收益），$F(z)=0$恒成立，即对所有z都处于稳定状态。

（2）当$y\neq\frac{F_1-C_4-xT_1}{F_1+T_2-R_4}$时，令$F(z)=0$可知$z=0$，$z=1$分别为$z$的两个稳定状态。

由此可知：当$\frac{F_1-C_4-xT_1}{F_1+T_2-R_4}<0$时，结合参数条件，即$R_4-T_2<F_1$，恒有$y>\frac{F_1-C_4-xT_1}{F_1+T_2-R_4}$，即政府部门的期望成本大于其期望收益，可知$\left.\frac{dF(z)}{dz}\right|_{z=0}<0$，$\left.\frac{dF(z)}{dz}\right|_{z=1}>0$。由演化稳定策略的性质以及微分方程稳定性原理可得$z=0$是演化稳定策略。当$\frac{F_1-C_4-xT_1}{F_1+T_2-R_4}>0$时，即$R_4-T_2>F_1$时，分为以下两种情形：①若$y>\frac{F_1-C_4-xT_1}{F_1+T_2-R_4}$，此时可得$\left.\frac{dF(z)}{dz}\right|_{z=0}<0$，$\left.\frac{dF(z)}{dz}\right|_{z=1}>0$，则$z=0$是演化稳定策略；②若$y<\frac{F_1-C_4-xT_1}{F_1+T_2-R_4}$，可得$\left.\frac{dF(z)}{dz}\right|_{z=0}>0$，$\left.\frac{dF(z)}{dz}\right|_{z=1}<0$，则$z=1$是演化稳定策略。

综上可得如下结论：

结论6.3　（1）当政府部门监管的期望成本等于政府部门监管的期

望收益时，政府部门采取监管策略的概率可能是0和1之间的任何值。

（2）当政府部门监管过期食品回收处理获得的综合收益减去其对制造商正规处理过期食品的补贴净额低于其所获得的行政罚款时，政府部门会采取不监管策略。

（3）当政府部门监管过期食品回收处理获得的综合收益减去其对制造商正规处理过期食品的补贴净额高于其所获得的行政罚款时，政府部门采取监管策略与否是由制造商采取正规处理策略的概率y大小所决定的。具体而言，若制造商正规处理过期食品的概率较大时，那么政府部门会采取不监管策略；若制造商正规处理过期食品的概率较小，那么政府部门会采取监管策略。

6.3.4 三方演化博弈模型稳定性均衡分析

零售商、制造商与政府部门的三方复制动态方程为

$$\begin{cases} \dfrac{dx}{dt}=x\left(E_R-\overline{E_R}\right)=x(1-x)\left(-C_1+R_1+zT_1\right) \\ \dfrac{dy}{dt}=y\left(E_M-\overline{E_M}\right)=y(1-y)\left(R_2-R_3+zT_2+zF_1\right) \\ \dfrac{dz}{dt}=z\left(E_G-\overline{E_G}\right)=z(1-z)\left(-yT_2-xT_1-C_4+F_1-yF_1+yR_4\right) \end{cases} \tag{6-15}$$

由单一主体的复制动态方程分析可见，零售商的策略选择只与政府部门的策略变化有关，制造商的策略选择只与政府部门的策略变化有关，而政府部门的策略选择与零售商和制造商两方的策略变化都相关。因此，本章运用分步分析法分别对零售商和政府部门、制造商和政府部门进行分析。当对零售商和政府部门进行演化稳定策略分析时，将制造商的策略y视为常量；当对制造商和政府部门进行演化稳定策略分析时，将零售商的策略x视为常量。

6.3.4.1 零售商和政府部门的稳定均衡分析

由零售商和政府部门的复制动态方程可知，两者动态博弈的5个均衡点分别为(0，0)，(0，1)，(1，0)，(1，1)，($\dfrac{F_1+yR_4-yT_2-C_4-yF_1}{T_1}$，$\dfrac{C_1-R_1}{T_1}$)（当且仅当$0\leqslant\dfrac{C_1-R_1}{T_1}\leqslant1$，$0\leqslant\dfrac{F_1+yR_4-yT_2-C_4-yF_1}{T_1}\leqslant1$时成立）。

利用雅克比矩阵（Jacobi Matrix）的局部稳定性分析演化均衡点的稳定性。零售商和政府部门的动态博弈雅克比矩阵为

$$J_1=\begin{bmatrix}(1-2x)(-C_1+R_1+zT_1) & xT_1(1-x)\\ zT_1(z-1) & (1-2z)(-yT_2-xT_1-C_4+F_1-yF_1+yR_4)\end{bmatrix}。$$

J_1的行列式和迹分别为

$$DetJ_1=(1-2x)(-C_1+R_1+zT_1)(1-2z)(-yT_2-xT_1-C_4+F_1-yF_1+yR_4)-xT_1(1-x)zT_1(z-1) \tag{6-16}$$

$$TrJ_1=(1-2x)(-C_1+R_1+zT_1)+(1-2z)(-yT_2-xT_1-C_4+F_1-yF_1+yR_4) \tag{6-17}$$

由雅克比矩阵J的局部稳定性可知：将均衡点代入矩阵使其同时满足$DetJ>0$以及$TrJ<0$两个条件时，该均衡点为演化稳定策略均衡点。因此，将5个均衡点代入J_1的行列式和迹，并对上述5个均衡点进行稳定性分析，结果见表6-4。

表6-4　　**零售商和政府部门演化博弈稳定性结果分析**

均衡点	$DetJ$的符号	TrJ的符号	判定结果	稳定条件
(0,0)	+	−	*ESS*	$R_1<C_1$，$C_4+yT_2>(1-y)F_1+yR_4$
(0,1)	+	−	*ESS*	$R_1+T_1<C_1$，$C_4+yT_2<(1-y)F_1+yR_4$
(1,0)	+	−	*ESS*	$R_1>C_1$，$C_4+yT_2>(1-y)F_1+yR_4$
(1,1)	+	−	*ESS*	$R_1+T_1>C_1$，$C_4+yT_2<(1-y)F_1+yR_4$
(x^*,z^*)	非负	0	鞍点	任何条件下均为鞍点

其中$x^*=\dfrac{F_1+yR_4-yT_2-C_4-yF_1}{T_1}$，$z^*=\dfrac{C_1-R_1}{T_1}$，*ESS*表示演化稳定策略。

由上述分析可得如下结论：

结论6.4　（1）当$R_1<C_1$，$C_4+yT_2>(1-y)F_1+yR_4$时，即当零售商回收过期食品的综合收益低于其回收成本，并且政府部门不含对零售商补贴支出的监管机会成本（即政府部门监管成本与支付给制造商正规处理过期食品期望补贴的总额）高于其监管的期望收益（即制造商非正规回收处理过期食品的期望行政罚款与制造商正规处理过期食品下政府部门监管综合收益的总额）时，零售商和政府部门的演化稳定策略点为(0，0)，即两者的演化稳定策略组合为（不回收，不监管）。

（2）当$R_1+T_1<C_1$，$C_4+yT_2<(1-y)F_1+yR_4$时，即当零售商回收过

期食品获得的机会收益（即零售商回收过期食品的综合收益与获得政府补贴的总额）低于其回收成本，并且政府部门不含对零售商补贴支出的监管机会成本低于其监管的期望收益时，零售商和政府部门的演化稳定策略点为(0，1)，即两者的演化稳定策略组合为（不回收，监管）。

（3）当$R_1>C_1$，$C_4+yT_2>(1-y)F_1+yR_4$时，即当零售商回收过期食品的综合收益高于其回收成本，并且政府部门不含对零售商补贴支出的监管机会成本高于其监管的期望收益时，零售商和政府部门的演化稳定策略点为(1，0)，即两者的演化稳定策略组合为（回收，不监管）。

（4）当$R_1+T_1>C_1$，$C_4+yT_2<(1-y)F_1+yR_4$时，即当零售商回收过期食品获得的机会收益高于其回收成本，并且政府部门不含对零售商补贴支出的监管机会成本低于其监管的期望收益时，零售商和政府部门的演化稳定策略点为(1，1)，即两者的演化稳定策略组合为（回收，监管）。

6.3.4.2　制造商和政府部门的稳定均衡分析

由制造商和政府部门的复制动态方程可知，两者动态博弈的5个均衡点分别为(0，0)，(0，1)，(1，0)，(1，1)，$(\frac{F_1-C_4-xT_1}{F_1+T_2-R_4},\ \frac{R_3-R_2}{T_2+F_1})$（当且仅当$0\leqslant\frac{F_1-C_4-xT_1}{F_1+T_2-R_4}\leqslant 1$，$0\leqslant\frac{R_3-R_2}{T_2+F_1}\leqslant 1$时成立）。

利用雅克比矩阵（Jacobi Matrix）的局部稳定性分析演化均衡点的稳定性。制造商和政府部门的动态博弈雅克比矩阵为

$$J_2=\begin{bmatrix}(1-2y)(R_2-R_3+zT_2+zF_1) & y(1-y)(T_2+F_1)\\ z(1-z)(-T_2-F_1+R_4) & (1-2z)(-yT_2-xT_1-C_4+F_1-yF_1+yR_4)\end{bmatrix}。$$

J_2的行列式和迹分别为

$$DetJ_2=(1-2y)(R_2-R_3+zT_2+zF_1)(1-2z)(-yT_2-xT_1-C_4+F_1-yF_1+yR_4)-y(1-y)(T_2+F_1)z(1-z)(-T_2-F_1+R_4) \tag{6-18}$$

$$TrJ_2=(1-2y)(R_2-R_3+zT_2+zF_1)+(1-2z)(-yT_2-xT_1-C_4+F_1-yF_1+yR_4) \tag{6-19}$$

由雅克比矩阵J的局部稳定性可知，将5个均衡点代入上述J_2的行

列式和迹，并对5个均衡点进行稳定性分析，结果见表6-5。

表6-5　　制造商和政府部门演化博弈稳定性结果分析

均衡点	*DetJ*的符号	*TrJ*的符号	判定结果	稳定条件
(0,0)	+	-	*ESS*	$R_2<R_3$ $F_1<C_4+xT_1$
(0,1)	+	-	*ESS*	$R_2+T_2<R_3-F_1$ $F_1>C_4+xT_1$
(1,0)	+	+	不稳定点	任何条件都不稳定
(1,1)	+	-	*ESS*	$R_2+T_2>R_3-F_1$ $R_4>C_4+xT_1+T_2$
(y^*,z^*)	-	0	鞍点	任何条件下均为鞍点

其中$y^*=\dfrac{F_1-C_4-xT_1}{F_1+T_2-R_4}$，$z^*=\dfrac{R_3-R_2}{T_2+F_1}$。

由上述分析可得如下结论：

结论6.5　（1）当$R_2<R_3$，$F_1<C_4+xT_1$时，即当制造商正规处理过期食品的综合收益低于其非正规处理过期食品所获的收益，并且政府部门对制造商非正规处理过期食品的行政罚款低于政府部门不含对制造商补贴支出的监管机会成本（即政府部门监管成本和其对零售商回收过期食品的期望财政补贴总额）时，制造商和政府部门的演化稳定策略点为(0，0)，即两者的演化稳定策略组合为（非正规处理，不监管）。

（2）当$R_2+T_2<R_3-F_1$，$F_1>C_4+xT_1$时，即当制造商正规处理过期食品所获得的机会收益（即制造商正规处理过期食品获得的综合收益及其获得的政府财政补贴的总额）低于其非正规处理过期食品的净收益（即制造商非正规处理过期食品所获收益减去相应的行政罚款），并且政府部门对制造商非正规处理过期食品的行政罚款高于政府部门不含对制造商补贴支出的监管机会成本时，制造商和政府部门的演化稳定策略点为(0，1)，即两者的演化稳定策略组合为（非正规处理，监管）。

（3）当$R_2+T_2>R_3-F_1$，$R_4>C_4+xT_1+T_2$时，即当制造商正规处理过期食品所获得的机会收益高于其非正规处理过期食品的净收益，并且政府部门监管获得的综合收益高于政府部门监管的部分机会成本（即政府部门监管成本与对零售商回收过期食品的期望补贴、对制造商正规处理过期食品的补贴总额）时，制造商和政府部门的演化稳定策略点为

(1，1)，即两者的演化稳定策略组合为（正规处理，监管）。

6.3.4.3 三方博弈的数值仿真

通过对零售商、制造商与政府部门的三方博弈稳定性分析，根据演化博弈参数条件及其在均衡点取值条件可得表6–6。

表6–6 **零售商、制造商与政府部门的三方演化博弈稳定点参数条件**

取值	参数条件
(0,0,0)	$R_1 < C_1$，$C_4 + yT_2 > (1-y)F_1 + yR_4$，$R_2 < R_3$，$F_1 < xT_1 + C_4$
(1,0,0)	$R_1 > C_1$，$C_4 + yT_2 > (1-y)F_1 + yR_4$，$R_2 < R_3$，$F_1 < xT_1 + C_4$
(0,0,1)	$R_1 < C_1$，$C_4 + yT_2 > (1-y)F_1 + yR_4$，$R_2 + T_2 < R_3 - F_1$，$F_1 > xT_1 + C_4$
(1,0,1)	$R_1 > C_1$，$C_4 + yT_2 > (1-y)F_1 + yR_4$，$R_2 + T_2 < R_3 - F_1$，$F_1 > xT_1 + C_4$
(0,1,1)	$R_1 + T_1 < C_1$，$C_4 + yT_2 < (1-y)F_1 + yR_4$，$R_2 + T_2 > R_3 - F_1$，$R_4 - C_4 > T_2 + xT_1$
(1,1,1)	$R_1 + T_1 > C_1$，$C_4 + yT_2 < (1-y)F_1 + yR_4$，$R_2 + T_2 > R_3 - F_1$，$R_4 - C_4 > T_2 + xT_1$

图6–1至图6–6是依据三方演化博弈的不同稳定点参数取值条件范围及其变化所得的数值仿真结果。由于零售商、制造商与政府部门的相关回收处理、监管过期食品的成本和收益取值条件不同，导致下列不同的稳定点结果。在不同稳定点情况下，无论零售商、制造商和政府部门的初始策略选择倾向于不回收、非正规处理和不监管，还是倾向于回收、正规处理和监管，都会在三方主体的相关过期食品回收处理、监管的不同成本和收益条件下而最终趋向于相应的稳定点。不同的是趋向于最终稳定点的速率和趋势有一定差别。

（1）根据零售商、制造商与政府部门的三方演化博弈稳定点(0，0，0)的参数取值条件，令$C_1 = 1.1$，$C_4 = 2.5$，$R_1 = 1$，$R_2 = 2$，$R_3 = 3$，$R_4 = 2.5$，$T_1 = 1$，$T_2 = 1$，$F_1 = 2.5$。并且依据参数取值条件，分别取两组符合条件且具有对比性的三方策略选择初始值，即倾向于不回收、非正规处理和不监管的$\begin{cases} x(0) = 0.3 \\ y(0) = 0.3 \\ z(0) = 0.2 \end{cases}$和倾向于回收、正规处理和监管的$\begin{cases} x(0) = 0.7 \\ y(0) = 0.8 \\ z(0) = 0.9 \end{cases}$，得到稳定点(0，0，0)的数值仿真结果如图6–1所示。

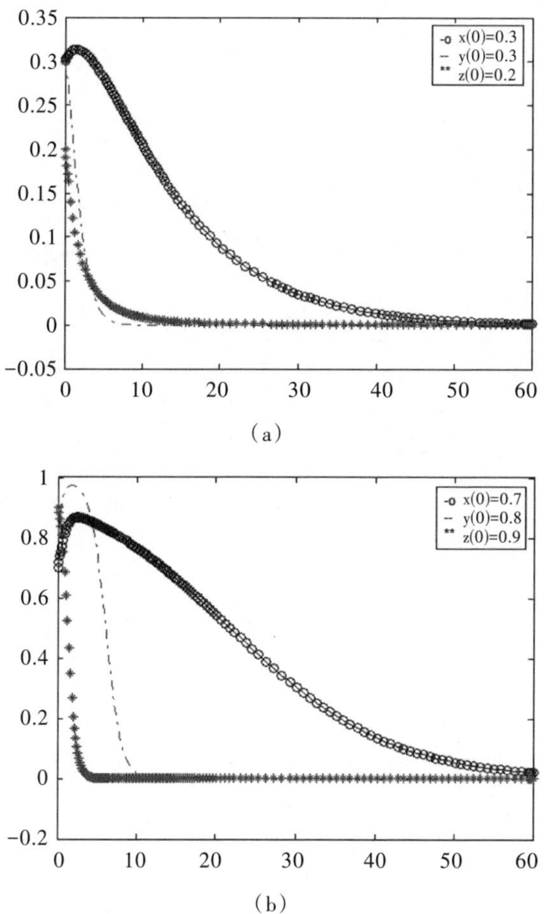

图6-1　不同初始值下稳定点(0,0,0)的演化仿真结果

由图6-1可见：随着时间推移，零售商、制造商和政府部门最终会分别逐渐趋向于采取不回收、非正规处理和不监管的均衡策略组合。

（2）根据零售商、制造商与政府部门的三方演化博弈稳定点(1，0，0)的参数取值条件，令$C_1 = 1.5$，$C_4 = 2.5$，$R_1 = 2$，$R_2 = 2$，$R_3 = 3$，$R_4 = 2.5$，$T_1 = 1$，$T_2 = 1$，$F_1 = 2.5$。并且依据参数取值条件，分别取两组符合条件且具有对比性的三方策略选择初始值，即倾向于不回收、非正规处理和不监管的$\begin{cases} x(0)=0.3 \\ y(0)=0.2 \\ z(0)=0.4 \end{cases}$和倾向于回收、正规处理和监管的

$\begin{cases} x(0)=0.6 \\ y(0)=0.8 \\ z(0)=0.9 \end{cases}$，得到稳定点(1，0，0)的数值仿真结果如图6-2所示。

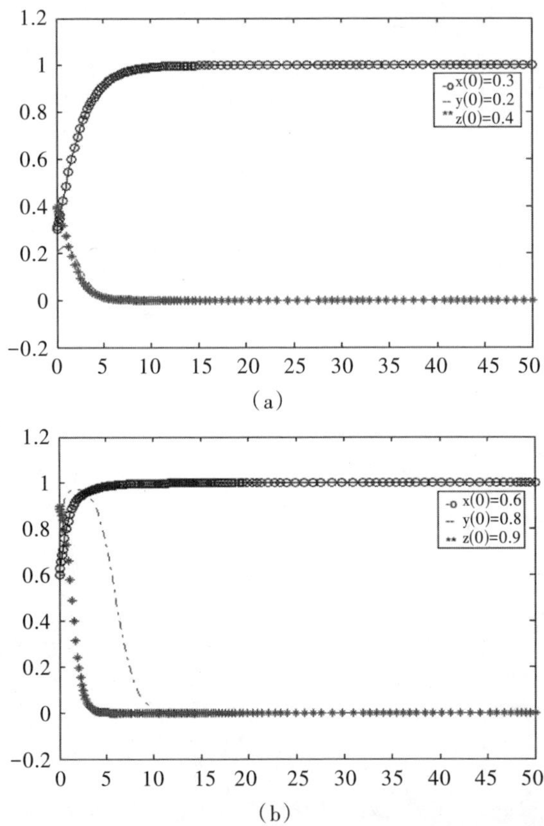

图6-2 不同初始值下稳定点(1，0，0)的演化仿真结果

由图6-2可见：随着时间推移，零售商、制造商和政府部门最终会分别逐渐趋向于采取回收、非正规处理和不监管的均衡策略组合。

（3）根据零售商、制造商与政府部门的三方演化博弈稳定点(0，0，1)的参数取值条件，令 $C_1=2.5$，$C_4=1.5$，$R_1=1$，$R_2=3.5$，$R_3=10$，$R_4=2.5$，$T_1=1$，$T_2=1$，$F_1=2.5$。并且依据参数取值条件，分别取两组符合条件且具有对比性的三方策略选择初始值，即倾向于不回收、非正规处理和不监管的$\begin{cases} x(0)=0.4 \\ y(0)=0.2 \\ z(0)=0.3 \end{cases}$和倾向于回收、正规处理和监管的

$\begin{cases} x(0)=0.9 \\ y(0)=0.8 \\ z(0)=0.6 \end{cases}$，得到稳定点(0，0，1)的数值仿真结果如图6-3所示。

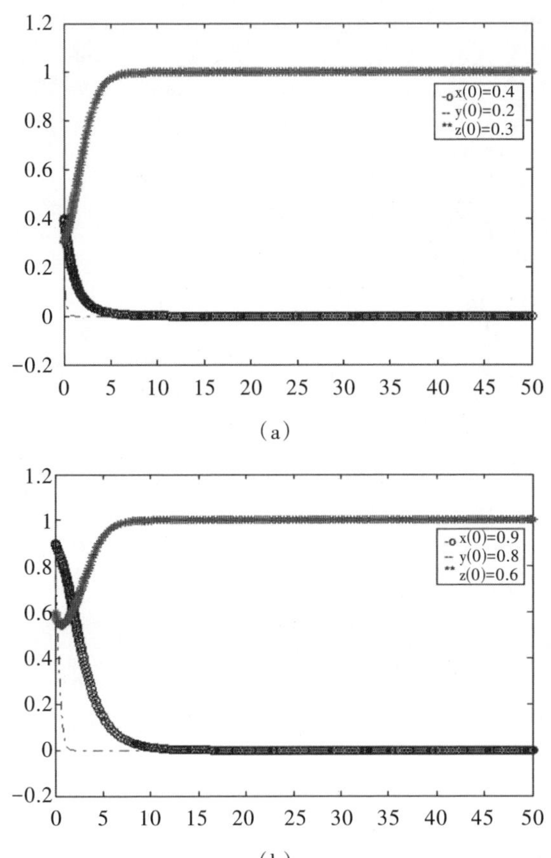

（a）

（b）

图6-3　不同初始值下稳定点(0，0，1)的演化仿真结果

由图6-3可见：随着时间推移，零售商、制造商和政府部门最终会分别逐渐趋向于采取不回收、非正规处理和监管的均衡策略组合。

（4）根据零售商、制造商与政府部门的三方演化博弈稳定点(1，0，1)的参数取值条件，令 $C_1=1.5$，$C_4=1$，$R_1=2$，$R_2=3.5$，$R_3=10$，$R_4=2.5$，$T_1=0.5$，$T_2=1$，$F_1=2.5$。并且依据参数取值条件，分别取两组符合条件且具有对比性的三方策略选择初始值，即倾向于不回收、非正规处理和不监管的$\begin{cases} x(0)=0.2 \\ y(0)=0.4 \\ z(0)=0.3 \end{cases}$和倾向于回收、正规处理和监管的$\begin{cases} x(0)=0.6 \\ y(0)=0.8 \\ z(0)=0.6 \end{cases}$，得到稳定点(1，0，1)的数值仿真结果如图6-4所示。

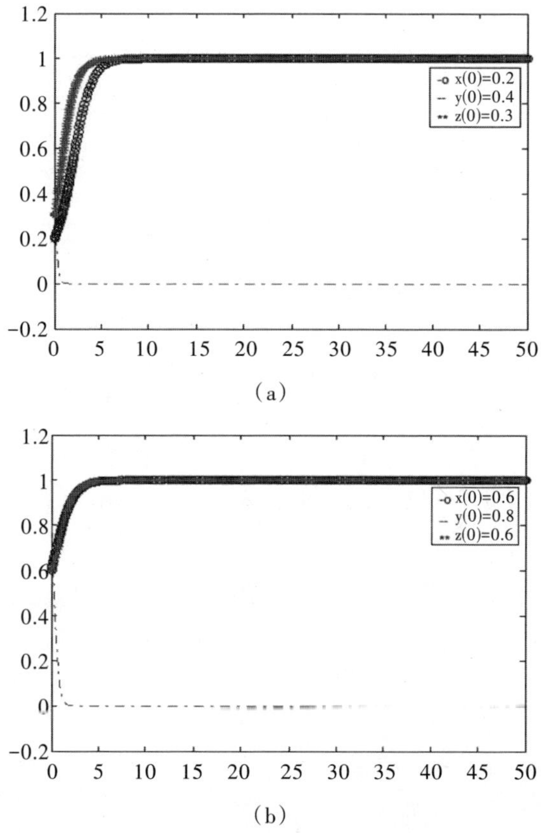

图6-4 不同初始值下稳定点(1，0，1)的演化仿真结果

由图6-4可见：随着时间推移，零售商会在短期内趋向于采取回收策略，政府部门也会在较短时期内趋向于采取监管策略，而制造商会以更快速度趋向于采取非正规处理策略。

（5）根据零售商、制造商与政府部门的三方演化博弈稳定点(0，1，1)的参数取值条件，令$C_1=2.5$，$C_4=1$，$R_1=1$，$R_2=3.5$，$R_3=4$，$R_4=2.5$，

$T_1=1$，$T_2=0.5$，$F_1=2.5$。并且根据参数取值条件，分别取两组符合条件且具有对比性的三方策略选择初始值，即倾向于不回收、非正规处理和不监管的$\begin{cases}x(0)=0.4\\y(0)=0.2\\z(0)=0.3\end{cases}$和倾向于回收、正规处理和监管的$\begin{cases}x(0)=0.9\\y(0)=0.6\\z(0)=0.6\end{cases}$，得到稳定点(0，1，1)的数值仿真结果如图6-5所示。

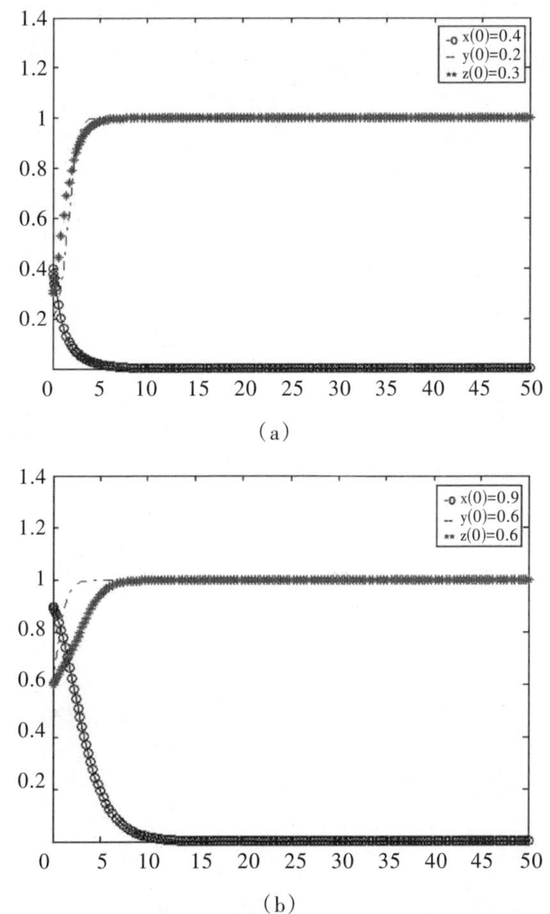

图6-5 不同初始值下稳定点(0，1，1)的演化仿真结果

由图6-5可见：随着时间推移，零售商会在短期内趋向于采取不回收策略，而制造商会在短期内趋向于采取正规处理策略，政府部门会逐渐趋向于采取监管策略。

（6）根据零售商、制造商与政府部门的三方演化博弈稳定点(1，1，1)的参数取值条件，令 $C_1=1.5$，$C_4=2$，$R_1=2$，$R_2=3.5$，$R_3=4$，$R_4=2.5$，$T_1=0.1$，$T_2=0.2$，$F_1=2.5$。并且根据参数取值条件，分别取两组符合条件且具有对比性的三方策略选择初始值，即倾向于不回收、非正规处理和不监管的 $\begin{cases} x(0)=0.2 \\ y(0)=0.3 \\ z(0)=0.4 \end{cases}$ 和倾向于回收、正规处理和监管的 $\begin{cases} x(0)=0.5 \\ y(0)=0.7 \\ z(0)=0.6 \end{cases}$，得到稳定点(1，1，1)的数值仿真结果如图6-6所示。

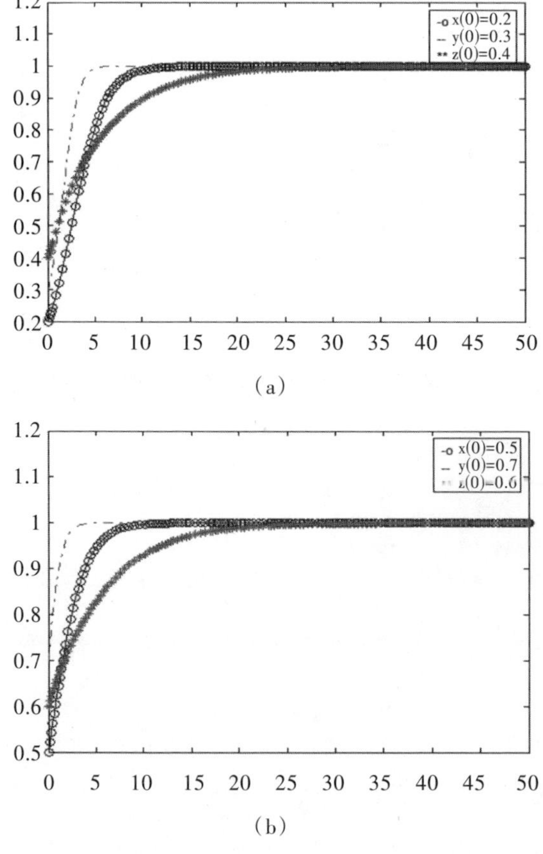

图6-6　不同初始值下稳定点(1，1，1)的演化仿真结果

由图6-6可见：随着时间推移，零售商和制造商都会在短期内趋向于分别采取回收和正规处理策略，政府部门会逐渐趋向于采取监管策略。

6.4 本章小结

本章针对零售商回收与制造商处理过期食品的模式，构建了零售商、制造商与政府部门的三方演化博弈模型，分析三者在过期食品回收处理中的策略选择及利益关系，得到不同参数取值条件下的稳定均衡策略组合，并利用数值仿真对三方博弈的不同稳定点进行了直观分析，得到以下主要结论：零售商、制造商与政府部门相关过期食品回收处理和监管的“成本”和“收益”比较，导致零售商和政府部门四种不同的演化稳定策略组合，即（不回收，不监管）、（不回收，监管）、（回收，不监管）与（回收，监管）；制造商和政府部门三种不同的演化稳定策略组合，即（非正规处理，不监管）、（非正规处理，监管）与（正规处理，监管）。

根据上述结论，为促使零售商、制造商与政府部门选择（回收，正规处理，监管）的演化稳定策略组合，针对零售商、制造商与政府部门可以从以下两方面入手。

首先，对于零售商和制造商而言，增加其正规回收处理过期食品的综合收益等“机会收益”，减少其正规回收处理过期食品的各类“机会成本”，才能促进他们采取积极的正规回收处理行为。

一是加强对回收过期食品的严格监控，要求零售商严格履行过期食品回收流程的备案登记制度，可以借助于零售商电子登记系统记录食品的购销台账信息，从而把控过期食品回收日期和流向等具体信息。定期公开公示严格履行过期食品回收制度的零售商信息，提高此类零售商的社会声誉。

二是针对零售商回收过期食品环节，我国的食品保质期规定还有待细化与完善，而国外发达国家对食品尝鲜期、保质期等有明确的细化规定，例如在食品尝鲜期与保质期之间的状态，除了通常的打折促销以外，还可以通过捐助、临过保质期食品的集中销售、二次加工处置等多种方式，避免食品浪费，减少过期食品回收处理的成本，极大节约了资源，并为低收入消费群体提供了更多食品选择途径。因此，政府部门可以对我国食品的各类日期进行完善规范，在此基础上零售商可以效仿国外零售商的做法，提高食品消费利用率，尽可能减少过期食品数量。

三是在过期食品等废弃食品有效回收处理再利用下游产业链尚未完善成熟时，政府部门除了通过严格监管处罚威慑零售商和制造商的相关回收处理行为，还可以通过给予认真履行回收处理过期食品制度的零售商和制造商税收优惠和财政补贴等扶持政策，鼓励零售商和制造商积极采取正规回收处理行为，同时还能通过此类方式向社会公众传递零售商和制造商的正规回收处理示范效应。

四是政府部门可以通过自建或者委托第三方回收处理机构，为零售商和制造商提供过期食品等废弃食品的回收处理服务，结合政府补贴、零售商和制造商支付相应费用等多种方式，为过期食品的正规回收处理提供多种便利途径，避免因回收处理过期食品成本过高或者设备条件不足等导致零售商和制造商的“机会主义行为”。

五是加大对过期食品等废弃食品有效回收处理再利用的产业链条建设，从而通过经济利益正向引导零售商和制造商对过期食品的正规回收处理，避免因过期食品回收处理再利用不畅导致零售商或者制造商的非正规回收处理甚至非法处置行为。

六是零售商与制造商回收处理行为之间的有效协调也是过期食品有效回收处理的必要保障。因此，政府部门对零售商与制造商相关回收处理行为的监管更要注重全过程监控，仅对单一环节的监管无法保障过期食品回收处理的安全有效性。各级政府部门可以通过对过期食品回收处理全程信息的追踪和监控，要求信息记录的完整性和可追溯性，以确保零售商和制造商在过期食品回收处理过程中的权责明晰和无空白漏洞。

其次，对于政府部门而言，通过食品安全和食品资源节约利用等多方面宣传，增进社会大众对过期食品正规回收处理的相关知识了解，一方面有利于提升正规回收处理过期食品零售商和制造商主体的社会认可度，增强其社会声誉效应；另一方面有利于各级政府部门借助社会力量开展对过期食品回收处理的监管工作，同时提升政府部门公信力。此外，各级政府部门在开展食品安全监管的同时，要重视过期食品等废弃食品正规回收处理的管控，将其作为考核政府部门食品安全监管工作的主要内容之一。

第7章 食品系统末端回收处理中相关主体的决策

食品系统包括“上游”的农渔业，“中游”的食品制造业、批发业，“下游”的食品零售业、餐饮业，以及作为“湖”的最终消费者，同时将对其产生影响的诸多制度、行政措施、各种技术革新也包含在内，把它们作为一个系统来把握。而随着过期食品回流再造、地沟油等问题的日益突出，废弃食品回收处理被人们逐渐重视，纳入食品系统的范畴。我国对废弃食品回收处理的监管缺位，废弃食品的非正规回收再利用可能诱发严重的食品安全问题，而正规回收再利用缺乏引导与扶持。如食品经营者往往将临保食品和过期食品退给供应商，极大增加了食品安全风险，并且我国对过期食品安全标准认定缺乏依据，导致过期食品重新回流至食品生产和经营环节。

近年来针对废弃食品回收处理现状的定性分析与促进废弃食品有效回收处理的对策分析日益丰富。然而，对于废弃食品非正规与正规回收处理的相关主体决策分析及其比较有待探讨。对此，本章比较分析了废弃食品被非正规回收再造与被正规回收再利用的不同背景下相关主体决策，为废弃食品正规有效回收再利用提供参考依据。

7.1 问题描述及模型变量

结合当前我国废弃食品回收处理现状，废弃食品普遍由零售商回收后退回给供应商或者制造商，或者由第三方回收者直接进行回收处理。而由第三方回收处理时，更可能出现废弃食品非正规回收处理问题。因此，本章建立的模型分别针对两种不同背景——非正规回收处理废弃食品，即制造商[①]不负责回收处理废弃食品，与正规回收处理废弃食品，即制造商负责回收处理废弃食品，通过建立相关主体预期利润的优化模型，分析相关主体决策及其相应利润并进行比较分析，以探讨这两种不同背景下废弃食品回收处理的利益驱动机理。具体问题描述如下。一个食品制造商生产制造某类食品，将该类食品供应给零售商，本章将其简称为零售商1，由零售商1销售该类食品。制造商根据自身预期利润最大化决定食品批发价格，零售商1根据自身预期利润最大化决定食品订购量。食品需求量是随机的，假设它服从某一概率分布。零售商1的食品订购量可能高于或者不高于食品需求量。若零售商1的订购量高于食品需求量，零售商1可以将未售出的废弃食品退回给制造商，或者提供给其他回收主体。如果零售商1将未售出的废弃食品提供给其他回收主体，该回收主体会利用回收的废弃食品进行简单加工再造，然后将其重新供给到市场上且混同为一般该类食品进行销售。本章将该背景称为非正规回收处理废弃食品，而对于零售商1将废弃食品退回给制造商，由制造商进行回收再利用的背景称为正规回收处理废弃食品。

7.2 非正规回收处理废弃食品的模型分析

为便于阐述，本章将非正规回收处理废弃食品背景下其他回收主体统称为零售商2，即回收零售商。被回收再造的废弃食品流入到市场

---

① 本章将中间环节供应商予以省略，为突出非正规与正规回收处理废弃食品两种不同背景，将其区分为制造商不负责回收处理的非正规回收渠道与制造商负责回收处理的正规回收渠道。

中，与一般该类食品进行混同销售，形成“替代品”关系，因此相应的食品需求价格为$p_1=p_0+(1+\theta)s$。其中p_0表示该类食品的市场基本价格，它是由市场外生决定的。并且根据实际情况基本价格高于单位生产成本，即$p_0>c$。c表示制造商的单位生产成本。s表示零售商2回收废弃食品的单位回收价格，易见$s<c$。θ是零售商2回收再造废弃食品并销售的单位回收价格加成比例，显然$0\leqslant\theta\leqslant1$，它是由零售商2根据自身预期利润决定的决策变量。相应地，回收再造废弃食品进行销售的单位销售价格为$(1+\theta)s$。不失一般性，本章将非正规回收处理废弃食品背景下交易谈判等中间费用[①]{ XE“①”}忽略不计。此外，该类食品的市场需求是不确定的，食品需求量的概率函数为$F(x)$，概率密度函数为$f(x)$。w表示制造商决定的食品批发价格；q_1表示零售商1决定的食品订购量。

下面分别对制造商不负责回收处理废弃食品背景下，零售商1与零售商2是相互独立的经济个体，以及零售商1与零售商2作为同一主体（即零售商1自身或者委托零售商2回收再造废弃食品）的情况进行分析。相应主体的决策顺序为制造商决定食品批发价格，据此零售商1决定食品订购量。在食品订购量超过食品需求量时，零售商2从零售商1处回收再造废弃食品。零售商2根据自身预期利润最大化决定回收再造废弃食品进行销售的价格加成比例。本章假设制造商相对于零售商是较大规模的主体[②]，即食品制造商相对于零售商1是Stackelberg领导者，采取逆向回推法进行分析，制造商会根据零售商1的订购量决策进行批发价格决策。

7.2.1 零售商1与零售商2各自独立经济个体的情况

当零售商1与零售商2是各自独立经济个体情况，零售商1的预期利润为

$$\pi_{R_1}(q_1)=-wq_1+p_1q_1\int_{q_1}^{+\infty}f(x)\,dx+p_1\int_0^{q_1}xf(x)\,dx+s\int_0^{q_1}(q_1-x)\,f(x)dx \tag{7-1}$$

① 在实际中非正规回收处理废弃食品的回收费用、交易谈判等费用都较低，因此本章将其忽略不计，作为较小常数值并不影响本章分析的决策变量。

② 在实际中这种情况也是普遍存在的。对于零售商具有较大规模话语权的Stackelberg博弈分析，将在未来研究中予以探讨。

在零售商1的订购量高于食品需求量时，零售商2的预期利润为

$$\pi_{R_2}(\theta)=[(1+\theta)s-s]\int_0^{q_1}(q_1-x)f(x)dx \tag{7-2}$$

制造商的预期利润为

$$\pi_M(w)=(w-c)q_1 \tag{7-3}$$

根据逆向回推法，由零售商1预期利润最大化的最优条件 $\frac{d\pi_{R_1}(q_1)}{dq_1}=0$，$\frac{d^2\pi_{R_1}(q_1)}{dq_1^{\ 2}}<0$，可得零售商1的订购量 $q_1=F^{-1}(1-\frac{w-s}{p_0+\theta s})$。易见 $\frac{\partial q_1}{\partial\theta}>0$。将订购量代入零售商2的预期利润表达式，可得 $\frac{d\pi_{R_2}(\theta)}{d\theta}=s\int_0^{q_1}F(x)dx+\theta sF(q_1)\frac{\partial q_1}{\partial\theta}>0$，因此有 $\theta^*=1$，恒成立。说明零售商2回收废弃食品进行简单加工再造销售的加成比例为1。这与该类食品需求量的随机分布函数无关。将订购量代入制造商的预期利润表达式，求解其预期利润最大化的批发价格决策。相应的一阶条件有 $\frac{d\pi_M(w)}{dw}=q_1+(w-c)\frac{\partial q_1}{\partial w}$。为进一步明确零售商与制造商相应决策变量的显性表达以更为直观地分析，假设食品需求量服从0到α的均匀分布，即食品需求量 $x\sim U(0,\alpha)$。其中α表示该类食品的市场最高需求量。

相应地，由制造商预期利润的最优条件 $\frac{d\pi_M(w)}{dw}=0$，$\frac{d^2\pi_M(w)}{dw^2}<0$，可得最优的批发价格和食品订购量分别为 $w^*=\frac{p_0+2s+c}{2}$ 和 $q_1^{\ *}=\frac{\alpha(p_0+2s-c)}{2(p_0+s)}$。相关主体利润分别为 $\pi_M^{\ *}=\frac{\alpha(p_0+2s-c)^2}{4(p_0+s)}$、$\pi_{R_1}^{\ *}=\frac{\alpha(p_0+2s-c)^2}{8(p_0+s)}$、$\pi_{R_2}^{\ *}=\frac{\alpha s(p_0+2s-c)^2}{8(p_0+s)^2}$。

由上述决策及相关主体利润可知：当其他条件不变时，制造商的批发价格随着市场食品基本价格上涨而上涨，随着单位回收价格提高而上涨，随着单位生产成本提高而上涨。零售商1的食品订购量、制造商的预期利润、零售商1的预期利润以及零售商2的预期利润分别随着市场食品基本价格上涨而增加，随着单位回收价格上涨而增加，随着单位生

产成本提高而减少，随着该类食品的市场最高需求量增加而增加。比较上述预期利润可见：在非正规回收处理废弃食品的背景下，如果零售商1与零售商2各自独立，食品制造商的预期利润是零售商1预期利润的2倍，并且高于零售商1与零售商2的预期利润之和；零售商1的预期利润高于零售商2的预期利润。此时制造商会更有经济动力采取此类行为。

7.2.2 零售商1与零售商2作为同一主体的情况

当零售商1与零售商2作为同一主体的情况下①，零售商的总预期利润为

$$\pi_R(q_1)=\pi_{R_1}(q_1)+\pi_{R_2}(q_1)=(p_1-w)q_1-p_1q_1\int_0^{q_1}f(x)\,dx+s\int_0^{q_1}F(x)dx+\theta s\int_0^{q_1}F(x)dx \quad (7-4)$$

在给定q_1的条件下，零售商总预期利润对加成比例的一阶偏导数为$\frac{\partial\pi_R}{\partial\theta}=sq_1(1-F(q_1))+s\int_0^{q_1}F(x)dx>0$，所以零售商会将加成比例设定为1，即$\theta^{**}=1$。说明零售商1与零售商2作为同一主体时，零售商回收废弃食品并进行加工再造销售的加成比例是1，该加成比例与食品需求量的随机分布函数无关。

由零售商总预期利润最大化的一阶最优条件$\frac{d\pi_R(q_1)}{dq_1}=0$，可得零售商的订购量满足

$$p_1[1-F(q_1)]-w+(1+\theta)sF(q_1)-p_1q_1f(q_1)=0 \quad (7-5)$$

仍然假设食品需求量服从均匀分布，则由最优条件$\frac{d\pi_R(q_1)}{dq_1}=0$，$\frac{d^2\pi_R(q_1)}{dq_1{}^2}<0$可得$q_1=\frac{\alpha[p_0+(1+\theta)s-w]}{2p_0+(1+\theta)s}$。

将其代入食品制造商预期利润表达式（7-3）整理可得$\pi_M=\frac{\alpha(w-c)(p_0+2s-w)}{2(p_0+s)}$。由制造商预期利润的最优条件$\frac{d\pi_M}{dw}=0$，$\frac{d^2\pi_M}{dw^2}<0$

① 由于零售商1与零售商2是同一主体或者合谋时，他们是根据两者预期利润之和进行相应决策，所以本章将这种情况统称为零售商1与零售商2作为同一主体的情况。

可得$w^{**}=\dfrac{p_0+2s+c}{2}$。相应地，零售商的食品订购量为$q_1{}^{**}=\dfrac{\alpha(p_0+2s-c)}{4(p_0+s)}$。食品制造商与零售商的预期利润分别为$\pi_M{}^{**}=\dfrac{\alpha(p_0+2s-c)^2}{8(p_0+s)}$和$\pi_R{}^{**}=\dfrac{\alpha(p_0+2s-c)^2}{16(p_0+s)}$。

上述决策及相关主体利润的影响因素与零售商1和零售商2是各自独立的分析结论相一致。可知该条件下食品制造商的预期利润是零售商总预期利润的2倍。将上述决策及相关主体利润与零售商1和零售商2各自独立时的相应决策及相关主体利润进行比较可见：非正规回收处理废弃食品背景下无论是零售商1与零售商2相互独立还是作为同一主体，制造商的批发价格相等；当零售商1与零售商2作为同一主体时的零售商食品订购量、制造商预期利润分别是两者各自独立时的食品订购量和制造商预期利润的$\dfrac{1}{2}$；当零售商1与零售商2作为同一主体时，零售商总预期利润低于两者各自独立时的预期利润总和，并且两者各自独立时的零售商1预期利润是同一主体时零售商总预期利润的2倍。

根据非正规回收处理废弃食品的分析可见：零售商的食品订购量受到非正规废弃食品回收利益驱动而增加，相应的食品批发价格随着订购量增加而上涨。零售商2通过回收再造废弃食品而额外获利。同时，零售商1因回收再造废弃食品在市场中的竞争作用推高的零售价格与食品订购量，从而获取更高利润。因此，当非正规回收处理废弃食品时，零售商2回收再造废弃食品对于零售商1与零售商2都是“有利可图”的。并且制造商也能够通过更高的批发价格与更高的订购量而获利更多。综上可见，非正规回收处理废弃食品的经济利益会驱使制造商和零售商“乐于”采取非正规的废弃食品回收再造行为。

7.3 正规回收处理废弃食品的模型分析

零售商1将废弃食品退回给食品制造商可以获得单位退货成本。但该退货成本通常较低，一般低于单位生产成本，并且低于零售商2提供的废弃食品单位回收价格。这是由于即使其他回收主体提供给零售商1的单位回收价格与退货成本相等，但制造商回收废弃食品过程所耗费的运输等人力物力成本，较之于其他主体回收的成本要高。而且一般其他回收主体会采取上门回收等便利零售商1的回收方式。因此，令s_r表示单位退货成本，则有$s_r \leqslant s < c$。制造商从零售商处回收废弃食品，能够利用废弃食品进行堆肥、提炼生物能源等，从而节省一定的生产成本。令Δc表示制造商因回收处理再利用废弃食品而节省的单位生产成本，即单位生产节省成本。由于市场中没有回收再造废弃食品作为“替代品”与该类一般食品进行混同销售，此时食品需求价格为$p_1 = p_0$。

相应地，零售商1的预期利润表达式为

$$\pi_{R_1}(q_1) = -wq_1 + p_1 q_1 \int_{q_1}^{+\infty} f(x)\,dx + p_1 \int_0^{q_1} xf(x)dx + s_r \int_0^{q_1} (q_1 - x)f(x)dx \tag{7-6}$$

类似地，由最优条件可得$q_1 = F^{-1}(\frac{p_0 - w}{p_0 - s_r})$。

食品制造商的预期利润表达式为

$$\pi_M(w) = (w - c)q_1 - (s_r - \Delta c)\int_0^{q_1} F(x)dx \tag{7-7}$$

由制造商预期利润的一阶最优条件可得$\frac{d\pi_M(w)}{dw} = q_1 + [w - c - (s_r - \Delta c)F(q_1)]\frac{\partial q_1}{\partial w}$。由此在食品需求量服从均匀分布的条件下可得$q_1 = \frac{\alpha(p_0 - w)}{p_0 - s_r + \Delta c}$。将其代入食品制造商的预期利润表达式，由最优条件$\frac{d\pi_M(w)}{dw} = 0$，$\frac{d^2\pi_M(w)}{dw^2} < 0$可得最优批发价格为$w^{***} = \frac{{p_0}^2 + (p_0 - s_r + \Delta c)c}{2p_0 - s_r + \Delta c}$。相应地，食品订购量为${q_1}^{***} = \frac{\alpha(p_0 - c)}{2p_0 - s_r + \Delta c}$。

制造商与零售商1的预期利润分别为${\pi_M}^{***} = \frac{\alpha(p_0 - c)^2}{2(p_0 - s_r + \Delta c)}$和${\pi_{R_1}}^{***} = \frac{\alpha(p_0 - c)^2(p_0 - s_r + 2\Delta c)}{2(2p_0 - s_r + \Delta c)^2}$。易见${\pi_M}^{***} > {\pi_{R_1}}^{***}$。说明在正规回收处理废弃食

品的背景下，食品制造商的预期利润高于零售商1的预期利润。

由此可知如下结果：

（1）当其他条件不变时，制造商的批发价格随着市场食品基本价格、单位退货成本、单位生产成本的提高而上涨，随着单位生产节省成本提高而下降。

（2）当其他条件不变时，零售商1的食品订购量随着市场食品基本价格、单位退货成本、该类食品的市场最高需求量的增加而增加，随着单位生产成本、单位生产节省成本的提高而减少。

（3）当其他条件不变时，食品制造商的预期利润随着市场食品基本价格、单位退货成本、该类食品的市场最高需求量的增加而增加，随着单位生产成本、单位生产节省成本的提高而减少。

（4）当其他条件不变时，食品零售商1的预期利润随着市场食品基本价格、该类食品的市场最高需求量、单位生产节省成本的提高而增加，随着单位生产成本提高而减少。并且 $\frac{\partial \pi_{R_1}^{***}}{\partial s_r} \propto \{3\Delta c - s_r\}$，当 $s_r < 3\Delta c$ 时有 $\frac{\partial \pi_{R_1}^{***}}{\partial s_r} > 0$；否则当 $s_r \geqslant 3\Delta c$ 时，有 $\frac{\partial \pi_{R_1}^{***}}{\partial s_r} \leqslant 0$。说明当单位退货成本低于单位生产节省成本的3倍值时，零售商1的预期利润随着单位退货成本的提高而增加；反之则相悖。

7.4 废弃食品回收处理决策及相关主体利润的数值比较分析

为进一步明确正规回收处理废弃食品与非正规回收处理废弃食品不同背景的相应决策及相关主体利润，在参数的不同取值变化条件下，对上述两种背景下废弃食品回收处理问题的相应决策及相关主体利润进行数值分析。

7.4.1 正规回收处理废弃食品的数值分析

根据问题描述及模型构建的相应参数变量含义和取值约束，令正规回收处理废弃食品的背景下 $p_0=10$；$s=2$；$c=4$；$\alpha=100$。制造商回收处理废弃食品节省的单位生产成本取值范围为 $0\leqslant\Delta c\leqslant3.9$；单位退货成本取值范围为 $1.1\leqslant s_r\leqslant1.765$。由此可得图 7-1 至图 7-4。

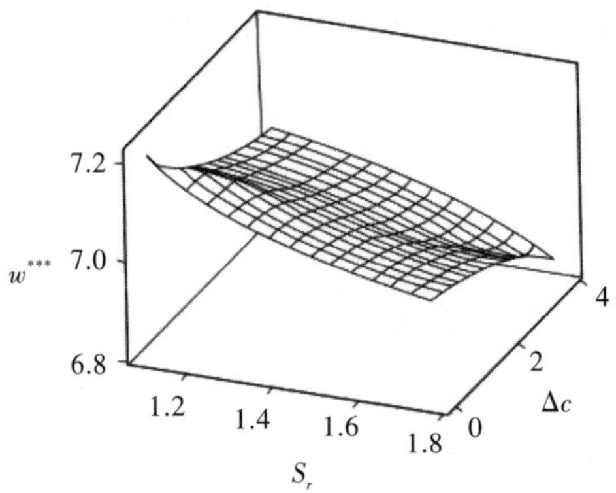

图 7-1　正规回收处理废弃食品时批发价格 w^{***} 的变化

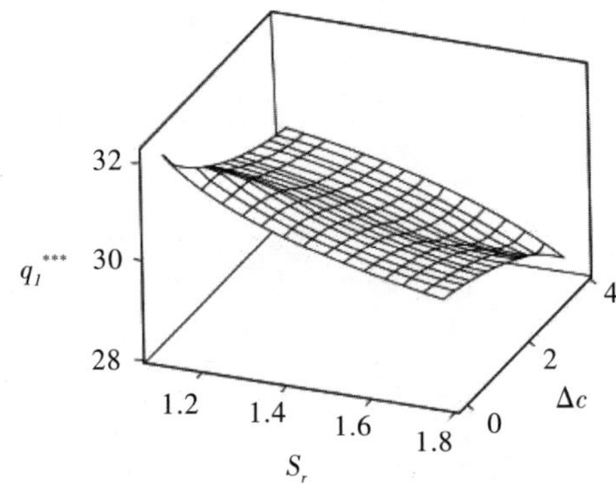

图 7-2　正规回收处理废弃食品时订购量 q_1^{***} 的变化

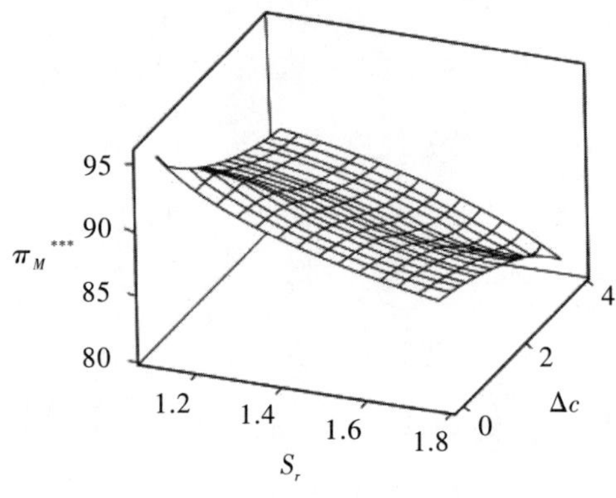

图 7-3　正规回收处理废弃食品时制造商预期利润 π_M^{***} 的变化

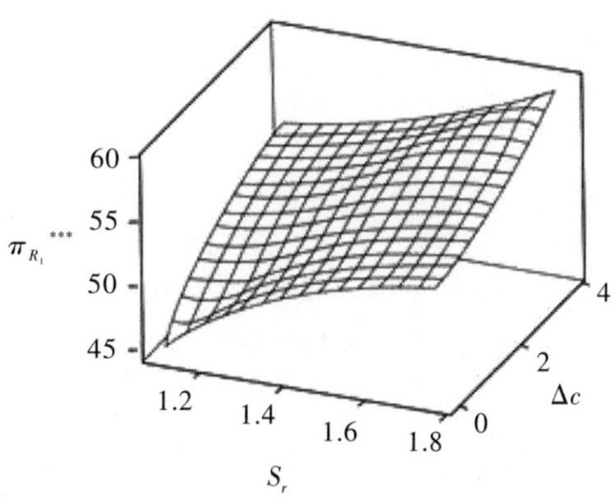

图7-4　正规回收处理废弃食品时零售商1预期利润 $\pi_{R_1}^{***}$ 的变化

（1）由图7-1至图7-3可见：食品批发价格、订购量与制造商预期利润都随着单位节省生产成本增加而下降，下降幅度先小后大，随着单位退货成本增加而下降，下降幅度先大后小。这主要是由于制造商正规回收处理废弃食品能够节省的生产成本增加，相应的批发价格就有所降低；单位节省的生产成本对批发价格的影响效应占优于单位退货成本对批发价格的影响效应，当单位退货成本低于单位节省的生产成本时，批发价格降低幅度减小。尽管单位退货成本的增加能够促进零售商1增加食品订购量，但单位节省的生产成本与单位退货成本的大小关系直接导致这两个因素对食品订购量的正负影响效应。单位节省生产成本低于退货成本时，零售商1的食品订购量决策受到制造商退货成本的影响相对更大。正规回收处理废弃食品有助于零售商1严谨地进行食品订购量决策。单位节省生产成本增加与单位退货成本上涨对食品批发价格与订购量的同向负向影响效应，导致制造商预期利润的变化效应也与上述两个决策变量一致。

（2）由图7-4可见：零售商1预期利润随着单位节省生产成本增加而增加，上涨幅度先小后大，随着单位退货成本增加而增加，上涨幅度先大后小。单位退货成本的增加对零售商1预期利润具有直接正向影响，而单位节省生产成本的增加对于批发价格的负向影响效应发挥了占优作用，有利于提升零售商1预期利润。

7.4.2 非正规回收处理与正规回收处理废弃食品的数值比较分析

根据问题描述及模型构建的相应参数变量含义和取值约束，令 $p_0=10$；$s_r=1$；$c=4$；$\alpha=100$。制造商正规回收处理废弃食品的单位节省生产成本取值分别为 $\Delta c=0.5$ 与 $\Delta c=1.8$；零售商2回收废弃食品的单位回收价格取值范围为 $1.1 \leqslant s \leqslant 1.765$。在 $s>\Delta c$ 与 $s<\Delta c$ 的不同条件下①可得图7-5至图7-8。

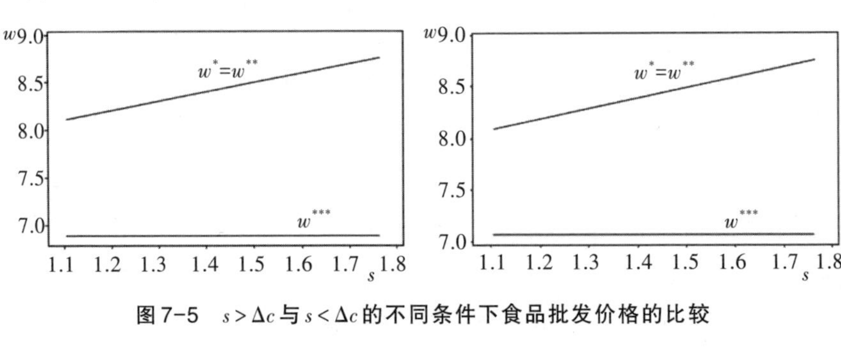

图7-5 $s>\Delta c$ 与 $s<\Delta c$ 的不同条件下食品批发价格的比较

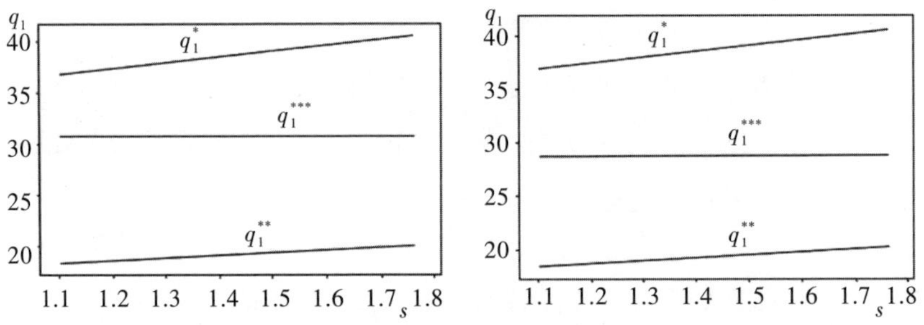

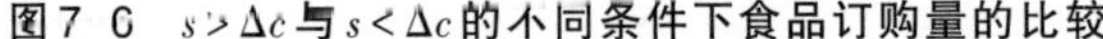

图7-6 $s>\Delta c$ 与 $s<\Delta c$ 的不同条件下食品订购量的比较

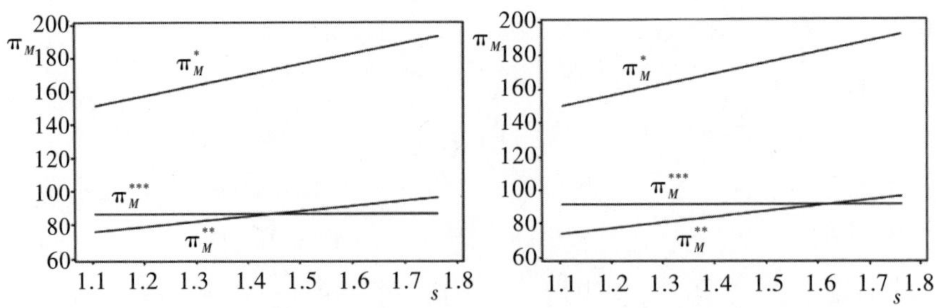

图7-7 $s>\Delta c$ 与 $s<\Delta c$ 的不同条件下食品制造商预期利润的比较

① 在制造商正规回收处理废弃食品的背景下，单位回收价格对相关决策没有直接影响。因此，在以下数值分析中制造商正规回收处理废弃食品时相关决策及主体利润并不随着单位回收价格的变化而变化。

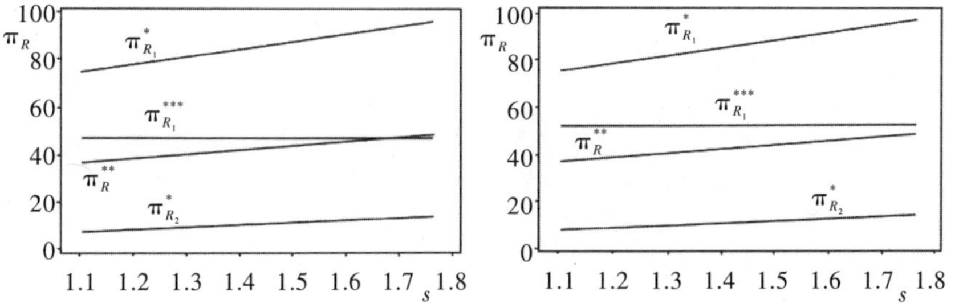

图7-8 $s>\Delta c$与$s<\Delta c$的不同条件下食品零售商预期利润的比较

（1）由图7-5可见：非正规回收处理的食品批发价格随着单位回收价格上涨而提高。不同的是制造商正规回收处理废弃食品时，若单位回收价格高于单位节省生产成本，则此时批发价格会高于在单位回收价格低于单位节省生产成本情况下的批发价格。单位回收价格对于制造商而言如同其回收处理废弃食品的相对比较单位回收成本，而单位节省的生产成本属于制造商的单位回收收益。当废弃食品回收的成本收益差较大时，制造商会通过提高批发价格而弥补相应的回收损失。因此，单位回收价格高于单位节省的生产成本时，批发价格会随单位回收价格上涨而提高。并且非正规回收处理废弃食品时的批发价格高于正规回收处理废弃食品时的批发价格。这是由于正规回收处理废弃食品对制造商经济收益具有正向影响。

（2）由图7-6可见：非正规回收处理的食品订购量随着单位回收价格上涨而增加。不同的是制造商正规回收处理废弃食品时，若单位回收价格高于单位节省的生产成本，则此时食品订购量会高于在单位回收价格低于单位节省生产成本情况下的食品订购量。在非正规回收处理废弃食品背景下，零售商1和零售商2作为同一主体时的食品订购量反而比两者各自独立时的要少。这主要是由于非正规回收处理废弃食品获益以总预期利润为目标时的回收获利较小。并且两个零售商各自独立的食品订购量高于正规回收处理废弃食品时的订购量，正规回收处理废弃食品时的食品订购量高于非正规回收处理废弃食品背景下两个零售商作为同一主体情况的食品订购量。

（3）由图7-7可见：非正规回收处理的制造商预期利润随着单位回收价格上涨而提高。不同的是正规回收处理废弃食品时，若单位回收价格高于单位节省的生产成本，则制造商预期利润会高于在单位回收价格低于单位节省生产成本情况下的制造商预期利润。制造商预期利润变化趋势与食品批发价格、订购量的变化趋势一致。并且随着非正规回收处理废弃食品时的批发价格和订购量的双重增加趋势，非正规回收处理废弃食品背景下两个零售商作为同一主体时的制造商预期利润会逐渐超过正规回收处理废弃食品时的制造商预期利润。在非正规回收处理废弃食品背景下两个零售商各自独立时的制造商预期利润高于正规回收处理废弃食品时的制造商预期利润。正规回收处理废弃食品时的制造商预期利润随着单位回收价格上涨而增加，该预期利润先高于非正规回收处理废弃食品背景下两个零售商作为同一主体时的制造商预期利润，而后却被两个零售商作为同一主体时的制造商预期利润反超。并且当单位回收价格高于单位节省生产成本时，两个零售商作为同一主体时的制造商预期利润增加相对较慢，因而反超时间点也较滞后。

（4）由图7-8可见：非正规回收处理的零售商1预期利润与零售商2预期利润都随着单位回收价格上涨而提高。不同的是正规回收处理废弃食品时，若单位回收价格高于单位节省生产成本，则制造商预期利润会低于在单位回收价格低于单位节省生产成本情况下的制造商预期利润。在单位回收价格高于单位节省生产成本条件下零售商1的预期利润更高，因此两个零售商作为同一主体的零售商总预期利润反超正规回收处理废弃食品时零售商1预期利润的时间点较早。而且由于零售商2仅靠非正规回收再造废弃食品获取利润，所以零售商2的预期利润最低。

7.5 本章小结

本章针对食品系统最末端的废弃食品回收处理，通过建立优化模型，分别分析了非正规与正规回收处理废弃食品的不同背景下的食品订购量、批发价格等决策及相关主体利润。在非正规废弃食品回收处理背景下，从经济利益角度出发，在缺乏严格监管规制的环境下制造商与零售商都会因非正规废弃食品回收处理“获利”。在正规废弃食品回收处理背景下，食品批发价格和食品订购量受到制造商回收处理废弃食品的影响效应是不确定的。政府部门只有通过对正规废弃食品回收处理的制造商等相关主体予以税收优惠等多种途径补贴，或者通过提供废弃食品回收处理的便捷渠道，为正规回收处理废弃食品缓解成本压力，加大收益激励，才能使正规废弃食品回收处理广泛开展与有效实施。并且通过实施措施加强对废弃食品回收处理相关主体之间的协调。

第8章　制造商与零售商废弃食品回收处理努力分析

废弃食品被随意丢弃，不仅会对环境造成严重的污染，还使本可以回收再利用的大量资源被浪费。因此，废弃食品回收处理是关系我国食品安全、环境保护与资源利用的重要课题。

废弃食品回收处理的相关研究主要分为以下三个方面：

一是食品废弃物的产生、影响及其处理技术的相关研究。食品废弃物主要是指食品加工和饮食消费过程中产生的废弃物。食品废弃物可分为食品工业废弃物和一般废弃物两大类，前者是指在食品加工过程中丢弃的动植物废料，后者是指未能售完或在流通中产生的废弃物。其中，废弃食品属于一般废弃物。因产品退回及需求预测不准确而导致的食品供应量过度，对食品废弃物的产生具有直接影响。Parfitt和Barthel认为，由于发展中国家缺乏对食品生产和收货后加工技术与管理的基础设施建设，其食品废弃物产生量不断增加。Wef提出发展闭环供应链是增强消费者对食品废弃物的认识与扩大市场对回收材料需求的有效途径。Stancu等实证分析了消费者相关食品废弃物行为的决定因素。Watson和

Meah分析了在食品废弃物形成过程中加强干预的重要性，以及减少食品废弃物对改善食品安全的意义。张艳萍、Kim等从科学技术层面研究了食品废弃物处理方法和再利用用途。Papargyropoulou等研究认为食品废弃物处理层级依次为：首先通过一定方法预防或者减少食品废弃物产生，其次是将其分发给贫困群体，再次是转化为动物饲料。妥善处理不断增加的食品废弃物被认为是应对供应链中废弃物可持续处理问题的核心。对此，Sgarbossa和Russo拓展了可持续闭环供应链模型，通过资源回收活动使食品废弃物成为有价值的原料投入。Salemdeeb等从食品废弃物管理视角比较分析了利用食品废弃物作为动物饲料对环境和健康的影响。

二是食品逆向物流及召回食品、过期食品的回收处理等相关研究。相对于发达国家来说，食品逆向物流及相关回收利用工作并未引起我国企业的足够重视，大多数食品企业的逆向物流意识淡薄，只有极少数的食品企业拥有自己的产品回收体系。刘凌霄分析了农产品逆向物流的复杂性和分散性特点，以及回收难度大、成本高和经济效益低等问题。为实现食品废弃物的妥善处理和回收利用，李朝伟和陈青川总结了国外食品回收管理模式和经验。苏含秋和吴晓芹认为食品召回制度是导致食品逆向物流产生的主要原因之一。Sowinski研究了食品召回中的技术创新机制以及逆向物流技术的应用。Dunn分析了制造商高效召回问题食品、降低召回成本和减少问题食品风险扩散的方法。张蓓剖析了美国食品召回过程中政府与企业的协同运作机制。我国对过期食品的处置方式主要包括：一当作垃圾直接扔掉；二用做畜禽饲料；三直接或委托第三方进行焚烧销毁。实践中，食品经营者往往将临保食品、过期食品退给供应商，极大地增加了食品安全风险，并且，由于我国对过期食品安全标准认定缺乏依据，导致一些过期食品重新回流至食品生产和经营环节。

三是废弃食品回收处理的安全监管问题相关分析。如前所述，具体针对废弃食品回收处理的研究相对缺乏。这方面的研究情况介绍详见第4章。

食品废弃物回收处理的相关研究阐释了废弃食品产生的原因及回收处理的必要性，对科学技术层面的回收用途研究较为广泛；食品逆向物流及召回食品、过期食品的回收处理等相关研究对我国过期食品、召回食品的回收处置方式及监管缺失原因的分析较多。研究认为：回收处理不当诱发了食品安全风险，尤其是我国食品企业缺乏有效回收动力、社会公众对此认知不足以及规制不完备加剧了废弃食品的危害性。并且，关于食品逆向物流，专门针对废弃食品或涵盖废弃食品的回收处理主体间行为动机及作用机理的研究具有局限性。现有相关废弃食品回收处理的研究认为：我国对废弃食品回收处理的监管缺位，废弃食品的非正规回收再利用可能诱发严重的食品安全问题，而正规回收再利用缺乏引导与扶持，对此应借鉴国外经验作出一些改进对策。然而，具体针对废弃食品回收处理微观主体（如制造商与零售商）如何在废弃食品回收处理中进行相关努力，如何在信息对称或者非对称情况下进行决策的研究较为缺乏，难以为废弃食品回收处理提供有效的参考依据。因此，本章分别在废弃食品回收处理成本削减比例为信息对称和信息非对称的不同情况下构建博弈模型，分析制造商与零售商的废弃食品回收处理努力、价格和需求量等相关决策，为从微观主体角度提供我国废弃食品回收处理的对策建议提供理论依据。

8.1 问题描述与模型分析

本章分析的问题背景是制造商生产某类食品，零售商销售该类食品，制造商负责正规回收处理该类废弃食品。正规回收处理的该类废弃食品可以作为有机肥料等。因此，废弃食品回收处理能够在一定程度上削减制造商的单位生产成本（包含原材料采购、能源消耗等费用）。本章分析属于静态分析，未包含时间动态，即不涉及食品生产与保质时间长短对废弃食品回收处理的影响，重点关注的是废弃食品回收处理有效用途给制造商所带来的成本削减及对零售商与制造商废弃食品回收处理努力相关决策的影响。因此，本章讨论的废弃食品没有专门针对某些具体食品。不同食品所对应的废弃食品回收与有效处理方法和成本不同，可以通过改变相应的成本参数、成本削减比例参数在一定程度上得到反映。制造商明确知道因废弃食品回收处理其成本削减比例；在信息对称情况下零售商知道制造商的成本削减比例，而在信息非对称情况下零售商不知道制造商的成本削减比例。本章分别针对上述成本削减比例信息对称和非对称的两种不同情况进行分析。并且，本章分析的是现实中大型或具有规模优势的零售商，因此建立的模型是以零售商R作为Stackelberg博弈的领导者，制造商M作为Stackelberg博弈的追随者。

食品零售价格为$p=w+m$。其中w是食品批发价格，m是零售商边际加价。食品需求量$Q=\alpha-\beta p+r(e_R+e_M)$。$\alpha$表示食品基本需求量；$\beta$表示需求价格敏感性；$r$表示需求的回收处理努力敏感性；$c$表示制造商的单位生产成本；$\phi$表示制造商因废弃食品回收处理获取的成本削减比例。其中e_R、e_M分别表示零售商和制造商的废弃食品回收处理努力水平。相应地，零售商和制造商的废弃食品回收处理努力成本分别为$\frac{1}{2}be_R^2$和$\frac{1}{2}ae_M^2$，其中b和a分别表示零售商与制造商的废弃食品回收处理边际努力成本系数，反映他们相应的废弃食品回收处理努力成本大小。因此，零售商和制造商利润分别如下：

$$\pi_R(m,\ e_R)=m[\alpha-\beta(w+m)+r(e_R+e_M)]-\frac{1}{2}be_R^2 \tag{8-1}$$

$$\pi_M(w,\ e_M)=[w-c(1-\phi)][\alpha-\beta(w+m)+r(e_R+e_M)]-\frac{1}{2}ae_M^2 \tag{8-2}$$

8.1.1 制造商成本削减比例在信息对称情况下的分析

当制造商因废弃食品回收处理获取的成本削减比例是对称信息时，零售商知道制造商的成本削减比例。根据Stackelberg博弈中零售商作为领导者，制造商作为跟随者，根据逆向回推法有如下结果：

由制造商利润的一阶最优条件$\frac{\partial\pi_M(w,\ e_M)}{\partial w}=0$，$\frac{\partial\pi_M(w,\ e_M)}{\partial e_M}=0$，可得$w=\frac{a[\alpha-\beta m+re_R-\beta c(1-\phi)]}{2\beta a-r^2}+c(1-\phi)$，$e_M=\frac{r[\alpha-\beta m+re_R-\beta c(1-\phi)]}{2\beta a-r^2}$。相应的二阶最优条件在$2\beta a-r^2>0$时满足Hesse矩阵负定。

将w和e_M代入零售商利润表达式，由一阶最优条件$\frac{\partial\pi_R(m,\ e_R)}{\partial m}=0$，$\frac{\partial\pi_R(m,\ e_R)}{\partial e_R}=0$，以及相应的二阶最优条件在$4\beta ab-$

$2br^2-ar^2>0$时满足Hesse矩阵负定，求解可得零售商最优的边际加价和回收处理努力水平如下

$$m_1^*=\frac{(2\beta a-r^2)b[\alpha-\beta c(1-\phi)]}{\beta(4\beta ab-2br^2-ar^2)} \tag{8-3}$$

$$e_{R_1}^*=\frac{ar[\alpha-\beta c(1-\phi)]}{4\beta ab-2br^2-ar^2} \tag{8-4}$$

对应的批发价格、零售价格和制造商回收处理努力水平以及食品需求量分别为

$$w_1^*=\frac{ab[\alpha-\beta c(1-\phi)]}{4\beta ab-2br^2-ar^2}+c(1-\phi) \tag{8-5}$$

$$p_1^*=\frac{(3\beta ab-br^2)[\alpha-\beta c(1-\phi)]}{\beta(4\beta ab-2br^2-ar^2)}+c(1-\phi) \tag{8-6}$$

$$e_{M_1}^*=\frac{br[\alpha-\beta c(1-\phi)]}{4\beta ab-2br^2-ar^2} \tag{8-7}$$

$$Q_1^*=\frac{\beta ab[\alpha-\beta c(1-\phi)]}{4\beta ab-2br^2-ar^2} \tag{8-8}$$

此时零售商和制造商利润分别为

$$\pi_{R_1}^*=\frac{ab[\alpha-\beta c(1-\phi)]^2}{2(4\beta ab-2br^2-ar^2)} \tag{8-9}$$

$$\pi_{M_1}^*=\frac{ab^2(2\beta a-r^2)[\alpha-\beta c(1-\phi)]^2}{2(4\beta ab-2br^2-ar^2)^2} \tag{8-10}$$

根据上述决策结果，可见相应的影响因素分析结果如下：（1）$\frac{\partial m_1^*}{\partial r}>0$；$\frac{\partial m_1^*}{\partial \phi}>0$；$\frac{\partial m_1^*}{\partial b}<0$；$\frac{\partial m_1^*}{\partial a}<0$。（2）$\frac{\partial e_{R_1}^*}{\partial r}>0$；$\frac{\partial e_{R_1}^*}{\partial \phi}>0$；$\frac{\partial e_{R_1}^*}{\partial b}<0$；$\frac{\partial e_{R_1}^*}{\partial a}<0$。（3）$\frac{\partial e_{M_1}^*}{\partial r}>0$；$\frac{\partial e_{M_1}^*}{\partial \phi}>0$；$\frac{\partial e_{M_1}^*}{\partial b}<0$；$\frac{\partial e_{M_1}^*}{\partial a}<0$。（4）$\frac{\partial Q_1^*}{\partial r}>0$；$\frac{\partial Q_1^*}{\partial \phi}>0$；$\frac{\partial Q_1^*}{\partial b}<0$；$\frac{\partial Q_1^*}{\partial a}<0$。（5）$\frac{\partial \pi_{R_1}^*}{\partial r}>0$；$\frac{\partial \pi_{R_1}^*}{\partial \phi}>0$；$\frac{\partial \pi_{R_1}^*}{\partial a}<0$。（6）$\frac{\partial \pi_{M_1}^*}{\partial r}>0$；$\frac{\partial \pi_{M_1}^*}{\partial \phi}>0$；$\frac{\partial \pi_{M_1}^*}{\partial b}<0$；$\frac{\partial \pi_{M_1}^*}{\partial a}<0$。（7）$\frac{\partial w_1^*}{\partial r}>0$；$\frac{\partial w_1^*}{\partial b}<0$；$\frac{\partial \pi_{R_1}^*}{\partial b}<0$；$\frac{\partial w_1^*}{\partial a}<0$。当$0<r<\sqrt{\frac{3\beta ab}{a+2b}}$时，$\frac{\partial w_1^*}{\partial \phi}<0$；当$\sqrt{\frac{3\beta ab}{a+2b}}<r<\sqrt{\frac{4\beta ab}{a+2b}}$时，$\frac{\partial w_1^*}{\partial \phi}>0$。

（8）$\frac{\partial p_1^*}{\partial r}>0$；$\frac{\partial p_1^*}{\partial b}<0$；$\frac{\partial p_1^*}{\partial a}<0$。当 $0<r<\sqrt{\frac{\beta ab}{a+b}}$ 时，$\frac{\partial p_1^*}{\partial \phi}<0$；当 $\sqrt{\frac{\beta ab}{a+b}}<r<\sqrt{\frac{4\beta ab}{a+2b}}$ 时，$\frac{\partial p_1^*}{\partial \phi}>0$。

综上可知，当制造商成本削减比例是对称信息情况下，制造商与零售商的最优决策在其他条件不变时，受到的相关因素影响有：

（1）零售边际加价、零售商或者制造商的回收处理努力水平、食品需求量以及零售商或者制造商的利润都分别随着需求的回收处理努力敏感性增强、成本削减比例增大而增大，随着零售商或者制造商的回收处理努力成本增大而减小。

（2）批发价格随着需求的回收处理努力敏感性增强而上涨，随着零售商或者制造商的回收处理努力成本增大而下降。当需求的回收处理努力敏感性较弱时，即 $0<r<\sqrt{\frac{3\beta ab}{a+2b}}$，批发价格随着成本削减比例提高而下降；当需求的回收处理努力敏感性相对较强时，即 $\sqrt{\frac{3\beta ab}{a+2b}}<r<\sqrt{\frac{4\beta ab}{a+2b}}$，批发价格随着成本削减比例提高而上涨。

（3）零售价格随着需求的回收处理努力敏感性增强而上涨，随着零售商或者制造商的回收处理努力成本增大而下降。当需求的回收处理努力敏感性较弱时，即 $0<r<\sqrt{\frac{\beta ab}{a+b}}$，零售价格随着成本削减比例提高而下降；当需求的回收处理努力敏感性相对较强时，即 $\sqrt{\frac{\beta ab}{a+b}}<r<\sqrt{\frac{4\beta ab}{a+2b}}$，零售价格随着成本削减比例提高而上涨。

8.1.2 制造商成本削减比例在信息非对称情况下的分析

在制造商成本削减比例是非对称信息的情况下，零售商不知道制造商的成本削减比例，仅对该成本削减比例的概率分布有一定认识。假设制造商的成本削减比例 ϕ 服从 $(\overline{\phi}-\varepsilon,\ \overline{\phi}+\varepsilon)$ 的均匀分布，即 $\phi\sim U(\overline{\phi}-$

ε，$\overline{\phi}+\varepsilon$)，其中$0<\varepsilon<\overline{\phi}$。该假设是依据现实中零售商对制造商回收处理某类废弃食品所获得的成本削减比例均值及变化范围有一定认识了解（即$\overline{\phi}$、ε），因为通常某类废弃食品回收处理用途是较为单一或是众所周知的常识，相应用途所带来的成本削减比例均值和变化幅度是可获知的，但对具体削减比例除制造商以外，其他主体是难以明确获知的，所以为契合这一实际情况且便于直观分析，假设制造商成本削减比例服从均匀分布。零售商知道该分布信息及其相应参数。

将对称信息情况下制造商利润最优条件求解得到的w和e_M表达式代入零售商利润表达式，整理可得

$$\pi_R(m,\ e_R)=\frac{\beta a}{2\beta a-r^2}[\alpha-\beta m+re_R-\beta c(1-\phi)]m-\frac{1}{2}be_R^2 \tag{8-11}$$

相应地，零售商预期利润$E\pi_R(m,\ e_R)=\int_{\overline{\phi}-\varepsilon}^{\overline{\phi}+\varepsilon}\pi_R(m,\ e_R)d\phi$有

$$E\pi_R(m,\ e_R)=\frac{\beta a(\alpha-\beta m+re_R)m-\beta^2acm(1-\overline{\phi})}{2\beta a-r^2}-\frac{1}{2}be_R^2 \tag{8-12}$$

由零售商预期利润的一阶最优条件$\frac{\partial E\pi_R(m,\ e_R)}{\partial m}=0$，$\frac{\partial E\pi_R(m,\ e_R)}{\partial e_R}=0$，以及相应的二阶最优条件在$4\beta ab-2br^2-ar^2>0$时满足Hesse矩阵负定，求解可得零售商的最优边际加价和回收处理努力水平如下

$$m_2{}^*=\frac{(2\beta a-r^2)b[\alpha-\beta c(1-\overline{\phi})]}{\beta(4\beta ab-2br^2-ar^2)} \tag{8-13}$$

$$e_{R_2}{}^*=\frac{ar[\alpha-\beta c(1-\overline{\phi})]}{4\beta ab-2br^2-ar^2} \tag{8-14}$$

对应的批发价格、零售价格和制造商回收处理努力水平以及食品需求量分别为

$$w_2{}^*=\frac{ab[\alpha-\beta c(1-\overline{\phi})]}{4\beta ab-2br^2-ar^2}+\frac{a\beta c(1-\overline{\phi})}{2\beta a-r^2}+\frac{(a\beta-r^2)c(1-\phi)}{2\beta a-r^2} \tag{8-15}$$

$$p_2{}^*=\frac{(3\beta ab-br^2)[\alpha-\beta c(1-\overline{\phi})]}{\beta(4\beta ab-2br^2-ar^2)}+\frac{a\beta c(1-\overline{\phi})}{2\beta a-r^2}+\frac{(a\beta-r^2)c(1-\phi)}{2\beta a-r^2} \tag{8-16}$$

$$e_{M_2}{}^*=\frac{br(\alpha-\beta c)}{4\beta ab-2br^2-ar^2}+\frac{r\beta c\phi}{2\beta a-r^2}-\frac{r\beta c\overline{\phi}(2\beta ab-br^2-ar^2)}{(2\beta a-r^2)(4\beta ab-2br^2-ar^2)} \tag{8-17}$$

$$Q_2{}^* = \frac{\alpha\beta ab + \beta^2 ac[(b - \frac{ar^2}{2\beta a - r^2})(1 - \overline{\phi}) - (2b - \frac{ar^2}{2\beta a - r^2})(1 - \phi)]}{4\beta ab - 2br^2 - ar^2} \tag{8-18}$$

此时零售商和制造商利润分别为

$$\pi_{R_2}{}^* = \frac{ab[\alpha - \beta c(1 - \overline{\phi})]^2}{2(4\beta ab - 2br^2 - ar^2)} + \frac{ab\beta c(\phi - \overline{\phi})[\alpha - \beta c(1 - \phi)]}{4\beta ab - 2br^2 - ar^2} \tag{8-19}$$

$$\pi_{M_2}{}^* = \frac{a(2\beta a - r^2)}{2}[\frac{ab + \beta c(b - \frac{ar^2}{2\beta a - r^2})(1 - \overline{\phi})}{4\beta ab - 2br^2 - ar^2} - \frac{\beta c(1 - \phi)}{2\beta a - r^2}]^2 \tag{8-20}$$

根据上述决策结果，可见相应的影响因素分析结果如下：（1）$\frac{\partial m_2{}^*}{\partial r} > 0$；$\frac{\partial m_2{}^*}{\partial \phi} > 0$；$\frac{\partial m_2{}^*}{\partial b} < 0$；$\frac{\partial m_2{}^*}{\partial a} < 0$。（2）$\frac{\partial e_{R_2}{}^*}{\partial r} > 0$；$\frac{\partial e_{R_2}{}^*}{\partial \overline{\phi}} > 0$；$\frac{\partial e_{R_2}{}^*}{\partial b} < 0$；$\frac{\partial e_{R_2}{}^*}{\partial a} < 0$。（3）$\frac{\partial w_2{}^*}{\partial b} < 0$；$\frac{\partial w_2{}^*}{\partial \overline{\phi}} > 0$。当 $0 < r < \min\{\sqrt{a\beta}, \sqrt{\frac{4\beta ab}{a + 2b}}\}$ 时，$\frac{\partial w_2{}^*}{\partial \phi} < 0$；若 $a < 2b$，则当 $\sqrt{a\beta} < r < \sqrt{\frac{4\beta ab}{a + 2b}}$ 时，$\frac{\partial w_2{}^*}{\partial \phi} > 0$，当 $0 < r < \sqrt{a\beta}$ 时 $\frac{\partial w_2{}^*}{\partial \phi} < 0$，否则不成立。当 $\phi > 1 + (1 - \overline{\phi}) - \frac{(2\beta a - r^2)^2(2b + a)[\alpha - \beta c(1 - \overline{\phi})]}{(4\beta ab - 2br^2 - ar^2)^2\beta c}$ 时，$\frac{\partial w_2{}^*}{\partial r} > 0$；反之亦然。当 $\sqrt{\frac{2\beta ab}{a + b}} < r < \sqrt{\frac{4\beta ab}{a + 2b}}$ 时，$\frac{\partial w_2{}^*}{\partial a} > 0$；当 $0 < r < \sqrt{\frac{2\beta ab}{a + b}}$ 时，$\frac{\partial w_2{}^*}{\partial a} < 0$。（4）$\frac{\partial p_2{}^*}{\partial b} < 0$；$\frac{\partial p_2{}^*}{\partial \overline{\phi}} > 0$。当 $\phi > \overline{\phi} - \frac{3ab(2\beta a - r^2)^2\overline{\phi}}{(4\beta ab - 2br^2 - ar^2)^2} - \frac{3ab(2\beta a - r^2)^2(\alpha - \beta c)}{\beta c(4\beta ab - 2br^2 - ar^2)^2}$ 时，$\frac{\partial p_2{}^*}{\partial r} > 0$；反之亦然。当 $\phi > \overline{\phi} - \frac{(2\beta b + r^2)(2\beta a - r^2)^2\overline{\phi}}{\beta(4\beta ab - 2br^2 - ar^2)^2} - \frac{(2\beta b + r^2)(2\beta a - r^2)^2(\alpha - \beta c)}{\beta^2 c(4\beta ab - 2br^2 - ar^2)^2}$ 时，$\frac{\partial p_2{}^*}{\partial a} < 0$；反之亦然。当 $0 < r < \min\{\sqrt{a\beta}, \sqrt{\frac{4\beta ab}{a + 2b}}\}$ 时，$\frac{\partial p_2{}^*}{\partial \phi} > 0$。若 $a < 2b$，则当 $\sqrt{a\beta} < r < \sqrt{\frac{4\beta ab}{a + 2b}}$ 时 $\frac{\partial p_2{}^*}{\partial \phi} < 0$，当 $0 < r < \sqrt{a\beta}$ 时 $\frac{\partial p_2{}^*}{\partial \phi} > 0$。（5）$\frac{\partial e_{M_2}{}^*}{\partial \phi} > 0$；$\frac{\partial e_{M_2}{}^*}{\partial b} < 0$；

$\frac{\partial e_{M_2}{}^*}{\partial a}<0$。当 $\sqrt{\frac{2\beta ab}{a+b}}<r<\sqrt{\frac{2\beta ab}{\frac{a}{2}+b}}$ 时，$\frac{\partial e_{M_2}{}^*}{\partial \overline{\phi}}>0$；当 $0<r<\sqrt{\frac{2\beta ab}{a+b}}$ 时，$\frac{\partial e_{M_2}{}^*}{\partial \overline{\phi}}<0$。当 $\phi>\overline{\phi}-\frac{b(4\beta ab+2br^2+ar^2)(2\beta a-r^2)^2[\alpha-\beta c(1-\overline{\phi})]}{\beta c(2\beta a+r^2)(4\beta ab-2br^2-ar^2)^2}$ 时，$\frac{\partial e_{M_2}{}^*}{\partial r}>0$；反之亦然。当 $\phi<\overline{\phi}-\frac{b(4\beta b-r^2)(2\beta a-r^2)^2[\alpha-\beta c(1-\overline{\phi})]}{2\beta^2 c(4\beta ab-2br^2-ar^2)^2}$ 时，$\frac{\partial e_{M_2}{}^*}{\partial a}>0$；反之亦然。（6）$\frac{\partial Q_2{}^*}{\partial \phi}>0$。当 $\sqrt{\frac{2\beta ab}{a+b}}<r<\sqrt{\frac{2\beta ab}{\frac{a}{2}+b}}$ 时，$\frac{\partial Q_2{}^*}{\partial \overline{\phi}}>0$；当 $0<r<\sqrt{\frac{2\beta ab}{a+b}}$ 时，$\frac{\partial Q_2{}^*}{\partial \overline{\phi}}<0$。当 $\phi>\frac{2(2\beta a-r^2)Q_2{}^*-\alpha\beta a}{2\beta^2 ac}+\frac{\overline{\phi}+1}{2}$ 时，$\frac{\partial Q_2{}^*}{\partial b}>0$；反之亦然。当 $\phi<\overline{\phi}+\frac{(2b+a)(2\beta a-r^2)^2 Q_2{}^*}{2\beta^3 a^3 c}$ 时，$\frac{\partial Q_2{}^*}{\partial r}>0$；反之亦然。当 $\phi>\overline{\phi}+\frac{2b(2\beta a-r^2)^2 Q_2{}^*}{\beta^2 a^2 r^2 c}$ 时，$\frac{\partial Q_2{}^*}{\partial a}>0$；反之亦然。（7）$\frac{\partial \pi_{R_2}{}^*}{\partial r}>0$；$\frac{\partial \pi_{R_2}{}^*}{\partial \overline{\phi}}<0$；$\frac{\partial \pi_{R_2}{}^*}{\partial b}<0$；$\frac{\partial \pi_{R_2}{}^*}{\partial a}<0$。当 $\phi>\overline{\phi}$ 时，$\frac{\partial \pi_{R_2}{}^*}{\partial \phi}>0$；当 $\phi\leqslant\overline{\phi}$ 时，$\frac{\partial \pi_{R_2}{}^*}{\partial \phi}\leqslant 0$。（8）$\frac{\partial \pi_{M_2}{}^*}{\partial r}>0$，$\frac{\partial \pi_{M_2}{}^*}{\partial a}<0$，$\frac{\partial \pi_{M_2}{}^*}{\partial \phi}<0$。当 $0<r<\sqrt{\frac{2\beta ab}{a+b}}$ 时，$\frac{\partial \pi_{M_2}{}^*}{\partial \overline{\phi}}<0$，$\frac{\partial \pi_{M_2}{}^*}{\partial b}<0$；反之亦然。当 $\sqrt{\frac{2\beta ab}{a+b}}<r<\sqrt{\frac{4\beta ab}{a+2b}}$ 时，$\frac{\partial \pi_{M_2}{}^*}{\partial \overline{\phi}}>0$，$\frac{\partial \pi_{M_2}{}^*}{\partial b}>0$；反之亦然。

综上可知，当制造商的成本削减比例是非对称信息情况下，制造商与零售商的最优决策在其他条件不变时，受到的相关因素影响有：

（1）零售边际加价、零售商的回收处理努力水平分别随着需求的回收处理努力敏感性增强、成本削减比例均值增大而增大，随着零售商或者制造商的回收处理努力成本增大而减小。

（2）具体分为：①批发价格随着零售商的回收处理努力成本增大而减小，随着成本削减比例均值增大而减小。当需求的回收处理努力敏感性较弱时，即$0<r<\min\{\sqrt{a\beta},\ \sqrt{\frac{4\beta ab}{a+2b}}\}$，批发价格随着成本削减比例提高而下降。②如果制造商的回收处理努力成本低于零售商的回收处理努力成本的2倍，当需求的回收处理努力敏感性相对较强时，即$\sqrt{a\beta}<r<\sqrt{\frac{4\beta ab}{a+2b}}$，批发价格随着成本削减比例提高而上涨；当需求的回收处理努力敏感性相对较弱时，即$0<r<\sqrt{a\beta}$，批发价格随着成本削减比例提高而下降。③当制造商的成本削减比例高于由成本削减比例均值与食品基本需求量等构成的某一定值时，即$\phi>1+(1-\overline{\phi})-\frac{(2\beta a-r^2)^2(2b+a)[\alpha-\beta c(1-\overline{\phi})]}{(4\beta ab-2br^2-ar^2)^2\beta c}$，批发价格随着需求的回收处理努力敏感性增强而上涨。④当需求的回收处理努力敏感性相对较强时，即$\sqrt{\frac{2\beta ab}{a+b}}<r<\sqrt{\frac{4\beta ab}{a+2b}}$，批发价格随着制造商的回收处理努力成本增大而上涨；当需求的回收处理努力敏感性较弱时，即$0<r<\sqrt{\frac{2\beta ab}{a+b}}$，批发价格随着制造商的回收处理努力成本增大而下降。

（3）具体分为：①零售价格随着零售商的回收处理努力成本增大而下降，随着成本削减比例均值增大而上涨。②当成本削减比例高于由成本削减比例均值与食品基本需求量等构成的某一定值时，即$\phi>\overline{\phi}-\frac{3ab(2\beta a-r^2)^2\overline{\phi}}{(4\beta ab-2br^2-ar^2)^2}-\frac{3ab(2\beta a-r^2)^2(\alpha-\beta c)}{\beta c(4\beta ab-2br^2-ar^2)^2}$，零售价格随着需求的回收处理努力敏感性增强而上涨。③当成本削减比例高于由成本削减比例均值与食品基本需求量等构成的某一定值时，即$\phi>\overline{\phi}-\frac{(2\beta b+r^2)(2\beta a-r^2)^2\overline{\phi}}{\beta(4\beta ab-2br^2-ar^2)^2}-\frac{(2\beta b+r^2)(2\beta a-r^2)^2(\alpha-\beta c)}{\beta^2c(4\beta ab-2br^2-ar^2)^2}$，零售价格随着制造商的回收处理努力成本而下降。④当需求的回收处理努力敏感性较弱时，即$0<r<\min\{\sqrt{a\beta},\ \sqrt{\frac{4\beta ab}{a+2b}}\}$，零售价格随着成本削减比例增大而上涨。如果制造商的回收处理努力成本低于零售商的回收处理努力成本的

2 倍，当需求的回收处理努力敏感性相对较强时，即 $\sqrt{a\beta}<r<\sqrt{\frac{4\beta ab}{a+2b}}$，零售价格随着成本削减比例增大而下降；当需求的回收处理努力敏感性相对较弱时，即 $0<r<\sqrt{a\beta}$，零售价格随着成本削减比例增大而上涨。

（4）具体分为：①制造商的回收处理努力水平随着成本削减比例增大而提高，随着零售商或者制造商的回收处理努力成本增大而降低。当需求的回收处理努力敏感性较强时，即 $\sqrt{\frac{2\beta ab}{a+b}}<r<\sqrt{\frac{2\beta ab}{\frac{a}{2}+b}}$，制造商的回收处理努力水平随着成本削减比例均值增大而提高；当需求的回收处理努力敏感性相对较弱时，即 $0<r<\sqrt{\frac{2\beta ab}{a+b}}$，制造商的回收处理努力水平随着成本削减比例均值增大而降低。②当成本削减比例高于由成本削减比例均值与食品基本需求量等构成的某一定值时，即 $\phi>\overline{\phi}-\frac{b(4\beta ab+2br^2+ar^2)(2\beta a-r^2)^2[\alpha-\beta c(1-\overline{\phi})]}{\beta c(2\beta a+r^2)(4\beta ab-2br^2-ar^2)^2}$，制造商的回收处理努力水平随着需求的回收处理敏感性增强而提高。当成本削减比例低于由成本削减比例均值与食品基本需求量等构成的某一定值时，即 $\phi<\overline{\phi}-\frac{b(4\beta b-r^2)(2\beta a-r^2)^2[\alpha-\beta c(1-\overline{\phi})]}{2\beta^2c(4\beta ab-2br^2-ar^2)^2}$，制造商的回收处理努力水平随着制造商的回收处理努力成本增人而提高。

（5）具体分为：①食品需求量随着成本削减比例增大而增加。当需求的回收处理努力敏感性较强时，即 $\sqrt{\frac{2\beta ab}{a+b}}<r<\sqrt{\frac{2\beta ab}{\frac{a}{2}+b}}$，食品需求量随着成本削减比例均值增大而增加；当需求的回收处理努力敏感性相对较弱时，即 $0<r<\sqrt{\frac{2\beta ab}{a+b}}$，食品需求量随着成本削减比例均值增大而减少。②当成本削减比例高于由成本削减比例均值与食品基本需求量

等构成的某一定值时，即$\phi > \frac{2(2\beta a - r^2)Q_2{}^* - \alpha\beta a}{2\beta^2 ac} + \frac{\overline{\phi} + 1}{2}$，食品需求量随着零售商的回收处理努力成本增加而增多。③当成本削减比例低于由成本削减比例均值与食品基本需求量等构成的某一定值时，即$\phi < \overline{\phi} + \frac{(2b + a)(2\beta a - r^2)^2 Q_2{}^*}{2\beta^3 a^3 c}$，食品需求量随着需求的回收处理努力敏感性增强而增多。④当成本削减比例高于由成本削减比例均值与食品基本需求量等构成的某一定值时，即$\phi > \overline{\phi} + \frac{2b(2\beta a - r^2)^2 Q_2{}^*}{\beta^2 a^2 r^2 c}$，食品需求量随着制造商的回收处理努力成本增大而增多。

（6）具体分为：①零售商利润随着需求的回收处理努力敏感性增强而增加，随着成本削减比例均值增大而减少，随着零售商或者零售商的回收处理努力成本增加而减少。②当成本削减比例高于其均值时，零售商利润随着成本削减比例增大而提高；当成本削减比例不高于其均值时，零售商利润随着成本削减比例增大而不增。

（7）制造商利润随着需求的回收处理努力敏感性增强而增加，随着制造商的回收处理努力成本增大而减少，随着成本削减比例增大而减少。如果需求的回收处理努力敏感性较弱，制造商利润随着成本削减比例均值增大而减少，随着零售商的回收处理努力成本增大而减少。如果需求的回收处理努力敏感性相对较强，制造商利润随着成本削减比例均值增大而增加，随着零售商的回收处理努力成本增大而增加。

8.1.3 制造商成本削减比例在信息对称与信息非对称情况下的比较分析

比较制造商成本削减比例在信息对称与信息非对称两种不同情况下的结果有：

$e_{M_1}{}^* - e_{M_2}{}^* = \frac{r\beta c(2\beta ab - br^2 - ar)(\overline{\phi} - \phi)}{(2\beta a - r^2)(4\beta ab - 2br^2 - ar^2)}$；$e_{R_1}{}^* - e_{R_2}{}^* = \frac{ar\beta c(\phi - \overline{\phi})}{4\beta ab - 2br^2 - ar^2}$；

$m_1{}^* - m_2{}^* = \frac{(2\beta a - r^2)bc(\phi - \overline{\phi})}{4\beta ab - 2br^2 - ar^2}$；$w_1{}^* - w_2{}^* = \frac{\beta ac(2\beta ab - br^2 - ar)(\overline{\phi} - \phi)}{(2\beta a - r^2)(4\beta ab - 2br^2 - ar^2)}$；$p_1{}^* -$

$p_2{}^* = \dfrac{c[br^4 + a\beta(a-3b)r^2 + 2\beta^2a^2b](\phi - \overline{\phi})}{(2\beta a - r^2)(4\beta ab - 2br^2 - ar^2)}$；$Q_1{}^* - Q_2{}^* = \dfrac{\beta^2ac(2\beta ab - br^2 - ar)(\overline{\phi} - \phi)}{(2\beta a - r^2)(4\beta ab - 2br^2 - ar^2)}$；

$\pi_{R_1}{}^* - \pi_{R_2}{}^* = \dfrac{ab\beta^2c^2(\phi - \overline{\phi})(1-\phi)}{2(4\beta ab - 2br^2 - ar^2)}$。$\pi_{M_1}{}^* - \pi_{M_2}{}^* = \dfrac{a}{2(2\beta a - r^2)(4\beta ab - 2br^2 - ar^2)^2}\{-(\beta ab - br^2 - ar^2)^2\beta^2c^2(\phi - \overline{\phi})^2 - 2b(2\beta a - r^2)[\alpha - \beta c(1-\overline{\phi})](2\beta ab - br^2 - ar^2)\beta c(\phi - \overline{\phi})\}$。

综上可见，比较信息对称与信息非对称两种情况下的结果有：

（1）当 $\phi > \overline{\phi}$ 时，$e_{R_1}{}^* > e_{R_2}{}^*$；$m_1{}^* > m_2{}^*$；$\pi_{R_1}{}^* < \pi_{R_2}{}^*$。当 $\phi \leqslant \overline{\phi}$ 时，$e_{R_1}{}^* \leqslant e_{R_2}{}^*$；$m_1{}^* \leqslant m_2{}^*$；$\pi_{R_1}{}^* \geqslant \pi_{R_2}{}^*$。

当制造商实际的成本削减比例高于成本削减比例均值时，相比于信息非对称情况，信息对称情况下的零售商回收处理努力水平更高，零售边际加价更高，而零售商利润更低。反之亦然。

（2）若 $0 < r < \sqrt{\dfrac{2\beta ab}{a+b}}$，那么有如下不同结果：①$\pi_{M_1}{}^* < \pi_{M_2}{}^*$。②当 $\phi > \overline{\phi}$ 时，$e_{M_1}{}^* < e_{M_2}{}^*$；$w_1{}^* < w_2{}^*$；$Q_1{}^* < Q_2{}^*$。③当 $\phi \leqslant \overline{\phi}$ 时，$e_{M_1}{}^* \geqslant e_{M_2}{}^*$；$w_1{}^* \geqslant w_2{}^*$；$Q_1{}^* \geqslant Q_2{}^*$。

在需求的回收处理敏感性较弱条件下，相比于信息非对称情况，信息对称情况下的制造商利润更低；并且当制造商实际的成本削减比例高于成本削减比例均值时，制造商的回收处理努力水平更低，批发价格更低，食品需求量更低。反之亦然。

（3）若 $\sqrt{\dfrac{2\beta ab}{a+b}} < r < \sqrt{\dfrac{2\beta ab}{\dfrac{a}{2}+b}}$，那么有如下两种不同的结果：①当 $\phi > \overline{\phi}$ 时，$e_{M_1}{}^* > e_{M_2}{}^*$；$w_1{}^* > w_2{}^*$；$Q_1{}^* > Q_2{}^*$。②当 $\phi \leqslant \overline{\phi}$ 时，$e_{M_1}{}^* \leqslant e_{M_2}{}^*$；$w_1{}^* \leqslant w_2{}^*$；$Q_1{}^* \leqslant Q_2{}^*$。③当 $\phi > \overline{\phi} + \dfrac{2b(2\beta a - r^2)[\alpha - \beta c(1-\overline{\phi})]}{-\beta c(2\beta ab - br^2 - ar^2)}$ 时，$\pi_{M_1}{}^* < \pi_{M_2}{}^*$。④当 $\phi \leqslant \overline{\phi} + \dfrac{2b(2\beta a - r^2)[\alpha - \beta c(1-\overline{\phi})]}{-\beta c(2\beta ab - br^2 - ar^2)}$ 时，$\pi_{M_1}{}^* \geqslant \pi_{M_2}{}^*$。

在需求的回收处理敏感性较弱条件下，当制造商实际的成本削减比例高于成本削减比例均值时，相比于信息非对称情况，信息对称情况下的制造商努力水平更高，批发价格更高，食品需求量更高。反之亦然。在需求的回收处理敏感性较弱条件下，当制造商实际的成本削减比例高于由成本削减比例均值与食品基本需求量等构成的某一定值时，相比于信息非对称情况，信息对称情况下的制造商利润更低。反之亦然。

（4）若 $r=\sqrt{\dfrac{2\beta ab}{a+b}}$，那么有 $e_{M_1}{}^*=e_{M_2}{}^*$；$w_1{}^*=w_2{}^*$；$Q_1{}^*=Q_2{}^*$；$\pi_{M_1}{}^*=\pi_{M_2}{}^*$。

在需求的回收处理敏感性等于某一定值（即 $\sqrt{\dfrac{2\beta ab}{a+b}}$）时，信息对称与信息非对称两种情况下的制造商回收处理努力水平、批发价格、食品需求量和制造商利润都分别相等。

（5）在 $(3-2\sqrt{2})b<a<(3+2\sqrt{2})b$ 或者 $a>(3+2\sqrt{2})b$ 的条件下，当 $\phi>\overline{\phi}$ 时，$p_1{}^*>p_2{}^*$；当 $\phi\leqslant\overline{\phi}$ 时，$p_1{}^*\leqslant p_2{}^*$。

在制造商废弃食品回收处理努力成本介于零售商废弃食品回收处理努力成本的某两个倍数之间的条件下，或者制造商废弃食品回收处理努力成本高于零售商废弃食品回收处理努力成本的较大倍数条件下，当制造商实际的成本削减比例高于成本削减比例均值时，相比于信息非对称情况，信息对称情况下的零售价格更高。

（6）在 $a<(3-2\sqrt{2})b$ 的条件下，有如下两种不同的结果：①若 $0<r<\sqrt{\dfrac{-a\beta(a-3b)-ab\sqrt{(a-3b)^2-8b^2}}{2b}}$ 或者 $r>\sqrt{\dfrac{-a\beta(a-3b)+ab\sqrt{(a-3b)^2-8b^2}}{2b}}$，那么有当 $\phi>\overline{\phi}$ 时，$p_1{}^*>p_2{}^*$；当 $\phi\leqslant\overline{\phi}$ 时，$p_1{}^*\leqslant p_2{}^*$。②若 $\sqrt{\dfrac{-a\beta(a-3b)-ab\sqrt{(a-3b)^2-8b^2}}{2b}}<r<\sqrt{\dfrac{-a\beta(a-3b)+ab\sqrt{(a-3b)^2-8b^2}}{2b}}$，那么有当 $\phi<\overline{\phi}$ 时，$p_1{}^*<p_2{}^*$；当 $\phi\geqslant\overline{\phi}$ 时，$p_1{}^*\geqslant p_2{}^*$。

在制造商废弃食品回收处理努力成本低于零售商废弃食品回收处理努力成本的较小倍数条件下，如果需求的回收处理敏感性相对较弱或者相对较强，当制造商实际的成本削减比例高于成本削减比例均值时，相比于信息非对称情况，信息对称情况下的零售价格更高；如果需求的回收处理敏感性介于适当程度之间，当制造商实际的成本削减比例低于成本削减比例均值时，相比于信息非对称情况，信息对称情况下的零售价格更低。

8.2 本章小结

8.2.1 制造商成本削减比例在信息对称情况下的主要结论

制造商的成本削减比例在信息对称情况下可得出如下结论：

第一，消费者对废弃食品回收处理具有良好的市场反馈，即废弃食品回收处理对相关企业具有一定的声誉价值时，随着该声誉价值的提升，消费者对相应的食品需求量增加，零售商与制造商都将从价格提升与利润增加中受益，并且这能够激励零售商与制造商为废弃食品回收处理而付出更多的努力。

第二，制造商因废弃食品回收处理获得的实际节省成本增加不仅有助于制造商利润提升，而且也有助于零售商利润提升，同样对两者在废弃食品回收处理方面的努力具有激励作用，并且由此通过废弃食品回收处理的声誉价值传导，能够间接增加食品的市场需求量。制造商因废弃食品回收处理获得的实际节省成本增加对批发价格的影响取决于消费者对废弃食品回收处理的良好市场反馈，当这种反馈的声誉价值相对较低时，制造商会为进一步提升市场反馈的声誉价值而降低批发价格；当这种反馈的声誉价值相对较高时，制造商能够凭借废弃食品回收处理带来的双重优势进一步提高批发价格。当这种反馈的声誉价值相对较低时，制造商因废弃食品回收处理获得的实际节省成本对批发价格与零售价格有负向影响；当这种反馈的声誉价值相对较高时，制造商因废弃食品回收处理获得的实际节省成本对批发价格与零售价格有正向影响。

第三，零售商或者制造商在废弃食品回收处理方面投入的努力成本越高，会对他们的收益产生负面影响，从而消极地影响他们的废弃食品回收处理行为，间接导致此类食品的市场需求缩减。尽管相应的价格降低，也无法弥补废弃食品回收处理努力成本带来的上述负效应。

8.2.2 制造商成本削减比例在信息非对称情况下的主要结论

制造商的成本削减比例在信息非对称情况下可得出如下结论:

第一，消费者对废弃食品回收处理具有良好的市场反馈，即废弃食品回收处理对相关企业具有一定的声誉价值时，随着该声誉价值的提升，零售商更有动力进行废弃食品回收处理，这不仅能够增加零售商的单位食品收益，而且有利于零售商与制造商利润得到提升。制造商因废弃食品回收处理获得的实际成本削减比例高于由该成本削减比例均值构成的某一定值时，消费者对废弃食品回收处理具有良好的市场反馈能够提高制造商与零售商的单位收益，从而激励制造商在废弃食品回收处理方面更为努力。制造商因废弃食品回收处理获得的实际成本削减比例低于由该成本削减比例均值构成的某一定值时，消费者对废弃食品回收处理具有良好的市场反馈能够增加食品需求量。

第二，零售商明确的制造商成本削减比例均值较高，能够激励零售商进行废弃食品回收处理，增加零售商的单位收益，却会减少制造商的单位收益，降低零售商利润。消费者对废弃食品回收处理具有较高的良好市场反馈，能够激励制造商提高其对废弃食品回收处理的努力水平，从而刺激消费者增加对该类食品的需求。当消费者对废弃食品回收处理具有较低的良好市场反馈时，成本削减比例均值提高反而会降低制造商利润。

第三，零售商或者制造商在废弃食品回收处理方面付出的努力成本提高，将挫伤零售商与制造商的努力积极性，降低两者在废弃食品回收处理方面的努力水平，但为抵消零售商努力水平降低产生的负面影响，零售商会降低其边际加价，最终零售商利润会降低，同时制造商利润也会降低。零售商在废弃食品回收处理方面投入的努力成本增加，对制造商的单位收益具有负面效应。在消费者对废弃食品回收处理具有较高的良好市场反馈条件下，制造商在废弃食品回收处理方面投入的努力成本增加会直接导致其提高批发价格，以抵消成本增加的影响。零售商尽管在废弃食品回收处理方面付出的努力成本提高，却会因制造商批发价格的作用而使其零售价格降低。在制造商因废弃食品回收处理获得的实际成本削减比例高于该成本比例均值对应的某一定值时，制造商在废弃食品回收处理方面投入的努力成本增加，反而会直接致使其零售价格降低，这是由于废弃食品回收处理的成本削减效应。此时零售商或者制造商在废弃食品回收处理方面投入的努力成本虽然增加，对食品需求量却具有正面效应。在消费者对废弃食品回收处理具有较低的良好市场反馈条件下，零售商在废弃食品回收处理方面投入的努力成本增加，会降低制造商利润。

第四，制造商因废弃食品回收处理获得的实际成本削减比例对零售商边际加价和其努力水平没有影响，然而该成本削减比例的提高能够直接增强制造商在废弃食品回收处理方面的努力积极性，增加食品需求量，最终由于其对批发价格产生的负面影响而导致制造商利润降低。在消费者对废弃食品回收处理具有较低的良好市场反馈条件下，制造商因废弃食品回收处理获得的实际成本削减比例提高会激励制造商降低批发价格。在消费者对废弃食品回收处理具有较高的良好市场反馈条件下，制造商因废弃食品回收处理获得的实际成本削减比例提高会间接使零售商降低零售价格。当制造商因废弃食品回收处理获得的实际成本削减比例高于该比例均值时，实际成本削减比例的提高有利于零售商利润的提升。

8.2.3 制造商成本削减比例在信息对称与信息非对称情况下比较的主要结论

制造商的成本削减比例在信息对称与信息非对称情况下可得出以下比较结论：

第一，由于制造商因回收处理而获取的实际成本削减比例高于成本削减比例均值，相比于信息非对称，信息对称情况下的零售商受到废弃食品回收处理激励而使其回收处理努力水平更高，并且因为努力成本而提高其零售边际加价；相比之下，零售商更高的废弃食品回收处理努力付出更为突出，使得零售商利润更低。

第二，在消费者对废弃食品回收处理具有较低的良好市场反馈背景下，制造商因废弃食品回收处理获取的成本削减比例在信息非对称时更有助于制造商获利。并且，在这种背景下，尽管零售商未知制造商实际获取的成本削减比例高于作为共同信息的成本削减比例均值，但制造商因废弃食品回收处理获取的成本削减比例较高而受到激励，会付出更高的回收处理努力水平，其决定的批发价格会更低。在低价与废弃食品回收处理良好市场反馈的双重驱动下，相应的食品需求量也随之增加。

第三，在消费者对废弃食品回收处理具有较高的良好市场反馈背景下，制造商因废弃食品回收处理获取的成本削减比例在信息非对称时更有助于制造商获利。并且，在这种背景下，零售商未知制造商实际获取的成本削减比例高于作为共同信息的成本削减比例均值，制造商会"掩盖"其因废弃食品回收处理而获取的较大成本削减收益，付出更低的回收处理努力水平，决定更高的批发价格，在高价驱动下相应的食品需求量也随之减少。同样在此背景下，零售商未知制造商实际获取的成本削减比例高于作为共同信息的成本削减比例均值与其他因素决定的某一正数之和时，制造商获取的利润更高。

第四，在消费者对废弃食品回收处理具有适中的良好市场反馈背景下，无论制造商因废弃食品回收处理获取的实际成本削减比例是否为对称信息，相应的制造商回收处理努力水平、批发价以及食品需求量、制造商利润都是一致的。

第五，相对于零售商的废弃食品回收处理成本，在制造商的废弃食品回收处理成本适中或者较高的背景下，零售商未知制造商实际获取的成本削减比例高于作为共同信息的成本削减比例均值时，相对于信息非对称情况，信息对称情况下的制造商会因废弃食品回收处理实际节省的更高成本而降低批发价格；零售商也会由于其自身相对不高的废弃食品回收处理成本而不会提升零售边际加价，从而使得零售价格较低。

第六，相对于零售商的废弃食品回收处理成本，在制造商的废弃食品回收处理成本较低的背景下，一方面，消费者对废弃食品回收处理具有较低或者较高的良好市场反馈，零售商未知制造商实际获取的成本削减比例高于作为共同信息的成本削减比例均值时，相对于信息非对称情况，信息对称情况下的制造商会因废弃食品回收处理实际节省的更高成本以及自身相对较低的回收处理努力成本而降低批发价格，从而使零售价格也随之降低；另一方面，消费者对废弃食品回收处理具有适中的良好市场反馈，零售商未知制造商实际获取的成本削减比例低于作为共同信息的成本削减比例均值时，相对于信息非对称情况，信息对称情况下的制造商不会因废弃食品回收处理实际节省的更多成本以及自身相对较低的回收处理努力成本而降低批发价格，该情况下的消费者对废弃食品回收处理具有的良好市场反馈效应是优于制造商废弃食品回收处理成本效应的。

第9章　基于随机森林模型的食品安全风险预测

食品安全的表述是一个复杂的系统概念，涵盖食品数量安全、质量安全和营养安全。当前，食品安全主要是指食品质量安全，即食品无毒、无害，符合应当有的营养要求，对人体健康不造成任何急性、亚急性或者慢性危害。而食品安全风险是指食用食品将对人体产生的已知的或潜在的不良危害的可能性。食品安全是关系到国计民生的重大问题，加强对食品安全风险的科学评价，进行食品安全风险预测，是提升我国食品安全风险治理水平的关键。目前，发达国家食品安全暴露的问题集中在微生物、物理和化学危害方面，而我国食品安全风险的隐患主要来自人为污染和违法违规使用食品添加剂造成的“添加泛滥”。2020年6月7日，国家市场监督管理总局食品抽检司在总结2019年国家食品安全监督抽检情况时指出，我国食品安全状况虽然总体保持稳中向好的态势，但食品添加剂超标、微生物污染和农兽药残留超标等仍然是当前食品安全面临的主要问题。在当年抽检中，食品添加剂超标占到全部抽检不合格样品总量的22.9%，比例较高。食品添加剂的不当使用不仅直接危害消费者的生命健康，还会诱发消费者对食品添加剂的恐慌心理，影响食品行业的良性发展。

《食品安全国家标准 食品添加剂使用标准》（GB 2760—2014）将现行食品添加剂分为酸度调节剂、抗结剂、消泡剂、抗氧化剂、漂白剂、膨松剂、着色剂、护色剂等22个类别，2 000多个品种。食品添加剂的出现极大地促进了食品工业的发展，被誉为现代食品工业的灵魂。在食品生产及储藏过程中适当地使用食品添加剂，能够防止食品变质、改善食品的感官性状、保持或提高食品的营养价值，可以给食品工业带来许多便利，给消费者带来更好的消费体验。不过，过量甚至违法使用食品添加剂危害巨大。以安赛蜜（乙酰磺胺酸钾）为例，作为第四代合成甜味剂，它和其他甜味剂混合使用能产生很强的协同效应，一般浓度下可增加甜度30%~50%。经常食用安赛蜜超标的食品会对人体的肝脏和神经系统造成严重危害，若短时间内大量食用此类超标食品更会引发血小板减少导致急性大出血。由于食品添加剂种类繁多，过量或者多种食品添加剂的非法添加与使用极有可能诱发难以预料的公共食品卫生安全事件，如群体性食物中毒等，给人们生命带来危害的同时导致社会性恐慌，后果不堪设想。食品生产经营者滥用甚至非法使用食品添加剂引发的食品安全事件不仅直接危害人民群众身心健康，而且会引发消费者对食品安全信任危机，给我国食品行业声誉造成严重损害。因此，合理评价与预测食品添加剂的安全风险，对防范重大公共食品卫生安全危机，全面保障我国食品安全，提升人民群众科学认知食品添加剂，促进食品行业健康发展至关重要。基于这一现状，本章以2016—2019年山东省食品添加剂抽检数据为例，通过构建食品安全风险评价指标，从食品类别、添加剂种类与所属地区的不同角度描述食品安全风险指数的统计特征，进一步构建随机森林模型对食品添加剂的食品安全风险指数进行预测，从食品添加剂的食品安全风险分析角度为我国食品安全风险治理提供参考。

9.1 相关研究述评

目前国内外对于食品安全风险预测预警的相关研究主要采用数据挖掘、神经网络、贝叶斯估计、关联规则挖掘等方法。张红霞利用NLPIR大数据语义智能分析平台对词频的统计和高频词提取，分析了食品安全风险因素及其分布特征；章德宾以2007年中国质检系统的19 000条食品抽检数据为基础，构建食品安全预警的神经网络模型，预测得到在未来的下一周期内，致病菌超标和兽药残留问题突出，而农药和重金属问题较轻；李宗亮基于8家实验室的广式腌腊肉制品检测数据构建了食品安全风险系数，通过建立BP神经网络模型，对食品安全风险进行评价和预警，由于研究对象范围有限，研究结果的普适性有待改进；李笑曼等基于2015—2017年国家食品和药品监督管理总局发布的18 378批次的肉类产品监督抽样数据，构建了具有两个隐藏层的BP神经网络模型，对实际结果为合格的样本，该模型的预测准确度较高，对实际结果为不合格的样本，该模型的预测准确度有所降低；Geng等提出了一种基于径向基神经网络的预警模型，并以中国某省杀菌奶食品安全检查数据为例实证分析了径向基神经网络模型、BP神经网络模型和改进多层BP神经网络模型，认为基于径向基神经网络的预警模型具有较好的泛化效果；Garre等建立了AHC-RBF食品安全风险预警模型，对肉制品检测数据进行了案例分析，验证了该预警模型的有效性。使用神经网络模型对食品安全风险进行预测预警的方法较为常见，这一方法具有较强的非线性拟合能力，但是对于数据量的要求很高，且拟合的结果缺少可解释性。姜同强等运用最大似然估计算法和贝叶斯网络建立白酒食品安全预警模型，针对影响白酒质量安全的金属污染物、农药残留、食品添加剂等主要因素，预测了白酒危害因子的风险值和食品安全风险程度。朱佳构建了关联规则模型，针对出口花生，根据项目分类对检测批次、检出批次和检出率进行了趋势分析，但是其研究范围较为有限，没有得到对食品安全风险的具体定量分析结果。此外，还有一些其他模型方法对食品安全风险进行预测预警分析：Sugita等基于主要消费食品中黄曲霉素的污染监测数据和对应人群消费数据，采用概率风险暴露评估模型，评估了日本国内黄曲霉素的膳食暴露情况，该方法的缺陷是对纳入模型的变量会有一定混杂后果；Geng利用层次分析法和集成极限学习模型，通过抽检数据源对所有过程特征信息进行线性比较，并利用中国质量监督体系部门资料库进行了验证；游清顺等基于食品安全抽检数据，分别采用Logistic回归、C4.5决策树、BP神经网络和支持向量机四种分类算法对抽检结果进行了预测，得到支持向量机算法在食品抽检数据上的预测准确率较高。

随机森林算法是由Leo Breiman在分类树的算法基础上（即在变量（列）和数据（行）的使用上）进行随机化，生成了很多分类树，最后汇总分类树的结果而得到的。随机森林模型引入了两个随机因素，即训练时随机选择样本与随机选择特征，具有很好的抗噪声能力，其在处理高维度数据时不需要进行特征选择也能达到较高的预测精度。国内外相关研究将随机森林算法广泛运用于风险预测，并能达到较高的预测准确率。Fantazzini和Figini将随机森林算法应用在SME信用风险管理中，提出了一种基于随机生存森林（RSF）的非参数方；赖成光建立了基于随机森林算法的洪灾风险评价模型；叶晓枫和鲁亚会利用随机森林算法建立了基于随机森林融合朴素贝叶斯的信用评估模型；马晓君等将PSO算法运用于基于加权随机森林模型的企业信用评级中，得到准确率优于传统的决策树、支持向量机的评级结果；苗立志等基于Spark和随机森林算法，对乳腺癌的发病情况进行了预测。

9.2 数据来源与变量定义

本章以食品安全不合格度为基础衡量食品安全风险指标，指标确定及数据来源具有权威性、客观性、可辨识性的特点。为满足指标的数据要求，结合实际情况，我们选择了国家食品质量监督检验中心和国家市场监督管理总局网站公布的2016—2019年山东省的全部食品安全监督抽检数据中的食品添加剂抽检数据2 934条，符合实证分析对指标数据质量和数量的要求。选择山东省食品添加剂抽检数据的原因如下：一方面，山东省食品工业发展具有显著代表性与说服力。山东省不仅是我国蔬菜产销大省，更是食品工业大省。山东省食品工业体系健全，目前已形成了包含农副产品加工业、食品制造业、酒/饮料和精制茶制造业4大门类、17个中类、46个小类的门类齐全完整的体系，形成了集生产保障、原料供给、资源开发、生态保护、经济发展、文化传承、市场服务等于一体的综合系统。2018年，山东省规模以上食品工业企业5 000余家，实现主营业务收入17 159亿元，约占全国食品工业主营收入16%；实现利润937亿元，约占全国食品工业利润12%；出口额为135亿美元，约占全国食品工业出口总额24%。截至2018年，山东省食品工业主营业务收入、利润额和出口额三项指标26年保持全国首位[①]。其中，2018年全省主营业务收入过10亿元的食品工业企业（集团）达到200多家，其中山东六和、临沂金锣、西王集团、青岛啤酒、渤海实业、香驰控股、诸城外贸、得利斯、烟台张裕、山东鲁花、龙大食品、阜丰集团12家企业主营业务收入过100亿元，8家企业入选2018年中国制造业500强榜单。与此同时，山东省的食品安全监管行动力度始终较大，相应食品质量安全抽检数据连续有效。因此，以山东省食品添加剂抽检数据为例进行食品安全风险预测研究，对我国食品安全风险研究具有代表性与说服力。另一方面，其他省份数据存在所辖城市数据不全、食品类别较少、抽检指标数据存在时间不连续等问题，依据现有有效指标数据无法进行实证分析。依据随机森林模型对指标数据处理的特征(既能处理连续型数据也能同时处理离散型数据；能够在模型训练过程中检测到特征属性（即解释变量）之间的关系，有效避免变量的多重共线性问题；对变量重要性排序，得到评价指标重要性的度量值，便于决策判断)，为了研究食品安全风险是否与其他因素有关，本章还引入了被抽样单位所在地理位置、生产企业所在城市地理位置以及被抽样单位所在城市GDP排名数据。

本章分析采用的食品添加剂抽检数据包括苯甲酸及其钠盐、二氧化硫、防腐剂混合用量、柠檬黄及其铝色淀、纽甜、日落黄及其铝色淀、

① 资料来源：佚名．改革开放40周年，山东省食品工业四大变化、六大成就［EB/OL］．［2022-02-02］．https：//www.sohu.com/a/282700929_767285.

山梨酸及其钾盐、糖精钠、甜蜜素、脱氢乙酸及其钠盐、胭脂红及其铝色淀、乙二胺四乙酸二钠、乙酰磺胺酸钾（安赛蜜）。由于不同年度的实际食品抽检数据因记录方式与内容详细程度并不一致，为满足建模的数据条件要求且不影响数据真实性，我们对原始数据进行了处理，包括剔除无效变量、处理某些抽检数据的不规则取值将其标准化、引入其他辅助变量等。

9.2.1 食品安全风险评价指标的选取

目前关于食品安全风险指数的理论研究尚处于初步探索阶段。李宗亮等采用检测值与标准限量值之间的比值$\frac{T_{ij}}{Min_{ij}}$（$\frac{T_{ij}}{Max_{ij}}$）来表征实际检测值靠近或远离标准值的程度。其中T_{ij}表示第i类待检测大类中第j项具体不合格项目的实际检测值，Min_{ij}和Max_{ij}分别表示第i类待检测大类中第j项具体不合格项目的最低标准限量值和最高标准限量值。当$T_{ij}<Min_{ij}$时，比值$\frac{T_{ij}}{Min_{ij}}$越大，表示T_{ij}与Min_{ij}越靠近，越接近合格水平；当$T_{ij}>Max_{ij}$时，比值$\frac{T_{ij}}{Max_{ij}}$越大，表示T_{ij}与Max_{ij}相差越大，越远离合格水平。以此构造食品安全风险指数为

$$D_{ij}=\begin{cases}1-\dfrac{T_{ij}}{Min_{ij}},\ 0<T_{ij}<Min_{ij}\\[2ex]1-\left(\dfrac{T_{ij}}{Max_{ij}}\right)^{-1},\ 0<Max_{ij}<T_{ij}\end{cases}\tag{9-1}$$

根据D_{ij}的定义可知，D_{ij}可以看作具体待测项目不合格程度的函数，其取值范围为0到1。

由于这种以食品安全不合格度为基础，衡量食品安全风险的指标不仅遵循“以食品中危害物为评价对象，依照国家食品安全法定标准刻画反映食品所处安全状态的不同特征信息”，同时也符合：①权威性，即以国家食品质量监督检验中心的抽检数据为基础，使食品安全风险评价结果具有一定的可靠性和可信度；②客观性，即以实际检测值与标准限量值的比值为基础，可以消除不合格项目类别不同、计量单位不同的影

响；③可辨识性，即食品安全风险指数介于0和1之间，便于标准性量化。因此，本章以式（9-1）作为食品安全风险评价指标。

9.2.2 食品添加剂抽检数据来源与变量定义

9.2.2.1 不规则取值的转化

在原始数据中存在某些变量，例如抽检编号、序号、食品名称、标称生产企业名称、检测机构、生产批号、公告号等，这些变量不适于量化分析，为便于后续量化，本章将此类变量剔除。在数据生成的过程中，由于一些变量的格式不统一，为保证分析的准确性，将这些不规则的变量取值作统一的规范化预处理。具体包括以下四个方面：

（1）被抽样单位地址记录不规范的处理

由于所有被抽样单位均位于山东省内，因此本章将生产企业的地址按照不同地市进行划分并进行切片处理，即归纳为“青岛”“济南”“烟台”“潍坊”“临沂”“济宁”“淄博”“菏泽”“德州”“威海”“东营”“泰安”“滨州”“聊城”“日照”“枣庄”16个类别，便于后续的统计分析与模型构建。

（2）标注生产企业地址记录不规范的处理

由于生产企业地址大多位于山东省内，位于山东省外的记录样本较少，因此本章将被抽样单位所在城市归纳为“青岛”“济南”“烟台”“潍坊”“临沂”“济宁”“淄博”“菏泽”“德州”“威海”“东营”“泰安”“滨州”“聊城”“日照”“枣庄”“其他”17个类别。

（3）不合格项目的处理及类别提取

在食品安全监督抽检工作中，对食品添加剂的检测以《食品安全国家标准 食品添加剂使用标准》（GB 2760—2014）为依据，该标准列示了近300种食品添加剂的使用范围和最大使用量等信息。在实际食品抽检过程中，被检出用量不符合标准的食品添加剂的种类较多，几乎涵盖国家标准中涉及的每类食品添加剂。为突出主要类别食品添加剂的风险问题且符合量化分析的实际性，本章根据原始抽检数据中不合格食品添加剂出现的频数，将不合格食品添加剂项目划分为“苯甲酸及其钠盐”“二氧化硫”“防腐剂混合用量”“柠檬黄及其铝色淀”“纽甜”“日落黄及其铝色淀”“山梨酸及其钾盐”“糖精钠”“甜蜜素”“脱氢乙酸及其钠盐”“胭脂红及其铝色淀”“乙二胺四乙酸二钠”“乙酰磺胺酸钾（安赛蜜）”“其他”共14类。

（4）食品分类的处理

我国用于界定食品添加剂使用范围的食品分类系统共有16大类[①]，每一大类下分若干亚类、次亚类、小类、次小类等。为了让数据尽可能平衡从而便于后面的分析，本章依据食品分类系统与抽检的原始数据中各类食品的频数大小，将抽检食品分类为“蔬菜及蔬菜制品”“肉及肉制品”“水果及水果制品”“餐饮食品”“水产品及水产制品”“糕点”“酒类”“调味品”“其他食品”共9类。

9.2.2.2　变量的处理

根据抽检数据进行食品安全风险预测的条件，本章对主要变量作如下处理：

（1）时间变量的处理

食品监督抽检数据中对抽检日期以及抽检食品的生产日期作了详细记载，为便于研究，本章对生产日期和抽检日期的字符串进行了数据提取，将生产年份、生产季度、抽检年份和抽检季度作为预测因子加入预测模型中分析。

（2）二分类变量的处理

在原始数据中，除散装或计量称重的食品外，其他食品的标称规格型号各不相同，除了没有明确标注商标的食品外，其他食品的商标大多具有独特性。考虑到原始数据这种特点，我们将其转化为二分类变量加入预测模型较为适当，即标称规格型号以是否散装或计量称重为标准区分为两类，而标称商标以有无商标为标准区分为两类。

（3）被抽样单位所在地理位置

为比较山东省不同地理位置被抽样单位的食品添加剂不合格情况，本章将被抽样单位所在地理位置作为预测因子加入风险预测模型中。山东省各地市按照地理位置可以分为“东部”、“西部”和“中部”三类，

① 根据《食品安全国家标准 食品添加剂使用标准》（GB 2760—2014）进行划分。

其中“东部”包括青岛、济南、烟台、潍坊、淄博、威海、东营、日照8个城市，“西部”包括临沂、菏泽、德州、滨州、聊城5个城市，“中部”包括济宁、泰安、枣庄3个城市。

（4）生产企业所在城市地理位置

由于抽检食品的生产企业除山东省内的各城市还包括省外其他城市，因此对于生产企业所在城市地理位置的划分除包括上述“东部”、“西部”和“中部”三类外，还包括“其他”。

（5）被抽样单位所在城市GDP排名

为比较不同经济发展状况的城市的食品添加剂不合格情况，以被抽样单位所在城市的2019年GDP总量为依据对城市进行排序，从1到16位依次为青岛、济南、烟台、潍坊、临沂、济宁、淄博、菏泽、德州、威海、东营、泰安、滨州、聊城、日照、枣庄。

经过上述数据整理，可得本章后续分析所需要的所有预测变量及其含义，见表9-1。

表9-1　**预测变量及其含义**

变量名称	变量含义	变量类别
Pro_city	生产企业所在城市	分类变量
Samp_city	被抽样单位所在城市	分类变量
Pro_location	生产企业所在城市地理位置	分类变量
Samp_location	被抽样单位所在城市地理位置	分类变量
Rank	被抽样单位所在城市GDP排名	连续变量
Weighing	是否散装或计量称重	分类变量
Class	食品分类	分类变量
Trademark	有无商标	分类变量
Item	不合格项目	分类变量
变量名称	变量含义	变量类别
Pro_year	生产年份	连续变量
Pro_quarter	生产季度	连续变量
Samp_year	抽检年份	连续变量
Samp_quarter	抽检季度	连续变量

9.3 食品添加剂安全风险指数现状分析

通过上述指标选取数据并进行处理，可以得到山东省食品添加剂的食品安全风险指数统计分析结果。

9.3.1 不同种类食品添加剂安全风险指数的描述性统计

2016—2019年山东省不同种类食品添加剂安全风险指数分析统计结果见表9-2。

表9-2 2016—2019年山东省不同种类食品添加剂安全风险指数

食品添加剂不合格项目	频数	平均风险指数				
		2016年	2017年	2018年	2019年	2016—2019年
苯甲酸及其钠盐	199	0.65	0.72	0.68	0.95	0.69
二氧化硫	90	0.89	0.90	0.80	0.71	0.86
防腐剂混合用量	67	0.44	0.36	0.34	0.32	0.37
柠檬黄、日落黄等色素	120	0.94	0.99	0.92	—	0.96
山梨酸及其钾盐	65	0.65	0.69	0.81	0.75	0.73
甜蜜素	86	0.75	0.61	0.75	0.15	0.71
脱氢乙酸及其钠盐	31	0.73	0.47	0.57	0.83	0.59
乙二胺四乙酸二钠	22	1	1	—	—	1
其他	73	0.86	0.50	0.90	0.84	0.81
总计	811	0.77	0.76	0.69	0.73	0.75

从不同种类食品添加剂的角度，分析2016—2019年的食品安全风险可知：从检出的不合格项目频数来看，苯甲酸及其钠盐被检出不合格的次数最多，其次是柠檬黄、日落黄等色素、二氧化硫和甜蜜素等人工甜味剂，这三类食品添加剂在所有不合格项目中占比接近50%；从食品安全风险指数来看，所有食品添加剂的年度平均食品安全风险指数为0.75。整体来看，这些主要类别食品添加剂的食品安全风险较为突出，

并且除防腐剂混合用量的年度平均食品安全风险指数最低为0.37外，各类食品添加剂的食品安全风险指数均显著高于0.5，其中柠檬黄、日落黄等色素的年度平均食品安全风险指数最高为0.96，二氧化硫、其他食品添加剂的年度平均食品安全风险指数都显著高于所有食品添加剂的年度平均食品安全风险指数①，说明在此期间这些类别食品添加剂的食品安全风险极高。

9.3.2 不同食品类别食品添加剂安全风险指数的描述性统计

2016—2019年山东省不同食品类别中食品添加剂安全风险指数分析统计结果见表9-3。

表9-3 2016—2019年山东省不同食品类别中食品添加剂安全风险指数

食品类别	频数	平均风险指数				
		2016年	2017年	2018年	2019年	2016—2019年
蔬菜及蔬菜制品	261	0.60	0.60	0.58	0.94	0.65
餐饮食品	82	0.78	—	—	0.67	0.78
糕点	55	0.74	0.40	0.34	0.64	0.50
其他食品	138	0.91	0.92	0.93	0.80	0.91
肉及肉制品	66	0.84	0.82	0.76	0.96	0.82
调味品	43	0.87	0.26	0.7	0.23	0.81
水果及水果制品	38	0.51	0.52	0.51	0.31	0.50
水产品及水产制品	59	0.88	0.96	0.74	0.77	0.88
酒类	37	0.97	0.80	0.95	—	0.94
合计	811	0.77	0.76	0.69	0.73	0.75

从不同食品类别角度，分析2016—2019年的食品安全风险可知：从检出的不合格项目频数来看，蔬菜及蔬菜制品的不合格次数最多，酒类的不合格次数最少；但从食品安全风险指数来看，酒类的年度平均食品添加剂风险指数为0.94，并且除了蔬菜及蔬菜制品、糕点与水果及水

① 乙二胺四乙酸二钠不允许添加于罐头和蔬菜制品中，但是2016年和2017年乙二胺四乙酸二钠在这两类食品中被检出，因此2016年和2017年乙二胺四乙酸二钠的平均风险指数均为1。

果制品的年度平均食品安全风险指数低于所有食品类别的平均食品安全风险指数0.75以外，其他类别食品的年度食品安全风险指数均高于此平均值，说明主要类别食品的安全风险也较为突出。酒类食品安全风险指数最高，而蔬菜及蔬菜制品的食品添加剂年度平均食品安全风险指数低于本章评价的所有食品种类的平均食品安全风险指数，说明不合格次数仅是一定时期内食品添加剂抽检不合格的绝对数量衡量，与客观的食品安全风险评价结果不具有正向对应性。

9.3.3 不同地区食品添加剂安全风险指数的描述性统计

2016—2019年山东省各城市食品添加剂安全风险指数分析统计结果见表9-4。

表9-4 2016—2019年山东省各城市食品添加剂安全风险指数

抽样单位所在城市	频数	平均风险指数				
		2016年	2017年	2018年	2019年	2016—2019年
青岛	81	0.79	0.75	0.93	0.70	0.81
济南	48	0.74	0.82	0.75	0.79	0.76
烟台	49	0.97	0.80	0.82	0.73	0.87
潍坊	55	0.73	0.72	0.75	0.87	0.74
临沂	54	0.76	0.75	0.43	0.43	0.71
济宁	45	0.95	0.61	0.75	1	0.84
淄博	27	0.66	1	0.41	—	0.67
菏泽	59	0.75	0.88	0.69	0.38	0.77
德州	53	0.81	0.38	0.59	0.82	0.68
威海	27	0.90	0.76	0.19	0.74	0.75
东营	22	0.72	1	0.62	0.31	0.31
泰安	35	0.81	0.45	0.47	—	0.63
滨州	34	0.65	0.61	0.47	0.74	0.56
聊城	140	0.64	0.91	0.67	0.79	0.74
日照	24	0.60	0.86	0.72	0.74	0.72
枣庄	59	0.88	0.76	0.90	1	0.84
总计	811	0.77	0.76	0.69	0.73	0.75

从不同地区角度，分析2016—2019年的食品安全风险可知：从检出的不合格项目频数来看，聊城的不合格项目次数最多，东营的不合格项目次数最少，这与城市食品产销的整体情况、食品产业规模等因素直接相关；从食品安全风险指数来看，按照年度平均食品安全风险指数从高到低排序依次为烟台、济宁、枣庄、青岛、菏泽、济南、威海、潍坊、聊城、日照、临沂、德州、淄博、泰安、滨州、东营，其中烟台、济宁、枣庄、青岛、菏泽、济南这6个城市的年度平均食品安全风险指数高于本章所评价的所有城市平均食品安全风险指数0.75。从平均值的比较来看，食品安全风险较为突出的城市主要集中在这6个主要城市；不合格项目次数的排序结果也不与食品安全风险评价结果完全正向对应，但从东营的不合格项目次数与年度平均食品安全风险指数均最小来看，城市的食品安全风险评价与城市规模、食品产业链布局等密切相关。

9.4 基于随机森林模型的食品安全风险指数预测及结果分析

9.4.1 模型构建

利用R软件建立食品添加剂的食品安全风险指数随机森林预测模型。其中主要用到R软件中的random Forest函数，该函数的参数及其含义见表9-5。

在使用函数random Forest( )时，该函数存在默认的节点所选变量个数以及决策树的数量，但是在大多数情况下，该默认值并不一定是最优的参数值。因此，在构建随机森林模型时，需要进一步确定最优的参数值。其中，对于决策树节点分支所选择变量个数的确定，普遍采用逐一增加变量的方法进行建模，最后寻找到最优模型。影响随机森林模型拟合效果的因素主要有两个：一是决策树节点分支所选择的变量个数；二是随机森林模型中决策树的数量。对此，需要进一步确定其他参数值。

表9-5　　random Forest函数参数及其含义

参数	含义
max_features(mtry)	随机森林划分时考虑的最大特征数，默认为None，即划分时考虑所有的特征数
max_depth	随机森林中决策树的最大深度，默认为None，即决策树在建立子树的时候不会限制子树的深度
min_samples_split	内部节点再划分所需最小样本数，默认为2。该值限制了子树继续划分的条件，如果某节点的样本数少于该值，则不会继续再尝试选择最优特征来进行划分
max_leaf_nodes	最大叶子节点数，默认是None，即不限制最大的叶子节点数
min_impurity_split	节点划分最小不纯度，默认值1e-7。这个值限制了决策树的增长，如果某节点的基尼不纯度小于这个阈值，则该节点不再生成子节点，即为叶子节点
splitter	选择特征属性的方法，包括随机选择特征属性和基于不纯度选择特征属性两种方式
n_estimators(ntree)	对原始数据集进行有放回抽样生成的子数据集个数，即随机森林模型中决策树的个数
bootstrap	是否对样本集进行有放回抽样来构建决策树，默认值为True

9.4.1.1　mtry值的确定

参数mtry是决定随机森林中决策树节点分支所选择的变量个数。在随机森林模型中，该参数的默认值为变量个数的三分之一。在构建随机森林模型时，一般通过逐次调试以选择最优的mtry值。首先设定ntree值为500，mtry取值范围为［1：14］，重复试验14次，得到所有14个模型的残差平方和并进行比较，接着设定ntree值为1 000，重复上述试验步骤并与ntree值取500时进行对比分析，得到表9-6所示的结果。

表9-6　随机森林模型残差平方和变化趋势

ntree=500时 mtry值	残差平方和	ntree=1 000时 mtry值	残差平方和
1	0.0588	1	0.0586
2	0.0497	2	0.0489
3	0.0473	3	0.0474
4	0.0466	4	0.0467
5	0.0462	5	0.0462
6	0.0463	6	0.0461
7	0.0462	7	0.0464
8	0.0459	8	0.0460
9	0.0463	9	0.0464
10	0.0459	10	0.0464
11	0.0462	11	0.0465
12	0.0473	12	0.0461
13	0.0469	13	0.0466
14	0.0463	14	0.0463

由表9-6可见，无论随机森林模型中决策树的个数是500还是1 000，当mtry取值为8时，模型的残差平方和都是最小的。因此，在随机森林划分时考虑的最大特征数mtry设定为8。

9.4.1.2　决策树数量ntree的确定

在确定随机森林模型的决策树数量时，因模型本身构建随机森林的要求，该参数取值不宜偏小。此外，对于该参数的确定还存在一个原则，即尽量使每一个样本都至少能进行几次预测。将ntree分别取300、500、800和1 000时，当ntree在800时模型预测误差最小并趋于稳定，因此可将模型中的决策树数量确定为800。

综上，本章构建的随机森林模型是决策树节点处变量个数为8，模型中决策树数量为800的模型。

9.4.2 结果分析

通常采用计算预测值和实际值间的差值的方法来衡量模型预测的效果。经常采用的评估标准有以下四种：平均绝对误差（Mean Absolute Error，*MAE*）、均方误差（Mean Squared Error，*MSE*）、均方根误差（Root Mean Squared Error，*RMSE*）、标准化平均绝对方差（*NMSE*）。

设N为样本数量，y_i为实际值，y_i'为预测值，那么平均绝对误差*MAE*、均方误差*MSE*、均方根误差*RMSE*、标准化平均绝对方差*NMSE*的定义如下：

$$MAE=\frac{1}{N}\sum_{i=1}^{N}\left|y_i-y_i'\right| \tag{9-2}$$

$$MSE=\frac{1}{N}\sum_{i=1}^{N}\left|y_i-y_i'\right|^2 \tag{9-3}$$

$$RMSE=\sqrt{MSE}=\sqrt{\frac{1}{N}\sum_{i=1}^{N}\left|y_i-y_i'\right|^2} \tag{9-4}$$

$$NMSE=\frac{\frac{1}{N}\sum_{i=1}^{N}\left|y_i-y_i'\right|^2}{\frac{1}{N}\left(\frac{1}{N}\sum_{i=1}^{N}y_i-y_i'\right)^2} \tag{9-5}$$

其中*MAE*虽能较好衡量回归模型的好坏，但是绝对值的存在导致函数不光滑，在某些点上不能求导。利用*MSE*对此进行改进，由于*MSE*与目标变量的量纲不一致，为了保证量纲一致性，可以对*MSE*进行开方，得到均方根误差*RMSE*。利用平均绝对误差和均方误差对均方根误差进行标准化改进，通过计算拟评估模型与以均值为基础的模型之间准确性的比率，标准化平均绝对方差取值范围通常为比率越小，模型越优于以均值进行预测的策略。

该模型分别在训练集和测试集上的误差评价指标见表9-7。

表9-7　训练集和测试集的随机森林模型预测结果

	平均绝对误差（*MAE*）	均方误差（*MSE*）	均方根误差（*RMSE*）	标准化平均绝对方差（*NMSE*）
训练集	0.0754	0.0112	0.1057	0.1242
测试集	0.1525	0.0434	0.2082	0.4506

由表9-7可见，虽然测试集上的预测误差稍大于训练集，但是无论是在训练集还是测试集上，预测的*MAE*、*MSE*、*RMSE*和*NMSE*都是在模型预测可接受的范围之内。

此外，依据随机森林模型预测结果评价常用指标，本章给出了两种度量预测因子重要性的评价标准。其中相对重要性（%IncMSE）是以均方误差的平均递减衡量变量的重要性，节点纯度（IncNodePurity）则是从精确度的平均递减衡量变量的重要性。根据上述两种评价标准，各变量对食品安全风险指数预测的重要性排序如图9-1所示。

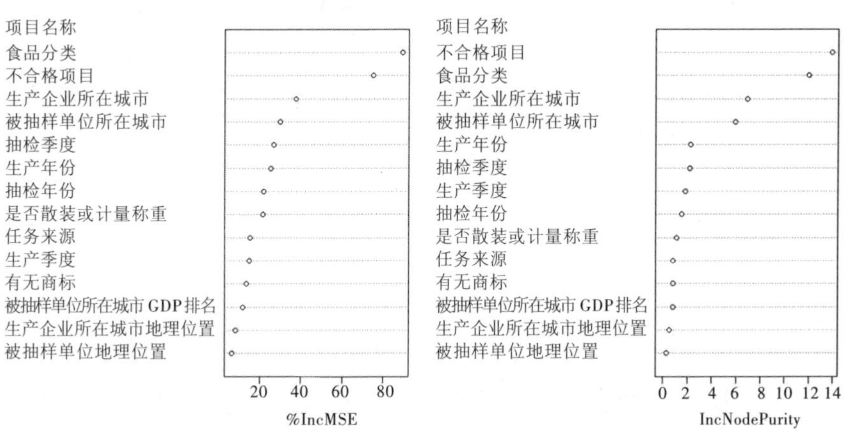

图9-1　随机森林模型中各变量重要性排序

由图9-1可见，根据%IncMSE度量标准，上述变量对食品添加剂的食品安全风险预测重要性排序为：食品分类>不合格项目>生产企业所在城市>被抽样单位所在城市>抽检季度>生产年份>抽检年份>是否散装或计量称重>任务来源>生产季度>有无商标>被抽样单位所在城市GDP排名>生产企业所在城市地理位置>被抽样单位地理位置。根据IncNodePurity度量标准，上述变量对食品添加剂的食品安全风险预测重要性排序为：不合格项目>食品分类>生产企业所在城市>被抽样单位所在城市>生产年份>抽检季度>生产季度>抽检年份>是否散装或计量称重>任务来源>有无商标>被抽样单位所在城市GDP排名>生产企业所在城市地理位置>被抽样单位地理位置。从这两个度量标准的排序结果来看，上述变量对食品安全风险指数预测的重要性排序整体上较为相近，尤其是排序在最后四位的变量及其顺序完全一致。该结果说明食品有无商标、被抽样城市的经济发展水平以及生产企业和抽样企业的地理位置对于食品添加剂的安全风险影响较小，预测过程中的重要性较低。而食品分类和具体食品添加剂项目对于食品添加剂的安全风险影响较大，是直接影响食品安全风险预测的最为重要的关键变量，体现了食品添加剂在不同类食品上使用的区别性较大与被检测不合格项目类别对食品添加剂风险检测的重要性。结合我国抽检的具体情况来看，在所有16大类食品中，淀粉及淀粉制品、糕点、蔬菜及蔬菜制品以及餐饮食品较其他类食品更易检出食品添加剂使用不合格情况，而且糕点中检出的食品添加剂使用不合格情况主要为防腐剂用量、脱氢乙酸及其钠盐和铝的残留量不符合要求等，而蔬菜及其制品中检出的食品添加剂使用不合格情况主要为二氧化硫残留量和苯甲酸及其钠盐等。①

除食品分类和具体食品添加剂项目以外，食品生产企业、被抽样单位所在城市是第二大类重要变量，也间接反映了不同城市的食品安全抽检力度等监管行动的差异性对食品添加剂相应的食品安全风险治理极为重要。以山东省威海市为例，2019年威海市市场监督管理局共安排市和区市两级食品抽检监测计划2.5万余批次，计划抽检数量达到每千人9批次，在山东省乃至全国范围内均处于领先水平。2019年6月18日至6月30日，威海市开展了主题为“尚德守法，食品安全让生活更美好”的食品安全宣传周活动，以促进威海市食品行业的高质量发展，切实保障人民群众“舌尖上的安全”。威海市的食品添加剂安全风险指数较低与该市食品安全监管严格、监管执行有效有着直接联系。②抽检季度相比抽检年份对食品安全风险预测的影响更为重要，

① 陶庆会，杨雪，宋玉洁，等．2017～2019年全国食品安全抽检情况分析［J］．食品工业科技，2021，42（7）．

② 连宁燕．今年威海食品抽检计划2.5万余批次［N］．齐鲁晚报，2019-06-20（W02）．

这反映出食品质量安全抽检频次不宜过低，不定期相对高频次的抽检把关更易于管控食品安全风险；生产年份相对于生产季度对食品安全风险预测的影响更为重要，一定程度上反映出食品添加剂的使用具有一定年度周期性特征。

9.5 本章小结

本章针对食品添加剂抽检数据特征，利用山东省2016—2019年食品添加剂抽检数据，以食品安全抽检数据的检测值和标准值为基础，构造取值范围为0到1的食品安全风险指数，从不同种类食品添加剂、不同食品类别与不同地区的角度分别统计了食品添加剂的食品安全风险指数。在此基础上，利用随机森林模型预测了食品安全风险指数，并对影响预测的变量重要性进行了排序，得到如下研究结论：一是通过构建随机森林模型，实现了对食品安全风险指数的较好预测效果。根据建立的随机森林模型可以看出，虽然测试集上的预测误差稍大于训练集，但是无论在训练集还是测试集上，预测的*MAE*、*MSE*、*RMSE*和*NMSE*都是在模型预测可接受的范围之内。二是通过随机森林模型对变量重要性的排序结果来看，食品类别与食品添加剂不合格项目是直接影响食品安全风险预测的最为重要的关键变量，食品生产企业、被抽样单位所在城市是第二大类重要变量。本章的研究结果为我国食品安全风险评价与预测提供了现实参考，据此提出以下政策建议：

（1）建立抽检监测预警系统与健全食品质量安全可追溯体系。由于食品添加剂在不同类别食品上使用的区别性较大，并且考虑到被检测不合格项目类别对食品添加剂风险检测的重要性，政府有关部门在实施食品抽检工作过程中需要有针对性地进行抽检监测，科学制订实施食品抽检监测计划，建立对重点抽样监测区域、食品种类、检测项目等多项指标的预警模型系统，有效实施动态监测预警机制，将预测风险程度较高以及风险指数水平呈上升趋势的食品类别或者检测项目作为食品安全抽样检验工作计划的重点。对于各类食品尤其是预测风险程度较高的类别食品，依据可行条件逐步建立健全食品质量安全可追溯体系，匹配建立食品企业信用体系，设置与落实配套的奖惩细则，全面有效实施食品安全战略。

（2）建立智慧监管新模式与提升食品安全治理现代化水平。根据本章的研究结果，山东省食品安全风险较为突出的区域主要集中在烟台、济宁、枣庄、青岛、菏泽、济南这6个城市，可见不同城市的食品安全抽检力度等监管行动的差异性对食品添加剂相应的食品安全风险预测和治理影响显著，需要适当提升这些地区的食品监督抽检与风险监测水平。在实际监管工作环节，结合时代发展背景，推动“互联网+”与食品安全监管工作深度融合，利用云计算、区块链、大数据等技术，建立区域性食品安全风险的智慧监管新模式，通过数据信息互联共享实现省域乃至全国性的食品安全风险预测预警联动网络，使得食品安全风险管控更加及时化、精细化、智能化，全面提升食品安全治理现代化水平。

（3）形成消费端倒逼与社会共治的食品安全风险治理新局面。通过对食品质量安全标准等专业知识的了解，使消费者建立正确的食品安全风险防范意识，积极利用相关法律法规维护自身权益，提高监督举报与维权行动自主性，通过消费端倒逼上游食品安全风险相关主体严格规范食品产销的安全行为。同时，建立权责机制激励食品行业协会、消费者协会等组织以及相关科研机构充分发挥专业作用，形成食品安全风险社会共治的良好局面。

第10章　线上线下产品质量安全水平与价格的差异分析

随着网络购物的广泛兴起，线上和线下成为产品经营主体两个同样重要的销售渠道。近年来，网络产品质量安全问题频现，人们通常认为，尽管线上销售的产品的价格比线下销售的产品的价格低一些，但相应的产品质量安全水平也有所降低。2013年11月，国家质检总局电子商务产品质量风险监测中心落户杭州。2016年，该中心抽查了6 891批网上样品，其中不合格产品有2 122批，线上产品与线下产品相比质量安全水平相对较低。2017年6月28日，中国消费者协会发布的《部分商品线上线下质量、价格调查报告》显示：本次调查样本共计62对124个，涉及食品、厨房用品、日化用品、服装类产品、化妆品、电子产品、婴幼儿用品共7类商品。报告指出，商品质量线上线下总体表现良好，但仍有个别线上线下商品存在同个不同质的情况，线下商品质量一般好于线上商品质量，反映出个别企业针对线上线下存在质量上的双重标准。其中几款线上商品被检测指标项不符合国家相关标准要求，依法应判定为次品或废品，却仍然冒充合格产品在线销售。消费者在线上购买某种商品时，对其质量安全水平的认识和期望都是以该商品线下销售时所呈现的质量安全水平为基础的。如果线上线下存在质量安全水平差异，线上购买的商品就达不到消费者的预期，消费者权益就会受到损害。

网络销售相对于实体店交易具有更为突出的市场信息不对称问题。消费者无法直接接触产品，只能依靠网页所提供的相关信息来判断产品质量安全水平。Shaked和Sutton分析了垄断竞争下产品具有质量差异化时市场均衡价格。Wolinsky分析认为价格可以作为区分质量的信号，每个价格信号都超过其对应质量的边际生产成本。Jacobson和Aaker发现产品质量能够发挥战略性作用，分析了产品质量和其他策略变量的交互反馈，认为产品质量策略的成功实施能够增加企业利润。Berry和Waldfogel分析了产品质量与市场规模的关系，认为产品平均质量随市场规模扩大而提高。赵菊等针对不同典型类别消费者，通过产品质量成本比率分析了产品质量递增序贯推出、递减序贯推出和同时推出三种不同策略下的产品动态定价问题。李世刚等分析了收入分配对产品质量分布的影响，认为收入差距基尼系数的提高会导致产品质量向质量谱的更低端集中。董春晓和慕玲认为，互联网交易平台的价格信号供给过剩，导致消费者需求的质量弹性低、价格弹性高，确保质量信息供给充分是解决线上产品质量安全问题的关键。权薇等分析认为，网络交易的虚拟性在一定程度上限制了以往抽查机制的有效作用，提出区别对待线上交易与传统线下交易的商品在流通渠道、经济形态等方面的差异。吴传良等分析了零售商主导型二级供应链中产品质量与价格决策，认为对于质量敏感性较高的产品，实施价格激励有利于零售商和生产商提升利润。李博分析认为，线上线下同价策略能帮助零售商扩大市场份额，但是可能会减少利润。刘晓峰和顾领基于Hotelling博弈模型，利用博弈论和仿真定量分析，考虑线上线下混合渠道产品线不同定价策略，研究表明：线上线下同价虽然在一定程度上减少了消费者的渠道转换，却是以牺牲线下渠道利润为代价的。薛蓉娜和赵合根据消费者和厂商对产品质量的敏感度等分析了双边市场定价问题。汪旭晖等利用实验方法分析了线上线下产品价格对多渠道零售商品牌权益等维度的影响。

现有线上线下产品质量安全水平与价格的相关研究多从营销策略视角进行，具体针对产品制造商线下间接或者直接销售产品的不同情况，对其线上线下产品质量安全水平与零售价格进行决策和比较分析较为缺乏。对此，本章以一个制造商生产某产品，并且通过线上和线下两个渠道同时进行产品销售为背景，分析制造商线下通过零售商间接销售产品与线下直接销售产品两种不同情况下的产品质量安全水平与零售价格，同时对制造商依据线上线下产品销售总利润决策与分别依据线上线下产品销售利润决策进行了分析。通过比较分析线上和线下产品质量安全水平与零售价格的关系及其关联性，总结提炼线上线下产品质价关系，为提高产品质量安全水平，促进形成优质优价的市场机制提供参考依据。

10.1 模型建立与问题描述

本章分析的问题是一个制造商生产的产品如何通过线上与线下两个渠道进行销售。关于线上渠道，制造商是通过电商平台将产品销售给消费者，制造商根据自身利润最大化决定产品零售价格 p_{on}[①]。关于线下渠道，制造商可能是通过零售商销售给消费者，此时制造商根据自身利润最大化决定的产品批发价为 w_{of}，零售商根据自身利润最大化决定的边际加价为 m_{of}，销售给消费者的产品零售价格为 p_{of}；制造商也可能线下直接销售产品给消费者，此时线下产品零售价格仍记为 p_{of}。具体的产品销售渠道框架如图10-1所示。

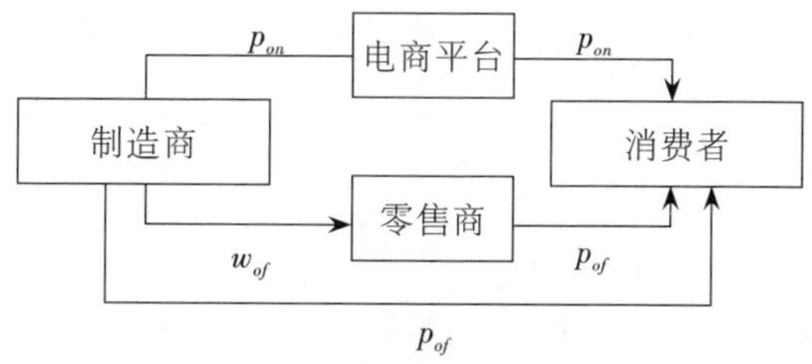

图10-1　产品销售渠道框架

① 制造商通过电商平台进行产品销售时，尽管非自营的电商平台会采取会员费、广告费、增值服务费等方式向制造商收取费用，但相比于制造商支付给线下实体零售商的费用，该费用较少。本章将此类费用归入价格所包含的基本单位成本，所以制造商通过电商平台销售给消费者的产品零售价格就是制造商直接决定的价格。

制造商决定的线上产品零售价格与线下产品批发价格或者零售价格主要是由产品质量安全水平及相应的单位成本决定的。制造商线下通过零售商销售产品时的批发价格为$w_{of}=c_1+rq_{of}$，线下产品零售价格为$p_{of}=w_{of}+m_{of}$；制造商线下直接销售产品给消费者，线下产品零售价格为$p_{of}=c_1+rq_{of}$。线上产品零售价格均为$p_{on}=c_2+rq_{on}$。其中，c_1、c_2分别表示制造商进行线下与线上产品销售时的单位成本，并且按照实际情况，线下产品销售的成本普遍高于线上产品销售的成本，即有$c_1>c_2$；r表示产品的质量安全价格敏感度；q_{of}、q_{on}分别表示线下与线上产品的质量安全水平，它们是由制造商决定的变量。

相应的线下与线上产品需求函数分别为$D_{of}=\alpha_1\mathrm{a}-\beta_1p_{of}+\delta(p_{on}-p_{of})$，$D_{on}=\alpha_2\mathrm{a}-\beta_2p_{on}-\delta(p_{on}-p_{of})$。其中，$\alpha_1$、$\alpha_2$分别表示线下与线上产品的市场需求份额，并且$0<\alpha_1<1$，$0<\alpha_2<1$，$\alpha_1+\alpha_2\leqslant 1$；a表示此类产品的全部市场基本需求量；$\beta_1$、$\beta_2$分别表示线下与线上产品的价格需求敏感度；$\delta$表示线上与线下产品需求的交叉价格敏感度。

10.1.1 制造商线下经零售商间接销售产品的情况

零售商与制造商的目标是最大化自身利润，相应的零售商与制造商的利润最大化模型分别如下：

$$\max \pi_{of}^{R}(m_{of})=m_{of}D_{of} \tag{10-1}$$

$$\max \pi^{M}(w_{of},\ q_{on})=\pi_{of}^{M}(q_{of})+\pi_{on}^{M}(q_{on})=w_{of}D_{of}+p_{on}D_{on}-\frac{1}{2}\theta q_{of}^2-\frac{1}{2}\theta q_{on}^2 \tag{10-2}$$

其中$\pi_{of}^{M}(w_{of})=w_{of}D_{of}-\frac{1}{2}\theta q_{of}^2$，$\pi_{on}^{M}(q_{on})=p_{on}D_{on}-\frac{1}{2}\theta q_{on}^2$分别表示线下产品零售商利润与线上产品制造商利润。

由逆向回推法，可得如下分析结果：

首先，由零售商利润最大化模型的最优条件$\frac{d\pi_{of}^{R}(m_{of})}{dm_{of}}=0$，$\frac{d^2\pi_{of}^{R}(m_{of})}{dm_{of}^{\ 2}}=-2(\beta_1+\delta)<0$，可得零售商的最优边际加价表达式为$m_{of}=\frac{\alpha_1\mathrm{a}-(\beta_1+\delta)c_1+\delta c_2+\delta rq_{on}-(\beta_1+\delta)rq_{of}}{2(\beta_1+\delta)}$。

其次，将 m_{of} 代入制造商利润表达式 $\pi^M(w_{of},\ q_{on})$，由一阶最优条件 $\frac{\partial \pi^M(w_{of},\ q_{on})}{\partial w_{of}}=0$，$\frac{\partial \pi^M(w_{of},\ q_{on})}{\partial q_{on}}=0$，以及相应的二阶条件Hesse矩阵 $H=\begin{pmatrix} -(\beta_1+\delta)-\frac{\theta}{r^2} & \delta \\ \delta & \frac{\delta^2}{\beta_1+\delta}-2(\beta_1+\delta)-\frac{\theta}{r^2} \end{pmatrix}$，其各阶顺序主子式依次为 $H_1^*=-(\beta_1+\delta)-\frac{\theta}{r^2}<0$，$H_2^*=2\beta_1 r^2(\beta_1+2\delta)+(\frac{3\beta_1{}^2+6\beta_1\delta+2\delta^2}{\beta_1+\delta}+\frac{\theta}{r^2})\frac{\theta}{r^2}>0$，可知Hesse矩阵负定，即满足二阶最优条件。

因此，制造商线上和线下的产品质量安全水平分别为 $q_{on}^*=\frac{\delta rA_1+[(\beta_1+\delta)r+\frac{\theta}{r}]B_1}{H_2{}^*}$，$q_{of}^*=\frac{\delta rq_{on}^*+A_1}{(\beta_1+\delta)r+\frac{\theta}{r}}$。其中 $A_1=\frac{1}{2}\alpha_1 \mathrm{a}-(\beta_1+\delta)c_1+\delta c_2$，$B_1=\frac{\delta}{2(\beta_1+\delta)}\alpha_1\mathrm{a}+\alpha_2\mathrm{a}+\delta c_1+[\frac{\delta^2}{\beta_1+\delta}-2(\beta_1+\delta)]c_2$。

比较 q_{on}^* 与 q_{of}^* 可见，若 $q_{on}^*<\frac{A_1}{\beta_1 r+\frac{\theta}{r}}$，则有 $q_{of}^*>q_{on}^*$；若 $q_{on}^*\geqslant\frac{A_1}{\beta_1 r+\frac{\theta}{r}}$，则有 $q_{of}^*\leqslant q_{on}^*$。相应地，根据线上和线下产品零售价格与其质量安全水平的关系，比较 p_{of}^* 与 p_{on}^* 可见，当 $q_{on}^*<\frac{A_1(\beta_1+\delta)+(\beta_1+\delta+\frac{\theta}{r^2})[\alpha_1\mathrm{a}+(\beta_1+\delta)c_1-(2\beta_1+\delta)c_2]}{2\beta_1 r(\beta_1+\delta)+\frac{\theta}{r}(\delta+1)}$ 时，则有 $p_{of}^*>p_{on}^*$；否则 $p_{of}^*\leqslant p_{on}^*$。

综上可得如下结论：

结论10.1　当制造商线下经零售商间接销售产品时，线上和线下产品质量安全水平与零售价格的大小关系如下：

（1）如果线上产品质量安全水平低于某一水平值，那么线下产品质量安全水平就会高于线上产品质量安全水平；否则，如果线上产品质量安全水平不低于该水平值，那么线下产品质量安全水平就不会高于线上产品质量安全水平。

（2）如果线上产品质量安全水平低于某一水平值，那么线下产品零售价格就会高于线上产品零售价格；否则，如果线上产品质量安全水平不低于该水平值，线下产品零售价格就不会高于线上产品零售价格。

（3）因为上述两个线上产品质量安全水平比较的临界值不同，即 $\dfrac{A_1}{2\beta_1 r+(\dfrac{\delta+1}{\beta_1+\delta})\dfrac{\theta}{r}}<\dfrac{A_1}{\beta_1 r+\dfrac{\theta}{r}}$，所以根据线上和线下产品质量安全水平与零售价格各自比较的大小关系，无法明确产品质量安全水平之间的比较关系与零售价格之间的比较关系的关联性。

10.1.2 制造商线下直接销售产品的情况

当制造商线下直接负责销售产品时，相应的制造商利润最大化模型如下：

$$\max \pi^M(q_{of},\ q_{on})=p_{of}D_{of}+p_{on}D_{on}-\frac{1}{2}\theta q_{of}^2-\frac{1}{2}\theta q_{on}^2 \tag{10-3}$$

由一阶最优条件 $\dfrac{\partial\pi^M(q_{of},\ q_{on})}{\partial q_{of}}=0$，$\dfrac{\partial\pi^M(q_{of},\ q_{on})}{\partial q_{on}}=0$，以及相应的二阶条件 Hesse 矩阵 $H=\begin{pmatrix}-[2(\beta_2+\delta)r^2+\theta] & 2\delta r^2\\ 2\delta r^2 & -[2(\beta_1+\delta)r^2+\theta]\end{pmatrix}$，其各阶顺序主子式依次为 $H_1^{**}=-[2(\beta_2+\delta)r^2+\theta]<0$，$H_2^{**}=4(\beta_2{}^2+2\beta_2\delta)r^4+\theta^2+4(\beta_2+\delta)\theta r^2>0$，即满足二阶最优条件。因此，当制造商线下直接销售产品时，制造商线上与线下的产品质量安全水平分别为 $q_{on}^{**}=\dfrac{[2(\beta_1+\delta)r^2+\theta]A_2+2\delta r^2B_2}{\dfrac{H_2{}^{**}}{r}}$，$q_{of}^{**}=q_{on}^{**}+\dfrac{(2\beta_2 r+\dfrac{\theta}{r})q_{on}^{**}-A_2}{2\delta r}$。其中 $A_2=\alpha_2\mathrm{a}+2\delta c_1-2(\beta_2+\delta)c_2$，$B_2=\alpha_1\mathrm{a}-2(\beta_1+\delta)c_1+2\delta c_2$。

比较 q_{on}^{**} 与 q_{of}^{**} 可见，若 $q_{on}^{**}>\dfrac{A_2}{2\beta_2 r+\dfrac{\theta}{r}}$，则有 $q_{of}^{**}>q_{on}^{**}$；若 $q_{on}^{**}\leqslant$

$\dfrac{A_2}{2\beta_2 r + \dfrac{\theta}{r}}$，则有 $q_{of}^{**} \leqslant q_{on}^{**}$。

相应地，比较 p_{of}^{**} 与 p_{on}^{**} 可见，当 $q_{on}^{**} > \dfrac{A_2}{2\beta_2 r + \dfrac{\theta}{r}} - \dfrac{2\delta r(c_1 - c_2)}{2\beta_2 r^2 + \theta}$ 时，则有 $p_{of}^{**} > p_{on}^{**}$；否则 $p_{of}^{**} \leqslant p_{on}^{**}$。相应地，根据线上和线下产品零售价格与其质量安全水平的关系，比较 p_{of}^{**} 与 p_{on}^{**} 可见，若 $q_{of}^{**} > q_{on}^{**}$，必有 $p_{of}^{**} > p_{on}^{**}$；若 $p_{of}^{**} \leqslant p_{on}^{**}$，必有 $q_{of}^{**} \leqslant q_{on}^{**}$。

综上可得如下结论：

结论 10.2　当制造商线下直接销售产品时，线上和线下产品质量安全水平与零售价格的关系如下：

（1）如果线上产品质量安全水平高于某一相对较高水平值，那么线下产品质量安全水平会更高于线上产品质量安全水平；否则，如果线上产品质量安全水平不高于该水平值，线下产品质量安全水平反而不会高于线上产品质量安全水平。

（2）如果线上产品质量安全水平高于某一相对较低水平值，那么线下产品零售价格会高于线上产品零售价格；否则，如果线上产品质量安全水平不高于该水平值，线下产品零售价格也不会高于线上产品零售价格。

（3）根据上述产品质量安全水平的临界值可见，若线下产品质量安全水平高于线上产品质量安全水平，相应的线下产品零售价格必高于线上产品零售价格；若线下产品零售价格不高于线上产品零售价格，相应的线下产品质量安全水平必然不高于线上产品质量安全水平。

10.1.3　制造商线下间接销售产品与直接销售产品的结论比较

比较制造商线下间接销售产品与直接销售产品的两种情况，可知：

首先，如果是制造商线下通过零售商间接销售产品给消费者，那么制造商决定的产品质量安全水平具有如下特点：线上产品质量安全水平相对较低时，线下产品质量安全水平会更高于线上产品质量安全水平；但是当线上产品质量安全水平相对较高时，线下产品质量安全水平不会高于较高的线上产品质量安全水平。相应的产品零售价格也具有同样特点。然而，线上与线下产品零售价格和质量安全水平之间没有必然明确的联动关系。

其次，如果是制造商线下直接销售产品给消费者，那么制造商作为产品线下和线上销售的唯一主体，其决定的产品质量安全水平具有如下特点：当线上产品质量安全水平相对较高时，线下产品质量安全水平会更高于线上产品质量安全水平；当线上产品质量安全水平相对较低时，线下产品质量安全水平比线上产品质量安全水平还要低。相应的产品零售价格体现了优质优价与低价低质，但低质未必低价、价优未必质优的特点。

因此，仅从线上与线下产品零售价格方面无法明确判断产品质量安全水平的高低。并且，制造商在线下直接或者间接销售产品对线上和线下产品质量安全水平高低具有显著影响。若线下产品由零售商负责销售，那么线上和线下产品质量安全水平更符合线上高与线下低的普遍规律。而当线上与线下产品销售都是由制造商直接负责，由于线上和线下产品销售利润的联动作用，两个渠道的产品质量安全水平规律与前者具有较大差异。

10.2 线下产品质量安全水平优先决策的情况分析

传统制造商通常是进行线下产品销售，对线下产品质量安全水平进行决策。随着电子商务的快速发展，电商平台成为许多制造商进行产品营销的另一重要渠道。对此，本节分析制造商依据线上产品与线下产品各自销售的利润最大化分别进行线上和线下产品质量安全水平决策。制造商依据线上和线下产品需求函数，在考虑线上产品质量安全水平的前提下，对线下产品质量安全水平进行决策。

10.2.1 制造商线下经零售商间接销售产品的情况

将上述分析所得的零售商边际加价 m_{of}，代入制造商线下产品销售利润函数表达式。根据 $\max \pi_{of}^{M}(q_{of})=w_{of}D_{of}-\frac{1}{2}\theta q_{of}^{2}$ 的最优条件 $\frac{d\pi_{of}^{M}(q_{of})}{dq_{of}}=0$，$\frac{d^{2}\pi_{of}^{M}(q_{of})}{dq_{of}^{2}}=-[r^{2}(\beta_{1}+\delta)+\theta]<0$，有 $q_{of}^{M*}=\frac{\frac{1}{2}\alpha_{1}\mathrm{a}-(\beta_{1}+\delta)c_{1}+\frac{1}{2}\delta c_{2}+\frac{1}{2}\delta r q_{on}^{M*}}{r(\beta_{1}+\delta)+\frac{\theta}{r}}$。

因此，可得 $q_{of}^{M*}-q_{on}^{M*}=\frac{\frac{1}{2}\alpha_{1}\mathrm{a}-(\beta_{1}+\delta)c_{1}+\frac{1}{2}\delta c_{2}-[r\beta_{1}+\frac{1}{2}\delta r+\frac{\theta}{r}]q_{on}^{M*}}{r(\beta_{1}+\delta)+\frac{\theta}{r}}$。若 $q_{on}^{M*}<\frac{\alpha_{1}\mathrm{a}-2(\beta_{1}+\delta)c_{1}+\delta c_{2}}{r(2\beta_{1}+\delta)+\frac{2\theta}{r}}$，则有 $q_{of}^{M*}>q_{on}^{M*}$；否则 $q_{of}^{M*}\leqslant q_{on}^{M*}$。相应地，根据价格差额 $p_{of}^{M*}-p_{on}^{M*}$ 可见：若 $q_{on}^{M*}<\frac{\alpha_{1}\mathrm{a}-2(\beta_{1}+\delta)c_{1}+\delta c_{2}}{r(4\beta_{1}+\delta)+\frac{2(2\beta_{1}+\delta)\theta}{(\beta_{1}+\delta)r}}$，则有 $p_{of}^{M*}>p_{on}^{M*}$；否则 $p_{of}^{M*}\leqslant p_{on}^{M*}$。

综上可见，存在以下三种情形的线上和线下产品质量安全水平与零售价格的比较结果：

（1）若 $q_{on}^{M*}<\frac{\alpha_{1}\mathrm{a}-2(\beta_{1}+\delta)c_{1}+\delta c_{2}}{r(4\beta_{1}+\delta)+\frac{2(2\beta_{1}+\delta)\theta}{(\beta_{1}+\delta)r}}$，那么有 $q_{of}^{M*}>q_{on}^{M*}$，$p_{of}^{M*}>p_{on}^{M*}$。

（2）若 $q_{on}^{M*}>\frac{\alpha_{1}\mathrm{a}-2(\beta_{1}+\delta)c_{1}+\delta c_{2}}{r(2\beta_{1}+\delta)+\frac{2\theta}{r}}$，那么有 $q_{of}^{M*}<q_{on}^{M*}$，$p_{of}^{M*}<p_{on}^{M*}$。

（3）若 $\frac{\alpha_{1}\mathrm{a}-2(\beta_{1}+\delta)c_{1}+\delta c_{2}}{r(4\beta_{1}+\delta)+\frac{2(2\beta_{1}+\delta)\theta}{(\beta_{1}+\delta)r}}<q_{on}^{M*}<\frac{\alpha_{1}\mathrm{a}-2(\beta_{1}+\delta)c_{1}+\delta c_{2}}{r(2\beta_{1}+\delta)+\frac{2\theta}{r}}$，那么有 $q_{of}^{M*}<q_{on}^{M*}$，$p_{of}^{M*}>p_{on}^{M*}$。

该结果表明：制造商分别依据线上产品销售利润与线下产品销售利润进行相应产品质量安全水平决策。并且，制造商线下通过零售商间接销售产品时，如果线上产品质量安全水平低于某一相对较低定值，线下产品质量安全水平和零售价格就会分别高于线上产品质量安全水平和零售价格；如果线上产品质量安全水平高于某一相对较高定值，线下产品质量安全水平和零售价格就会分别低于线上产品质量安全水平和零售价格；如果线上产品质量安全水平介于上述两个定值之间，线下产品质量安全水平就会低于线上产品质量安全水平，而线下产品零售价格则会高于线上产品零售价格。

10.2.2 制造商线下直接销售产品的情况

在制造商线下直接销售产品的情况下，根据制造商线下产品销售利润最大化，即 $\max \pi_{of}^{M}(q_{of})=p_{of}D_{of}-\frac{1}{2}\theta q_{of}^{2}$ 的最优条件 $\frac{d\pi_{of}^{M}(q_{of})}{dq_{of}}=0$，$\frac{d^{2}\pi_{of}^{M}(q_{of})}{dq_{of}^{2}}=-[2r^{2}(\beta_1+\delta)+\theta]<0$，有 $q_{of}^{M**}=\frac{\alpha_1 ra-2(\beta_1+\delta)rc_1+\delta rc_2+\delta r^{2}q_{on}^{M**}}{2r^{2}(\beta_1+\delta)+\theta}$。

因此，可得 $q_{of}^{M**}-q_{on}^{M**}=\frac{\alpha_1 a-2(\beta_1+\delta)c_1+\delta c_2-[2r\beta_1+\delta r+\frac{\theta}{r}]q_{on}^{M**}}{2r(\beta_1+\delta)+\frac{\theta}{r}}$。若 $q_{on}^{M**}<\frac{\alpha_1 a-2(\beta_1+\delta)c_1+\delta c_2}{r(2\beta_1+\delta)+\frac{\theta}{r}}$，则有 $q_{of}^{M**}>q_{on}^{M**}$；否则 $q_{of}^{M**}\leqslant q_{on}^{M**}$。相应地，根据价格差额 $p_{of}^{M**}-p_{on}^{M**}$ 可见：若 $q_{on}^{M**}<\frac{\alpha_1 a+\frac{\theta}{r^{2}}c_1-(2\beta_1+\frac{\theta}{r^{2}})c_2}{r(2\beta_1+\delta)+\frac{\theta}{r}}$，则有 $p_{of}^{M**}>p_{on}^{M**}$；否则 $p_{of}^{M**}\leqslant p_{on}^{M**}$。

综上可见，存在以下三种情形的线上和线下产品质量安全水平与零售价格的比较结果：

（1）若 $q_{on}^{M**}<\frac{\alpha_1 a-2(\beta_1+\delta)c_1+\delta c_2}{r(2\beta_1+\delta)+\frac{\theta}{r}}$，那么有 $q_{of}^{M**}>q_{on}^{M**}$，$p_{of}^{M**}>p_{on}^{M**}$。

（2）若 $q_{on}^{M**}>\frac{\alpha_1 a+\frac{\theta}{r^{2}}c_1-(2\beta_1+\frac{\theta}{r^{2}})c_2}{r(2\beta_1+\delta)+\frac{\theta}{r}}$，那么有 $q_{of}^{M**}<q_{on}^{M**}$，$p_{of}^{M**}<p_{on}^{M**}$。

（3）若 $\dfrac{\alpha_1 a-2(\beta_1+\delta)c_1+\delta c_2}{r(2\beta_1+\delta)+\dfrac{\theta}{r}}<q_{on}^{M\,**}<\dfrac{\alpha_1 a+\dfrac{\theta}{r^2}c_1-(2\beta_1+\dfrac{\theta}{r^2})c_2}{r(2\beta_1+\delta)+\dfrac{\theta}{r}}$，那么有 $q_{of}^{M\,**}<q_{on}^{M\,**}$，$p_{of}^{M\,**}>p_{on}^{M\,**}$。

该结果与上述制造商线下通过零售商间接销售产品时的结果类似。

10.2.3 制造商线下间接销售产品与直接销售产品的结论比较

下面比较制造商线下间接销售产品与直接销售产品给消费者的两种情况。

通过比较临界值有 $\dfrac{\alpha_1 a-2(\beta_1+\delta)c_1+\delta c_2}{r(2\beta_1+\delta)+\dfrac{2\theta}{r}}<\dfrac{\alpha_1 a-2(\beta_1+\delta)c_1+\delta c_2}{r(2\beta_1+\delta)+\dfrac{\theta}{r}}$，所以有如下5种情况：

（1）若 $q_{on}^{M}<\dfrac{\alpha_1 a-2(\beta_1+\delta)c_1+\delta c_2}{r(4\beta_1+\delta)+\dfrac{2(2\beta_1+\delta)\theta}{(\beta_1+\delta)r}}$，则有 $q_{of}^{M\,*}>q_{on}^{M\,*}$，$p_{of}^{M\,*}>p_{on}^{M\,*}$，$q_{of}^{M\,**}>q_{on}^{M\,**}$，$p_{of}^{M\,**}>p_{on}^{M\,**}$。

无论制造商线下间接销售产品还是直接销售产品，在极低的线上产品质量安全水平下，线下产品质量安全水平与零售价格都相应高于线上产品。

（2）若 $\dfrac{\alpha_1 a-2(\beta_1+\delta)c_1+\delta c_2}{r(4\beta_1+\delta)+\dfrac{2(2\beta_1+\delta)\theta}{(\beta_1+\delta)r}}<q_{on}^{M}<\dfrac{\alpha_1 a-2(\beta_1+\delta)c_1+\delta c_2}{r(2\beta_1+\delta)+\dfrac{2\theta}{r}}$，那么有 $q_{of}^{M\,*}<q_{on}^{M\,*}$，$p_{of}^{M\,*}>p_{on}^{M\,*}$，$q_{of}^{M\,**}>q_{on}^{M\,**}$，$p_{of}^{M\,**}>p_{on}^{M\,**}$。

在相对较低的线上产品质量安全水平下，当制造商线下间接销售产品时，线下产品质量安全水平更低，但其零售价格比线上产品的零售价格高；当制造商线下直接销售产品时，线下产品质量安全水平与零售价格都高于线上产品。

（3）若 $\dfrac{\alpha_1 a-2(\beta_1+\delta)c_1+\delta c_2}{r(2\beta_1+\delta)+\dfrac{2\theta}{r}}<q_{on}^{M}<\dfrac{\alpha_1 a-2(\beta_1+\delta)c_1+\delta c_2}{r(2\beta_1+\delta)+\dfrac{\theta}{r}}$，那么有

$q_{of}^{M*} < q_{on}^{M*}$，$p_{of}^{M*} < p_{on}^{M*}$，$q_{of}^{M**} > q_{on}^{M**}$，$p_{of}^{M**} > p_{on}^{M**}$。

在相对中等的线上产品质量安全水平下，当制造商线下间接销售产品时，线下产品质量安全水平与零售价格都低于线上产品；当制造商线下直接销售产品时，线下产品质量安全水平与零售价格都高于线上产品。

（4）若 $\dfrac{\alpha_1 a - 2(\beta_1+\delta)c_1 + \delta c_2}{r(2\beta_1+\delta)+\dfrac{\theta}{r}} < q_{on}^{M} < \dfrac{\alpha_1 a + \dfrac{\theta}{r^2}c_1 - (2\beta_1 + \dfrac{\theta}{r^2})c_2}{r(2\beta_1+\delta)+\dfrac{\theta}{r}}$，那么有 $q_{of}^{M*} < q_{on}^{M*}$，$p_{of}^{M*} < p_{on}^{M*}$，$q_{of}^{M**} < q_{on}^{M**}$，$p_{of}^{M**} > p_{on}^{M**}$。

在相对高的线上产品质量安全水平下，当制造商线下间接销售产品时，线下产品质量安全水平与零售价格都低于线上产品；当制造商线下直接销售产品时，线下产品质量安全水平更低，而线下产品零售价格高于线上产品的零售价格。

（5）若 $q_{on}^{M} > \dfrac{\alpha_1 a + \dfrac{\theta}{r^2}c_1 - (2\beta_1 + \dfrac{\theta}{r^2})c_2}{r(2\beta_1+\delta)+\dfrac{\theta}{r}}$，那么有 $q_{of}^{M*} < q_{on}^{M*}$，$p_{of}^{M*} > p_{on}^{M*}$，$q_{of}^{M**} < q_{on}^{M**}$，$p_{of}^{M**} < p_{on}^{M**}$。

在极高的线上产品质量安全水平下，当制造商线下间接销售产品时，线下产品质量安全水平更低，但其零售价格比线上产品的零售价格高；当制造商线下直接销售产品时，线下产品质量安全水平与零售价格都低于线上产品。

上述结果表明：如果制造商按照线下与线上的产品销售利润分别决定产品质量安全水平，那么线上和线下产品质量安全水平比较与零售价格比较的结论是相似的关系。线上产品质量安全水平高低不同，对应制造商线下间接销售产品和直接销售产品的质量安全水平与零售价格不同的比较结论。

10.3 本章小结

本章通过构建制造商线上线下产品销售的利润最大化模型，分析并比较了线上和线下产品质量安全水平与零售价格的关系。研究结论表明：与社会大众普遍认为的“线上产品价格水平较低，故线上产品质量安全水平较低”的观点并不完全一致，具体根据制造商线下产品直接销售还是间接销售，以及制造商依据其线上线下产品销售总利润还是分别依据线上线下产品销售的各自利润进行产品质量安全水平决策而不同。

首先，在制造商根据其总利润最大化决定线上线下产品质量安全水平的背景下，一般的线上线下产品经销模式，即制造商线下经由零售商间接销售产品，所对应的产品质量安全水平与零售价格的高低主要取决于线上产品质量安全水平的高低，基本呈现优质优价与低质低价的普遍规律。但这与社会大众普遍认为的线上产品质量安全水平低于线下产品质量安全水平的观点并不一致。一旦线上产品质量安全水平高于线下产品质量安全水平，其零售价格也将高于线下产品零售价格。制造商线下直接销售产品，所对应的线上线下产品质量安全水平具有同向变化趋势，若线上产品质量安全水平较高，线下产品质量安全水平会更高，而线上产品质量安全水平较低，线下产品质量安全水平会更低。相应的产品零售价格并不符合质价合一的特点，从零售价格判断，低价对应较低质量安全水平产品的可能性更大。

其次，在制造商分别根据线上线下产品销售利润最大化决定线上线下产品质量安全水平的背景下，当线上产品质量安全水平处于中低水平值时，相对于线上产品，线下产品具有优质优价与低质低价的常态特征。制造商线下通过零售商间接销售产品时，当线上产品质量安全水平处于极低水平值，相对于线上产品，线下产品仍具有优质优价与低质低价的常态特点；当线上产品质量安全水平处于较低水平值，线下产品质量安全水平较低而其零售价格却更高；在相对中等的线上产品质量安全水平下，线下产品质量安全水平与其零售价格都相对于线上产品低。当线上产品质量安全水平处于相对高的水平值时，在制造商线下通过零售商间接销售产品的情况下，线下产品相对于线上产品质低与价低并存；而在制造商线下直接销售产品的情况下，相对于线上产品，线下产品质量安全水平更低但零售价格更高。不过，当线上产品质量安全水平具有极高的水平值时，制造商线下通过零售商间接销售产品的情况与制造商线下直接销售产品的情况的结论刚好与上述结论相悖。

综上可见，当制造商线上线下产品销售模式不同以及依据不同的利润决策目标时，线上线下产品质量安全水平、零售价格的高低比较结果不一致。据此，消费者与政府相关部门应从以下方面正确对待产品购买、销售与监管：

一方面，消费者不能依据产品价格高低或者传统的对线下产品质量安全水平普遍较高和线上产品质量安全水平普遍较低的认识看待线上线下产品质量安全水平及其价格。消费者应树立对线上和线下产品质量安全水平的正确认识，将线上和线下产品质量安全水平一致对待，同时采取积极的自我保护与维权行动，无论是在线下产品购买中的事前辨识与事后监督维权行为，还是在线上产品购买中的事前及时了解与事后积极反馈，都将对制造商行为产生监督与激励作用，对严格把控线上线下产品质量安全标准一致的制造商具有更为积极的口碑声誉效应，对于线上线下双重质量安全标准和对产品质量安全不负责的制造商具有舆论监督效应。

另一方面，政府相关部门应对产品经营者实施线上与线下的联动一体化监管模式。政府相关部门不应将线上和线下产品质量安全监管相脱离，针对同一产品经营者对其线上和线下产品采取统一的随机质量抽查机制，发现产品质量安全标准不一的情况时，应予以及时处理。在不违背相应产品质量安全标准的前提下，应基于线上和线下产品市场供求情况，对产品质量安全水平与价格的对应关系予以评判；制定相应的市场规范，促进形成质价合一的产品市场机制，为消费者提供线上和线下产品购买的质量安全保障，并且积极维护消费者的合法权益。

第11章 自媒体、政府监管部门与企业的食品安全演化博弈

近年来，微博、微信和网络视频等自媒体成为公众获取食品安全信息的新渠道，产生了广泛的影响力。自媒体是指私人化、平民化、自主化的传播者，以现代化、电子化的手段，向不特定的大多数或者单个人传递规范性及非规范性信息的新媒体的总称。自媒体发布的相关食品安全信息既为政府部门加强食品安全监管提供了第三方监督的第一手资料，又为公众提供了便利的信息获取途径。例如，微博曝光的网红"卡拉多糕点中毒"事件、"三得利召回奶茶"事件等。自媒体作为食品安全监管的第三方力量，其自身个性化、碎片化、交互性、多媒体、群体性和传播性的典型特征，能够多渠道和低成本地改善食品安全监管的信息不对称问题，扩大公众参与食品安全监督的空间，加强社会各界对食品安全问题的关注。同时，与传统媒体信息发布需要严格的审核程序等情形不同，自媒体信息发布具有较为自由的特点，缺乏科学严谨的"审核把关"机制，虚假信息的泛滥会直接影响自媒体参与食品安全监督的有效性。自媒体发布的相关食品安全信息会诱发食品安全舆论，引发公

众、食品企业与政府监管部门的连锁反应。例如，自媒体曝光的“莫斯利安毒老鼠”事件、“蒙牛陷害门”事件等，经政府监管部门对这些事件进行查证表明事件缺乏真实性。自媒体对这些事件的曝光严重影响了公众对涉事企业与政府监管部门的信任，导致短期内企业声誉受损和食品销量急剧下滑，政府监管部门公信力被削弱。并且，自媒体主体形式的多元化、发布信息渠道的多样性也给政府监管部门识别相关食品安全问题的真实性，对自媒体曝光食品安全问题行为的再监督提出了严峻挑战。

随着社交媒体平台的广泛普及，新媒体对食品安全问题及其监管的影响研究日益增多。通过比较分析传统媒体与新媒体食品安全报道，我们认为新媒体具有高互动性、大信息量、覆盖面广、传播速度快的特点，相关报道也存在随意性强等问题。媒体参与食品安全监管可以激励监管者改进监管规则，提高监管效率，倒逼企业强化自身食品安全行为。从政府、媒体与公众三个主体角度进行探讨，提出食品安全信任体系的重塑问题，认为媒体应恪守职业道德，基于事实传递准确信息。部分学者依据新媒体的特点建立实证分析与博弈模型来研究食品安全问题。倪国华和郑风田建立了相关利益主体模型，得出降低媒体监管的交易成本会提高食品安全事件曝光率，降低企业合谋概率。张曼等建立委托-代理模型，分析了信息不对称条件下媒体的食品安全监管机制，提出媒体曝光度可以提高政府监管水平。Peng等以微博“酸奶事件”和“果冻事件”为例，分析了以微博为主的自媒体传播模式及其对公众的影响机制。吕挺等结合新媒体环境下信息发布主体和渠道多元化等特点，分析了食品安全风险的社会共治。谢康等通过建立媒体与食品生产经营者的动态博弈模型，认为权威媒体和新媒体的介入有利于食品安全社会共治。曹裕等建立非对称演化博弈模型，分析了新媒体的影响力和真实性两大影响因素在食品企业掺假行为和政府监管方面的影响，认为高效真实的新媒体监管可以有效约束食品企业行为。纪贤兵等通过演化博弈分析新媒体披露的舆论环境对食品上下游企业的不道德行为具有约束作用。焦万慧和郑风田利用博弈论，分析了自媒体时代下网络有偿删帖对食品安全信息的封锁效应。倪国华等利用2 896件媒体报道的食品安全事件，建立计量经济模型分析了“捂盖子”会使媒体对食品安全事件的监管效率降低。马凯和叶金珠分析了新媒体对食品安全突发事件的影响，以及事件传播的特点与方式。文洪星等构造了食品安全丑闻报道指数，分析了媒体报道视角下食品安全丑闻对食品产销价格的非对称冲击效应。

综上可见，现有相关研究主要探讨了各类媒体包括新媒体对食品安全信息传播、舆论导向的作用，以及新媒体与传统媒体对食品安全舆情的影响的异同，媒体环境下利益相关者的作用关系等，从信息角度分析了媒体在食品安全监督中的作用等。然而针对自媒体监督对食品安全监管相关主体的直接和间接影响，自媒体、政府监管部门与企业的食品安全演化博弈及其复杂交错利益关系剖析有待深入。对此，本章以自媒体作为第三方监督力量，考虑自媒体曝光食品安全问题的影响力和真实性，通过对自媒体、政府监管部门与食品企业的三方演化博弈分析，为自媒体参与下的我国食品安全监管问题提供参考。

11.1 问题描述与模型假设

本章建立的博弈模型以食品企业、政府监管部门与自媒体为主体。其中，政府监管部门作为食品安全监管机构，通过抽检、准入把关等多种方式对食品企业进行监管；自媒体作为第三方监督主体，通过对食品安全问题的报道向社会大众传递食品企业行为相关信息为主要方式，发挥对食品企业的监督作用；食品企业根据自身成本收益并结合相关监管环境决定其食品安全行为，具体表现为严格按照有关食品安全的法律法规供给（包括生产或者经销）质量安全食品，或者受到经济利益驱使采取违规行为供给质量不安全食品。政府监管部门既对食品企业实施监管，也对自媒体实行监督。依据现实情况，上述三个主体均为有限理性。依据三个主体相关食品安全行为的成本与收益（均转化为相同货币单位的经济成本与收益衡量）等进行分析，提出如下假设条件。

假设1：食品企业、政府监管部门与自媒体相关食品安全行为分别对应两种策略。食品企业供给食品采取两种策略，即供给质量安全食品的概率为x，供给质量不安全食品的概率为$1-x$；政府监管部门对食品企业进行监管的两种策略，即严格监管的概率为y，放松监管的概率为$1-y$；自媒体对食品企业进行监督的两种策略，即曝光食品企业的相关食品安全问题的概率为z，不曝光食品企业的相关食品安全问题的概率为$1-z$。其中$0 \leqslant x, y, z \leqslant 1$。

假设2：食品企业供给质量安全食品的成本为C_1，供给质量不安全食品的成本为C_2，其中$C_2 < C_1$。食品企业供给食品获取的收入为R，相应的供给质量安全食品的净收益为$R_1 = R - C_1$，供给质量不安全食品的净收益为$R_2 = R - C_2$。若食品企业供给质量不安全食品被政府监管部门查获，则需缴纳罚金为F_1。同时，若自媒体曝光食品企业的相应食品安全问题，食品企业遭受声誉损害等对应的经济损失为F_2。

假设3：政府监管部门对食品企业实施监管的成本为C_3；政府监管部门对自媒体曝光食品安全问题作出查处反馈的成本为C_4；政府监管部门查处食品企业的食品安全问题获得的社会大众信任等公信力对应的收益为R_3；政府监管部门放松对食品企业的监管，而自媒体曝光食品企业存在的食品安全问题，由此政府监管部门公信力等受到损害对应的损失为F_3。依据社会大众对食品安全的重视度显著提升，假设$C_4 < aF_3$，即具有一定影响力的自媒体实施监督，政府监管部门查处曝光企业的问题收益更大。

假设4：自媒体作为第三方监督主体，其成本主要来自曝光食品安全问题的相关报道资料收集产生的信息收集成本。自媒体曝光相关食品安全问题产生的收益，主要包括关注度的增加（如网站点击率的提高）和社会大众对其信任的增加带来的声誉价值等。自媒体曝光食品企业获取的收益（关注度、社会大众信任度等转化的经济利益等）为R_4，自媒体曝光食品安全问题的成本为C_5。一旦曝光的食品安全问题有误（如为虚假新闻），自媒体因此造成的自身名誉损失为F_4；若在政府监管部门严格监管下，食品企业供给质量不安全食品，而自媒体未对此进行曝光，由此产生的信誉度损失为F_5。假设自媒体曝光食品安全问题的影响程度为a，并且$0 \leqslant a \leqslant 1$，自媒体曝光食品安全问题的真实性概率为$b$，并且$0 \leqslant b \leqslant 1$。

假设5：当食品企业供给质量安全食品，自媒体曝光食品企业的食品安全问题时，食品企业因此产生的损失为$(1-b)aF_2$，政府监管部门的损失为$a(1-b)F_3$，自媒体自身损失为aF_4；当食品企业供给质量不安全食品，自媒体曝光食品企业的食品安全问题时，食品企业因此产生的损失为abF_2，政府监管部门的损失为abF_3，自媒体自身损失为aF_5。

相关参数符号及意义见表11-1。

表11-1 **参数符号及意义**

参数符号	意义
x	食品企业供给质量安全食品的概率，$0 \leqslant x \leqslant 1$
y	政府监管部门对食品企业进行严格监管的概率，$0 \leqslant y \leqslant 1$
z	自媒体曝光食品企业的食品安全问题的概率，$0 \leqslant z \leqslant 1$
R	食品企业供给食品获取的收入
R_1	食品企业供给质量安全食品的净收益
R_2	食品企业供给质量不安全食品的净收益
R_3	政府监管部门查处食品企业的食品安全问题获得的收益
R_4	自媒体曝光食品企业获取的收益
C_1	食品企业供给质量安全食品的成本
C_2	食品企业供给质量不安全食品的成本
C_3	政府监管部门对食品企业实施监管的成本
C_4	政府监管部门对自媒体曝光食品安全问题作出查处反馈的成本
C_5	自媒体曝光食品安全问题的成本
F_1	食品企业供给质量不安全食品被政府监管部门查获需缴纳的罚金
F_2	自媒体曝光食品企业的相应食品安全问题后，食品企业遭受的经济损失
F_3	自媒体曝光食品企业存在的食品安全问题后，政府监管部门遭受的损失
F_4	自媒体因曝光的食品安全问题有误，导致的自身名誉损失
F_5	自媒体因未对实际食品安全问题曝光产生的信誉度损失
a	自媒体曝光食品安全问题的影响程度，$0 \leqslant a \leqslant 1$
b	自媒体曝光食品安全问题的真实性概率，$0 \leqslant b \leqslant 1$

11.2 考虑自媒体曝光影响力与真实性的三方演化博弈分析

11.2.1 博弈模型的均衡策略分析

基于上述假设，得出自媒体、政府监管部门与食品企业在不同策略下的收益矩阵，见表11-2。

表11-2 **自媒体、政府监管部门与食品企业的博弈收益矩阵**

策略		自媒体	政府监管部门	
			严格监管	放松监管
食品企业	供给质量安全食品	曝光	$R_1-a(1-b)F_2$ $R_3-C_3-C_4$ $R_4-C_5-aF_4$	$R_1-a(1-b)F_2$ $-a(1-b)F_3$ $R_4-C_5-aF_4$
		不曝光	R_1 R_3-C_3 0	R_1 0 0
	供给质量不安全食品	曝光	$R_2-abF_2-F_1$ $R_3-C_3-C_4+F_1$ R_4-C_5	R_2-abF_2 $-abF_3$ R_4-C_5
		不曝光	R_2-F_1 $R_3-C_3+F_1$ $-C_5-aF_5$	R_2 0 $-C_5$

（1）食品企业的演化稳定策略

由表11-2可知，食品企业相应的期望利润如下：

食品企业供给质量安全食品的期望利润$E_{a1}=R_1-za(1-b)F_2$，供给质量不安全食品的期望利润为$E_{a2}=R_2-yF_1-zabF_2$。由此可知食品企业的平均期望利润为$E_a=xE_{a1}+(1-x)E_{a2}$。

食品企业的复制动态方程

$$G(x)=x(E_{a1}-E_a)=x(1-x)[R_1-R_2+yF_1+(2b-1)zaF_2] \tag{11-1}$$

复制动态方程对x的一阶导函数为

$$G'(x)=(1-2x)[R_1-R_2+yF_1+(2b-1)zaF_2] \tag{11-2}$$

据此，对食品企业稳定性策略进行分析。

关于稳定性策略的相关参数讨论：当$0<y\leqslant\frac{R_2-R_1}{F_1}$，$b>\frac{1}{2}$或者$\frac{R_2-R_1}{F_1}\leqslant y<1$，$b<\frac{1}{2}$时，有$\frac{R_2-R_1-yF_1}{(2b-1)zF_2}\geqslant 0$；当$0\leqslant y\leqslant\frac{R_2-R_1+zaF_2}{F_1}$时，有$\frac{R_2-R_1-yF_1+zaF_2}{2zaF_2}\geqslant 0$。

由此可得：

一是当$0<y<\frac{R_2-R_1}{F_1}$，$b>\frac{1}{2}$时，有：①当$a=\frac{R_2-R_1-yF_1}{(2b-1)zF_2}$，$b=\frac{R_2-R_1-yF_1+zaF_2}{2zaF_2}$时，所有的$x$都是演化稳定的。②当$a>\frac{R_2-R_1-yF_1}{(2b-1)zF_2}$，$b>\frac{R_2-R_1-yF_1+zaF_2}{2zaF_2}$时，$x=1$是演化稳定策略，即食品企业采取供给质量安全食品的策略。③当$a<\frac{R_2-R_1-yF_1}{(2b-1)zF_2}$，$b<\frac{R_2-R_1-yF_1+zaF_2}{2zaF_2}$时，$x=0$是演化稳定策略，即食品企业采取供给质量不安全食品的策略。

二是当$\frac{R_2-R_1+zaF_2}{F_1}\leqslant y\leqslant 1$，$b<\frac{1}{2}$时，有：当$a>\frac{R_2-R_1-yF_1}{(2b-1)zF_2}$时，$x=1$是演化稳定策略，即食品企业采取供给质量安全食品的策略。

三是当$\frac{R_2-R_1}{F_1}\leqslant y\leqslant\frac{R_2-R_1+2aF_2}{F_1}$，或$0<y\leqslant\frac{R_2-R_1}{F_1}$，$b<\frac{1}{2}$时，有：当$b>\frac{R_2-R_1-yF_1+zaF_2}{2zaF_2}$时，$x=1$是演化稳定策略，即食品企业采取供给质量安全食品的策略。

四是当$\frac{R_2-R_1+zaF_2}{F_1}\leqslant y\leqslant 1$，$b>\frac{1}{2}$时，$x=1$是演化稳定策略，即食品企业采取供给质量安全食品的策略。

因此，可得如下命题：

命题11.1　食品企业采取的相应策略取决于自媒体对食品安全问题报道的影响力与真实性：

一是在给定政府监管部门的监管概率小，即监管松懈，并且自媒体报道的真实性较弱时，具体为：①当自媒体报道的影响力与真实性为定值时，食品企业可以采取任意供给食品策略；②当自媒体报道的影响力较大且真实性相对不弱时，食品企业采取供给质量安全食品的策略；③当自媒体报道的影响力较小且真实性较弱时，食品企业采取供给质量不安全食品的策略。

二是在给定政府监管部门的监管概率较大，即监管较为严格，并且自媒体报道的真实性较弱，当自媒体报道的影响力较大，食品企业采取供给质量安全食品的策略。

三是给定政府监管部门的监管概率相对较大，即监管较为严格，并且自媒体报道的真实性较强时，或者给定政府监管部门的监管概率较小，即监管较为松懈，并且自媒体报道的真实性较弱，当自媒体报道的真实性较强，食品企业采取供给质量安全食品的策略。

四是在给定政府监管部门的监管概率相对较大，即监管较为严格，并且自媒体报道的真实性较强时，食品企业采取供给质量安全食品的策略。

（2）政府监管部门的演化稳定策略

由表11-2可知，政府监管部门相应的期望收益如下：

政府监管部门选择严格监管的期望收益$E_{b1}=R_3-C_3+F_1-xF_1-zC_4$，政府监管部门选择放松监管的期望效益$E_{b2}=2xzabF_3-xzaF_3-zabF_3$，政府监管部门的平均期望效益$E_b=yE_{b1}+(1-y)E_{b2}$。

政府监管部门的复制动态方程

$$\begin{aligned}F(y)&=y(E_{b1}-E_b)\\&=y(1-y)(R_3-C_3+F_1-xF_1-zC_4-2xzabF_3+xzaF_3+zabF_3)\end{aligned}\tag{11-3}$$

复制动态方程对y的一阶导函数为

$$F'(y)=(1-2y)(R_3-C_3+F_1-xF_1-zC_4-2xzabF_3+xzaF_3+zabF_3)\tag{11-4}$$

据此，对政府监管部门稳定性策略进行分析。

关于稳定性策略的相关参数讨论：当 $\frac{R_3-C_3+F_1-xF_1}{C_4}\leqslant z\leqslant 1$ 时，有 $\frac{R_3-C_3+F_1-xF_1-zC_4}{zF_3(2xb-x-b)}\geqslant 0$；当 $0<z\leqslant\frac{R_3-C_3+F_1-xF_1}{C_4-xaF_3}$，$x>\frac{1}{2}$ 或 $\frac{R_3-C_3+F_1-xF_1}{C_4-xaF_3}\leqslant z<1$，$x<\frac{1}{2}$时，有$\frac{R_3-C_3+F_1-xF_1-zC_4+xzaF_3}{zaF_3(2x-1)}\geqslant 0$。

由此可得：

一是当 $\frac{R_3-C_3+F_1-xF_1}{C_4-xaF_3}\leqslant z<1$，$x<\frac{1}{2}$ 时，有：①当 $a=\frac{R_3-C_3+F_1-xF_1-zC_4}{zF_3(2xb-x-b)}$，$b=\frac{R_3-C_3+F_1-xF_1-zC_4+xzaF_3}{zaF_3(2x-1)}$时，所有的$y$都是演化稳定的。②当 $a>\frac{R_3-C_3+F_1-xF_1-zC_4}{zF_3(2xb-x-b)}$，$b>\frac{R_3-C_3+F_1-xF_1-zC_4+xzaF_3}{zaF_3(2x-1)}$时，$y=0$是演化稳定策略，即政府监管部门采取完全放松监管策略。③当 $a<\frac{R_3-C_3+F_1-xF_1-zC_4}{zF_3(2xb-x-b)}$，$b<\frac{R_3-C_3+F_1-xF_1-zC_4+xzaF_3}{zaF_3(2x-1)}$时，$y=1$是演化稳定策略，即政府监管部门采取完全严格监管策略。

二是当 $\frac{R_3-C_3+F_1-xF_1}{C_4}\leqslant z\leqslant\frac{R_3-C_3+F_1-xF_1}{C_4-xaF_3}$ 时，有：当 $a>\frac{R_3-C_3+F_1-xF_1-zC_4}{zF_3(2xb-x-b)}$时，$y=0$是演化稳定策略，即政府部门采取完全放松监管策略。

三是当 $0<z\leqslant\frac{R_3-C_3+F_1-xF_1}{C_4}$，$x>\frac{1}{2}$ 时，有：当 $b>\frac{R_3-C_3+F_1-xF_1-zC_4+xzaF_3}{zaF_3(2x-1)}$时，$y=0$是演化稳定策略，即政府监管部门采取完全放松监管策略。

四是当$0<z\leqslant\frac{R_3-C_3+F_1-xF_1}{C_4}$，$x<\frac{1}{2}$时，有：$y=0$是演化稳定策

略，即政府监管部门采取完全放松的监管策略。

因此，可得如下命题：

命题11.2 政府监管部门采取的相应策略取决于自媒体对食品安全问题报道的影响力与真实性：

一是在给定自媒体曝光食品安全问题概率较大，即自媒体曝光率较高，并且食品企业供给质量安全食品的概率较小时，具体为：①当自媒体报道的影响力与真实性为定值时，政府监管部门可能采取任意监管策略；②当自媒体报道的影响力较大且真实性较强时，政府监管部门会采取完全放松监管的策略；③当自媒体报道的影响力较小与真实性较弱时，政府监管部门会采取完全严格监管的策略。

二是在给定自媒体曝光食品安全问题概率相对较大，即自媒体曝光率相对较高，当自媒体报道的影响力较大时，政府监管部门采取完全严格监管的策略。

三是在给定自媒体曝光食品安全问题概率较小，即自媒体曝光率较低，并且食品企业供给质量安全食品的概率较大，当自媒体报道的真实性较强时，政府监管部门采取完全放松监管的策略。

四是在给定自媒体曝光食品安全问题概率较小，即自媒体曝光率较低，并且食品企业供给质量安全食品的概率较小，政府监管部门采取完全放松监管的策略。

（3）自媒体的演化稳定策略

由表11-2可知，自媒体相应的期望收益如下：

自媒体采取曝光策略的期望收益$E_{c1}=R_4-C_5-xaF_4$，自媒体采取不曝光策略的期望收益$E_{c2}=xC_5-C_5+yaF_5+xyaF_5$，自媒体的平均期望收益$E_c=zE_{c1}+(1-z)E_{c2}$。

自媒体的复制动态方程

$$K(z)=z(E_{c1}-E_c)=z(1-z)(R_4-xC_5-xaF_4+yaF_5-xyaF_5) \tag{11-5}$$

复制动态方程对z的一阶导函数为

$$K'(z)=z(1-2z)(R_4-xC_5-xaF_4+yaF_5-xyaF_5) \tag{11-6}$$

据此，对自媒体稳定性策略进行分析如下：

当 $\frac{R_3-C_3+F_1-xF_1}{C_4} \leqslant z \leqslant \frac{R_3-C_3+F_1-xF_1}{C_4-xaF_3}$ 时，有：当 $a > \frac{R_3-C_3+F_1-xF_1-zC_4}{zF_3(2xb-x-b)}$ 时，$y=0$ 是演化稳定策略，即政府部门采取完全放松监管策略。

关于稳定性策略的相关参数讨论：当 $0<x \leqslant \frac{R_4}{C_5}$，$0<y<\frac{xF_4}{(1-x)F_5}$，或者 $\frac{R_4}{C_5} \leqslant x<1$，$\frac{xF_4}{(1-x)F_5}<y<1$ 时，有 $\frac{R_4-C_5}{xF_4+xyF_5-yF_5} \geqslant 0$。

由此可得：

当 $0<x \leqslant \frac{R_4}{C_5}$，$0<y<\frac{xF_4}{(1-x)F_5}$ 或 $\frac{R_4}{C_5} \leqslant x<1$，$\frac{xF_4}{(1-x)F_5}<y<1$ 时，有如下结论：

一是当 $a=\frac{R_4-C_5}{xF_4+xyF_5-yF_5}$ 时，所有的 z 都是演化稳定的。

二是当 $a>\frac{R_4-C_5}{xF_4+xyF_5-yF_5}$ 时，$z=0$ 是演化稳定策略，即自媒体采取不曝光的策略。

三是当 $a<\frac{R_4-C_5}{xF_4+xyF_5-yF_5}$ 时，$z=1$ 是演化稳定策略，即自媒体采取完全曝光的策略。

因此，可得如下命题：

命题11.3　自媒体采取的相应策略取决于自媒体对食品安全问题报道的影响力与真实性。

在给定食品企业供给质量安全食品的概率较小，并且政府监管部门监管的概率较小，或者给定食品企业供给质量安全食品的概率较大，并且政府监管部门严格监管的概率较大时，也就是食品企业供给质量安全食品与政府监管部门严格监管的可能性都较小或者都较大时：

一是当自媒体报道的影响力为定值时，自媒体可能采取任意曝光策略。

二是当自媒体报道的影响力较大时，自媒体采取不曝光的策略。

三是当自媒体报道的影响力较小时，自媒体采取完全曝光的策略。

11.2.2 三方演化博弈的稳定性均衡分析

食品企业、政府监管部门与自媒体相关食品安全行为的复制动态方程为：

$$\begin{cases} \dfrac{dx}{dt} = x(1-x)\left[R_1 - R_2 + yF_1 + (2b-1)zaF_2\right] \\ \dfrac{dy}{dt} = y(1-y)\left(R_3 - C_3 + F_1 - xF_1 - zC_4 - 2xzabF_3 + xzaF_3 + zabF_3\right) \\ \dfrac{dz}{dt} = z(1-z)\left(R_4 - xC_5 - xaF_4 + yaF_5 - xyaF_5\right) \end{cases} \tag{11-7}$$

由复制动态方程可见：食品企业、政府监管部门与自媒体的策略变化都具有相互关联性。因此，本章借鉴分步分析法分别对食品企业与政府监管部门、食品企业与自媒体、政府监管部门与自媒体进行分析。在对食品企业与政府监管部门进行分析时，将食品企业的策略 x 作为常量；在对食品企业与自媒体进行分析时，将政府监管部门的策略 y 作为常量；在对政府监管部门与自媒体进行分析时，将食品企业的策略 z 作为常量。

11.2.2.1 食品企业与政府监管部门的稳定性均衡分析

由食品企业与政府监管部门的复制动态方程可知，两者复制动态的5个均衡点分别是(0，0)、(0，1)、(1，0)、(1，1)、$\left(\dfrac{R_3 - C_3 - zC_4 + F_1 + zabF_3}{2zabF_3 - zaF_3 + F_1}, \dfrac{R_2 - R_1 - (2b-1)zaF_2}{F_1}\right)$。当且仅当 $0 \leqslant \dfrac{R_2 - R_1 - (2b-1)zaF_2}{F_1} \leqslant 1$，$0 \leqslant \dfrac{R_3 - C_3 - zC_4 + F_1 + zabF_3}{2zabF_3 - zaF_3 + F_1} \leqslant 1$ 时成立。

利用雅克比矩阵（Jacobi Matrix）的局部稳定性分析演化均衡点的稳定性。

食品企业与政府监管部门动态博弈的雅克比矩阵 $J_1 = \begin{bmatrix} \dfrac{\partial G(x)}{\partial x} & \dfrac{\partial G(x)}{\partial y} \\ \dfrac{\partial G(y)}{\partial x} & \dfrac{\partial G(y)}{\partial y} \end{bmatrix}$，

具体为 $J_1=\begin{bmatrix}(1-2x)\left[R_1-R_2+yF_1+(2b-1)zaF_2\right] & x(1-x)F_1\\ y(1-y)\left(-F_1-2zabF_3+zaF_3\right) & (1-2y)\left(R_3-C_3+F_1-zC_4+zabF_3-2xzabF_3+xzaF_3\right)\end{bmatrix}$

J_1 的行列式

$$DetJ_1=(1-2x)\left[R_1-R_2+yF_1+(2b-1)zaF_2\right](1-2y)(R_3-C_3+F_1-zC_4+zabF_3-2xzabF_3+xzaF_3)-x(1-x)y(1-y)F_1\left(-F_1-2zabF_3+zaF_3\right) \quad (11\text{-}8)$$

J_1 的迹为：

$$TrJ_1=(1-2x)\left[R_1-R_2+yF_1+(2b-1)zaF_2\right]+(R_3-C_3+F_1-zC_4+zabF_3-2xzabF_3+xzaF_3) \quad (11\text{-}9)$$

将5个均衡点代入 J_1 行列式和 J_1 迹，进行稳定性分析可得表11-3所示结果。其中 $x^*=\dfrac{R_3-C_3-zC_4+F_1+zabF_3}{2zabF_3-zaF_3+F_1}$，$y^*=\dfrac{R_2-R_1-(2b-1)zaF_2}{F_1}$。

表11-3　　**食品企业与政府监管部门的稳定性分析**

均衡点	$DetJ_1$ 符号	TrJ_1 符号	判定结果	稳定条件
(0,0)	+	–	ESS	$b<\dfrac{C_3+zC_4-R_3-F_1}{zaF_3}$
(0,1)	–	–	不稳定点	
(1,0)	–	–	不稳定点	
(1,1)	+	–	ESS	$b>\dfrac{R_3-C_3-zC_4+zaF_3}{zaF_3}$
(x^*,y^*)	非负	0	鞍点	任何条件均为鞍点

由表11-3可知，食品企业与政府监管部门的稳定演化策略：（1）当 $b<\dfrac{C_3+zC_4-R_3-F_1}{zaF_3}$，即政府监管部门监管的期望收益小于期望成本时，食品企业与政府监管部门双方博弈的最终结果将收敛于(0，0)稳定均衡状态，即食品企业采取供给质量不安全食品的策略，政府监管部门采取完全放松监管的策略。（2）当 $b>\dfrac{R_3-C_3-zC_4+zaF_3}{zaF_3}$，即政府监管部门的期望收益大于期望成本时，食品企业与政府监管部门双方博弈的最终结果将收敛于(1，1)稳定均衡状态，即食品企业采取供给质量安全食品的策略，政府监管部门采取完全严格监管的策略。

由上述分析可得出以下命题：

命题11.4　给定自媒体监督策略，食品企业与政府监管部门的均衡策略组合如下：

一是当$b<\dfrac{C_3+zC_4-R_3-F_1}{zaF_3}$时，食品企业与政府监管部门的复制动态方程趋向于均衡点(0，0)，即均衡策略组合为（供给质量不安全食品，完全放松监管）。

二是当$b>\dfrac{R_3-C_3-zC_4+zaF_3}{zaF_3}$时，食品企业与政府监管部门的复制动态方程趋向于均衡点(1，1)，即均衡策略组合为（供给质量安全食品，完全严格监管）。

11.2.2.2　食品企业与自媒体的稳定性均衡分析

由食品企业与自媒体的复制动态方程可知，两者动态博弈的5个均衡点分别为(0，0)、(0，1)、(1，0)、(1，1)、$\left(\dfrac{R_4+yaF_5}{C_5+aF_4+yaF_5},\ \dfrac{R_1-R_2+yF_1}{(1-2b)aF_2}\right)$，当且仅当$0\leqslant\dfrac{R_4+yaF_5}{C_5+aF_4+yaF_5}\leqslant1$，$0\leqslant\dfrac{R_1-R_2+yF_1}{(1-2b)aF_2}\leqslant1$时成立。

食品企业与政府监管部门动态博弈的雅克比矩阵$J_2=\begin{bmatrix}\dfrac{\partial G(x)}{\partial x} & \dfrac{\partial G(x)}{\partial z}\\ \dfrac{\partial G(z)}{\partial x} & \dfrac{\partial G(z)}{\partial z}\end{bmatrix}$，

具体$J_2=\begin{bmatrix}(1-2x)\left[R_1-R_2+yF_1+(2b-1)zaF_2\right] & x(1-x)(2b-1)aF_2\\ z(1-z)\left(-C_5-aF_4-yaF_5\right) & (1-2z)\left(R_4-xC_5-xaF_4+yaF_5-xyaF_5\right)\end{bmatrix}$。

J_2的行列式为：

$$
\begin{aligned}
DetJ_2=&(1-2x)\left[R_1-R_2+yF_1+(2b-1)zaF_2\right](1-2z)(R_4-xC_5-xaF_4\\
&+yaF_5-xyaF)-x(1-x)(2b-1)aF_2z(1-z)\left(-C_5-aF_4-yaF_5\right)
\end{aligned}
\tag{11-10}
$$

J_2的迹为：

$$
\begin{aligned}
TrJ_2=&(1-2x)\left[R_1-R_2+yF_1+(2b-1)zaF_2\right]+(1-2z)(R_4-xC_5-xaF_4\\
&+yaF_5-xyaF)
\end{aligned}
\tag{11-11}
$$

将5个均衡点代入J_2行列式和J_2迹，进行稳定性分析可得表11-4所示结果。其中$x^*=\dfrac{R_4+yaF_5}{C_5+aF_4+yaF_5}$，$z^*=\dfrac{R_1-R_2+yF_1}{(1-2b)aF_2}$。

表11-4 **食品企业与自媒体的稳定性分析**

均衡点	$DetJ_2$符号	TrJ_2符号	判定结果	稳定条件
(0,0)	+	+	不稳定点	
(0,1)	+	−	ESS	$a<\dfrac{R_2-R_1-yF_1}{(2b-1)zF_2}$
(1,0)	+	−	ESS	$a>\dfrac{R_2-R_1-yF_1}{(2b-1)zF_2}$
(1,1)	+	+	不稳定点	
(x^*,z^*)	非负	0	鞍点	任何条件均为鞍点

由表11-4可知，食品企业与自媒体的稳定演化策略：（1）当$a<\dfrac{R_2-R_1-yF_1}{(2b-1)zF_2}$时，即食品企业供给质量安全食品的期望收益小于供给质量不安全食品的期望收益时，食品企业和自媒体双方博弈的最终结果是收敛于(0，1)均衡状态，即食品企业采取供给质量不安全食品的策略，自媒体采取完全曝光的策略。（2）当$a>\dfrac{R_2-R_1-yF_1}{(2b-1)zF_2}$时，即食品企业供给质量安全食品的期望收益大于期望成本时，食品企业与自媒体双方博弈的最终结果将收敛于(1，0)稳定均衡状态，即食品企业供给质量安全食品的策略，自媒体采取不曝光的策略。

由上述分析得出以下命题：

命题11.5　给定政府监管部门策略，食品企业与自媒体的均衡策略组合如下：

一是若$y<\dfrac{R_2-R_1-(2b-1)F_2}{F_1}$且$b>\dfrac{1}{2}$，有：食品企业与自媒体的复制动态方程趋向于均衡点(0，1)，即均衡策略组合为（供给质量不安全食品，完全曝光）。

二是若$y>\dfrac{R_2-R_1}{F_1}$且$b<\dfrac{1}{2}$，有：①当$a<\dfrac{R_2-R_1-yF_1}{(2b-1)zF_2}$时，食品企

业与自媒体的复制动态方程趋向于均衡点(0，1)，即均衡策略组合为（供给质量不安全食品，完全曝光）；②当$a>\dfrac{R_2-R_1-yF_1}{(2b-1)zF_2}$时，食品企业与自媒体的复制动态方程趋向于均衡点(1，0)，即策略组合为（供给质量安全食品，不曝光）。

三是若$y<\dfrac{R_2-R_1}{F_1}$且$b<\dfrac{1}{2}$，或者$y>\dfrac{R_2-R_1}{F_1}$且$b>\dfrac{1}{2}$，有：食品企业与自媒体的复制动态方程趋向于均衡点(1，0)，即均衡策略组合为（供给质量安全食品，不曝光）。

11.2.2.3　政府监管部门与自媒体的稳定性均衡分析

由政府监管部门与自媒体的复制动态方程可知，两者动态博弈的5个均衡点分别为(0，0)、(0，1)、(1，0)、(1，1)、$\left(\dfrac{R_4-xC_5-xaF_4}{xaF_5-aF_5},\ \dfrac{R_3-C_3+F_1-xF_1}{C_4+2xabF_3-xaF_3+abF_3}\right)$，当且仅当$0\leqslant\dfrac{R_4-xC_5-xaF_4}{xaF_5-aF_5}\leqslant 1$，$0\leqslant\dfrac{R_3-C_3+F_1-xF_1}{C_4+2xabF_3-xaF_3+abF_3}\leqslant 1$时成立。

政府监管部门与自媒体动态博弈的雅克比矩阵$J_3=\begin{bmatrix}\dfrac{\partial G(y)}{\partial y} & \dfrac{\partial G(y)}{\partial z}\\ \dfrac{\partial G(z)}{\partial y} & \dfrac{\partial G(z)}{\partial z}\end{bmatrix}$，

具体为$J_3=\begin{bmatrix}(1-2y)\left[R_3-C_3+F_1-zC_4+zabF_3-xF_1-2zabF_3+zaF_3\right] & y(1-y)(xaF_3+abF_3-2xabF_3-C_4)\\ z(1-z)\left(aF_5-xaF_5\right) & (1-2z)\left(R_4-xC_5-xaF_4-xyaF_5+yaF_5\right)\end{bmatrix}$。

J_3的行列式为：

$$DetJ_3=(1-2y)\left[R_3-C_3+F_1-zC_4+zabF_3-xF_1-2zabF_3+zaF_3\right](1-2z)(R_4-xC_5-xaF_4-xyaF_5+yaF_5)-y(1-y)(xaF_3+abF_3-2xabF_3-C_4)z(1-z)\left(aF_5-xaF_5\right) \tag{11-12}$$

J_3的迹为：

$$TrJ_3=(1-2y)\left[R_3-C_3+F_1-zC_4+zabF_3-xF_1-2zabF_3+zaF_3\right]+(1-2z)(R_4-xC_5-xaF_4-xyaF_5+yaF_5) \tag{11-13}$$

将5个均衡点代入J_3行列式和J_3迹，进行稳定性分析可得表11-5

所示结果。其中$x^*=\frac{xC_5+xa(1-b)F_4-R_4}{bF_5+xbF_5}$，$z^*=\frac{R_3-C_3+F_1-xF_1}{C_4+2xabF_3-xaF_3+abF_3}$。

表11-5　　**政府监管部门与自媒体的稳定性分析**

均衡点	$DetJ_3$符号	TrJ_3符号	判定结果	稳定条件
(0,0)	+	−	*ESS*	$a>\frac{C_4}{(1-b)xF_3+(1-x)bF_3}$ $b>\frac{C_4}{aF_3-2axF_3}$
(0,1)	+	−	*ESS*	$a<\frac{C_4}{(1-b)xF_3+(1-x)bF_3}$ $b<\frac{C_4}{aF_3-2axF_3}$
(1,0)	+	+	不稳定点	
(1,1)	+	+	不稳定点	
(x^*,z^*)	非负	0	鞍点	任何条件都为鞍点

由上述分析得出以下命题：

命题11.6　给定食品企业策略，政府监管部门与自媒体的均衡策略组合如下：

一是若$x>\max\{\frac{C_4-bF_3}{F_3(1-2b)}，\frac{1}{2}\}$且$b>\frac{1}{2}$，当$a>\frac{C_4}{(1-b)xF_3+(1-x)bF_3}$时，政府监管部门与自媒体复制动态方程趋向于均衡点(0，0)，即策略组合为（放松监管，不曝光）。

二是若$x<\min\{\frac{C_4-bF_3}{F_3(1-2b)}，\frac{1}{2}\}$且$b<\frac{1}{2}$，或者$x<\frac{1}{2}$且$b>\frac{1}{2}$，当$b<\frac{C_4}{aF_3-2axF_3}$时，政府监管部门与自媒体复制动态方程趋向于均衡点(0，1)，即策略组合为（放松监管，曝光）。

11.3 数值仿真分析

通过对食品企业、政府监管部门与自媒体的三方演化博弈分析，可得出在自媒体报道的影响力和真实性因素满足一定条件下，相应的三方演化博弈稳定点的参数条件，见表11–6。

表11–6　　三方演化博弈稳定点的参数条件

取值	参数条件
(0,0,0)	$\frac{C_4}{(1-b)xF_3+(1-x)bF_3}<a<1$
(0,0,1)	$0<a<\frac{R_2-R_1-yF_1}{(2b-1)F_2}$，$0<b<\frac{C_3+zC_4-R_3-F_1}{zaF_3}$
(1,0,0)	$\max\{\frac{R_2-R_1-yF_1}{(2b-1)F_2},\frac{C_4}{(1-b)xF_3+(1-x)bF_3}\}<a<1$ $\frac{C_4}{aF_3-2axF_3}<b<1$
(1,1,0)	$\frac{R_2-R_1-yF_1}{(2b-1)F_2}<a<1$ $\max\{\frac{R_3-C_3-zC_4+zaF_3}{zaF_3},\frac{C_4}{aF_3-2axF_3}\}<b<1$

自媒体对食品安全问题报道的影响力和真实性不同，导致食品企业的成本和收益条件不同，政府监管部门与自媒体的收益和成本不同，相应的三方演化博弈稳定均衡点发生变化。依据自媒体报道影响力与真实性的参数取值条件，并且满足相应稳定性均衡下的条件取值，据此设置它们的不同取值组合，可反映自媒体报道的影响力与真实性的现实差异。

11.3.1 稳定点（0，0，0）的数值分析

依据本章相应参数的实际含义及其条件，假设$R_1=4$，$R_2=6$，$R_3=2$，$R_4=1$，$C_3=9$，$C_4=5$，$C_5=13$，$F_1=5$，$F_2=12$，$F_3=8$，$F_4=11$，$F_5=10$。为反映较为客观的初始策略状态，令食品企业、政府监管部门

与自媒体采取相应策略的初始概率均为50%，即$\begin{cases} x(0)=0.5 \\ y(0)=0.5 \\ z(0)=0.5 \end{cases}$。由于自媒体对食品安全问题报道影响力与真实性不同，三方演化博弈策略趋向于均衡点速率发生变化。依据三者稳定点为(0，0，0)时，设定$\begin{cases} a=0.7 \\ b=0.7 \end{cases}$、$\begin{cases} a=0.7 \\ b=0.9 \end{cases}$、$\begin{cases} a=0.9 \\ b=0.7 \end{cases}$。下面在上述三组自媒体报道影响力与真实性的不同取值组合下进行数值仿真，结果如图11-1所示。

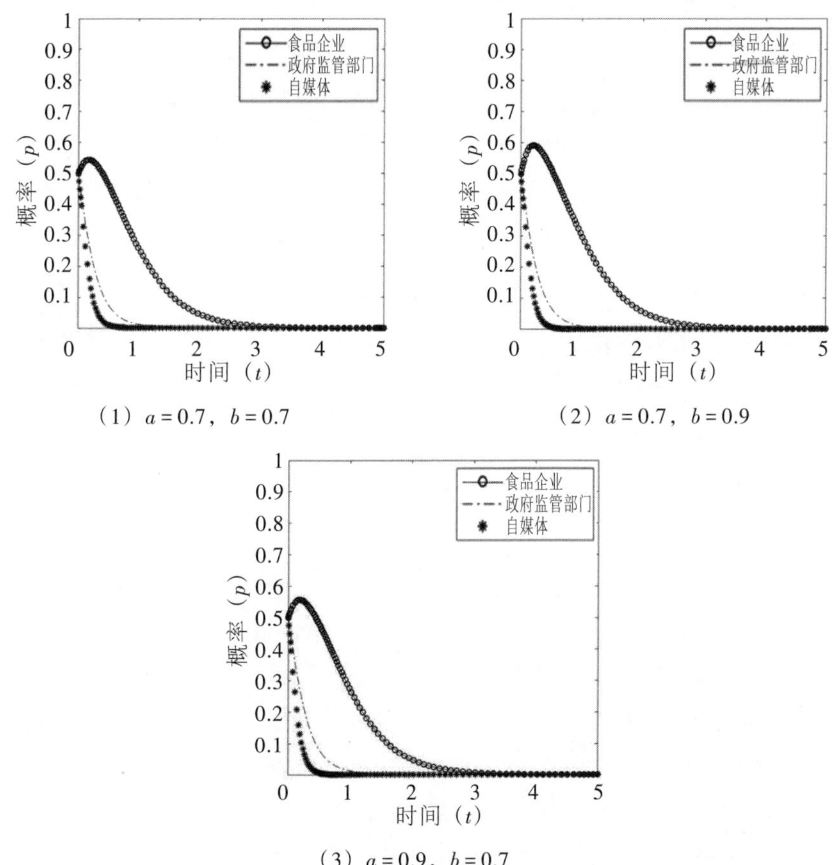

图11-1　不同影响力与真实性条件下稳定点(0，0，0)的演化仿真结果

在上述自媒体报道的影响力与真实性不同参数取值条件下，食品企业、政府监管部门与自媒体的食品安全行为均衡策略最终都趋近于

0，即（食品企业供给质量不安全食品，政府监管部门完全放松监管，自媒体不曝光）的极端情形。并且，自媒体较快趋近于其均衡策略，政府监管部门随后趋近于其均衡策略，食品企业较慢趋近于其均衡策略。随着时间的推移，食品企业的策略是供给质量安全食品的概率先增大而后逐渐减小至0；政府监管部门实行监管与自媒体进行曝光的概率都处于逐渐减小为0的变化过程，减小速率先大后小，并且后者更快。

由图11-1可见，自媒体对食品安全问题报道影响力与真实性的变化并不影响三方演化博弈均衡策略的结果及其变化趋势。在不同影响力与真实性的参数取值组合下，趋于稳定点(0，0，0)的变化速率略有不同。比较图11-1（1）与图11-1（2），在自媒体报道的真实性较高时，食品企业供给质量安全食品的概率先是显著增大至高于0.6而后逐渐减小至0，食品企业供给质量安全食品的概率减小至0的速率也略变慢。由图11-1（1）与图11-1（3），图11-1（1）与图11-1（2）比较可见：自媒体报道真实性对食品企业趋于稳定点速率的影响大于自媒体报道影响力对食品企业趋于稳定点速率的影响；自媒体报道影响力越大或者真实性越强，食品企业趋于稳定点的速率越慢。

该稳定点处的数值结果表明：在自媒体报道影响力较大和真实性较强时，食品企业会受到自媒体参与食品安全监督的威慑，提高自身供给食品的质量安全水平；与此同时，自媒体监督会对政府监管部门的食品安全监管水平产生一定的替代作用，政府监管部门的监管水平随之下降；自媒体曝光行为也在其报道影响力与真实性发挥重要监督作用下随之减少；自媒体通过对食品安全问题的曝光实现对食品安全的监督，借助报道的影响力与真实性对食品企业供给质量安全食品等行为产生监督威慑作用，但随着时间推移，自媒体对政府监管部门的部分监管替代效应而减弱，最终失去其作用；在同等情况下，自媒体报道的影响力越大与真实性越强，其监督作用越显著。

11.3.2 稳定点（0，0，1）的数值分析

假设 $R_1=3$，$R_2=7$，$R_3=4$，$R_4=7$，$C_3=8$，$C_4=6$，$C_5=4$，$F_1=5$，$F_2=10$，$F_3=12$，$F_4=2$，$F_5=2$。仍设食品企业、政府监管部门与自媒体采取相应策略的初始概率均为50%，即 $\begin{cases} x(0)=0.5 \\ y(0)=0.5 \\ z(0)=0.5 \end{cases}$。依据三者稳定点为(0，0，1)时，设定 $\begin{cases} a=0.3 \\ b=0.6 \end{cases}$，$\begin{cases} a=0.3 \\ b=0.7 \end{cases}$，$\begin{cases} a=0.6 \\ b=0.7 \end{cases}$，进行模拟仿真得到稳定点(0，0，1)的仿真结果如图11-2所示。

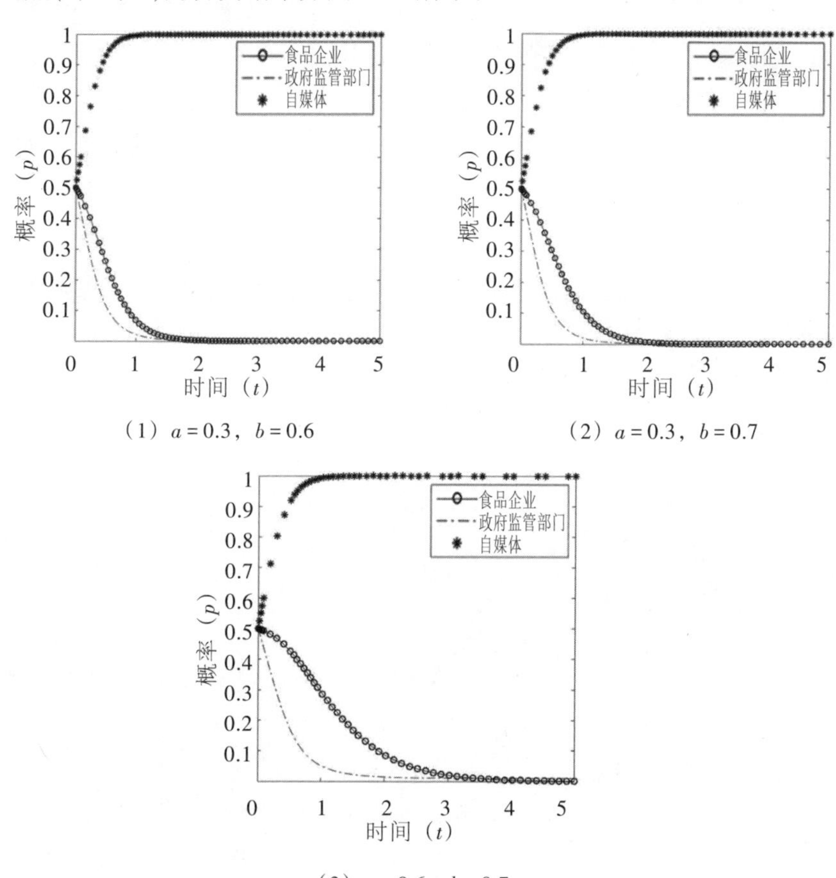

（1）$a=0.3$，$b=0.6$　　（2）$a=0.3$，$b=0.7$

（3）$a=0.6$，$b=0.7$

图11-2　稳定点(0，0，1)的演化仿真结果

在上述参数取值条件下，食品企业与政府监管部门食品安全行为均衡策略最终都趋近于0；自媒体行为策略最终趋近于1，即（食品企业供给质量不安全食品，政府监管部门完全放松监管，自媒体曝光）情形。并且，自媒体较快趋近于其均衡策略，政府监管部门与食品企业较慢趋近于其均衡策略。随着时间的推移，食品企业供给质量安全食品的概率与政府监管部门监管的概率都处于逐渐减小最后为0的变化过程，减小速率先大后小；政府监管部门监管概率比食品企业供给质量安全食品概率下降更快；自媒体曝光的概率处于逐渐增大到1的过程，增大速率先大后小。

由图11-2可见，自媒体对食品安全问题报道的影响力和真实性的变化并不影响三方演化博弈均衡策略的结果及其变化趋势。但在不同影响力与真实性的参数取值组合下，趋于稳定点(0，0，1)的变化速率略有不同。具体而言，由图11-2（1）与图11-2（2），图11-2（2）与图11-2（3）比较可见：自媒体报道影响力对食品企业与政府监管部门趋于稳定点速率的影响大于自媒体报道真实性对食品企业趋于稳定点速率的影响；自媒体报道影响力越大或者真实性越强，食品企业供给质量安全食品的概率与政府监管部门监管的概率下降速率都减缓。

该稳定点处的数值结果表明：在同等情况下，自媒体报道的影响力越大与真实性越强，其监督作用越显著。自媒体报道的影响力对其发挥食品安全监督作用更为重要。

11.3.3 稳定点（1，0，0）的数值分析

假设$R_1=4$，$R_2=5$，$R_3=3$，$R_4=3$，$C_3=6$，$C_4=5$，$C_5=6$，$F_1=18$，$F_2=10$，$F_3=14$，$F_4=6$，$F_5=7$。假定初始值为$\begin{cases} x(0)=0.5 \\ y(0)=0.5 \\ z(0)=0.5 \end{cases}$。依据三者稳定点为(1，0，0)时，设定$\begin{cases} a=0.7 \\ b=0.2 \end{cases}$，$\begin{cases} a=0.7 \\ b=0.4 \end{cases}$，$\begin{cases} a=0.9 \\ b=0.2 \end{cases}$，$\begin{cases} a=0.9 \\ b=0.4 \end{cases}$，进行模拟仿真得到稳定点(1，0，0)的仿真结果如图11-3所示。

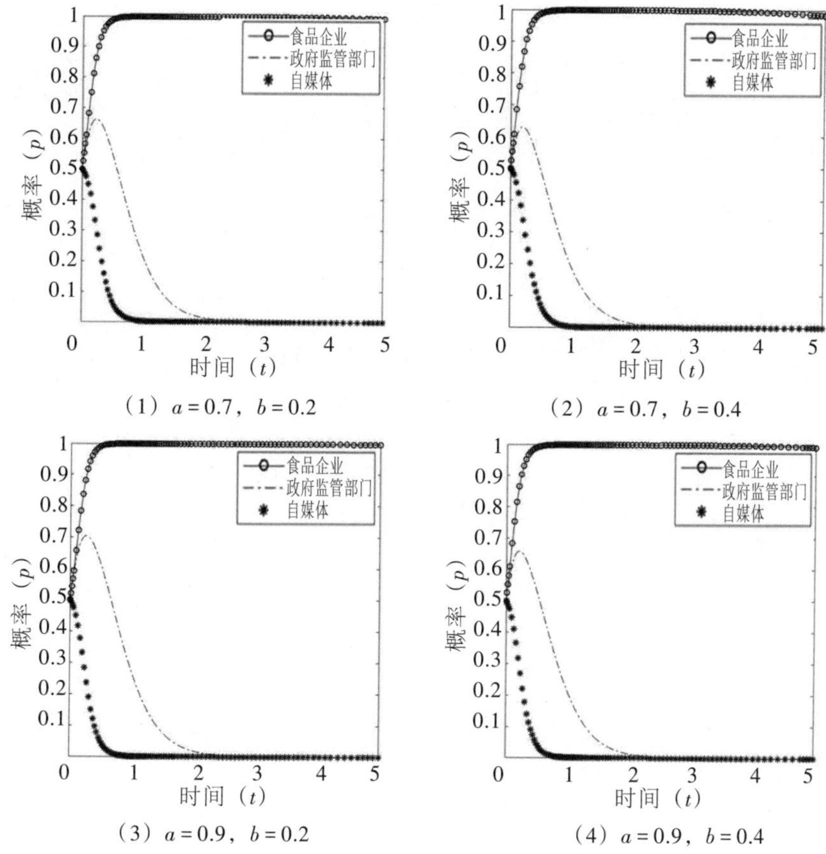

（1）$a=0.7$，$b=0.2$　（2）$a=0.7$，$b=0.4$

（3）$a=0.9$，$b=0.2$　（4）$a=0.9$，$b=0.4$

图11-3　稳定点(1，0，0)的演化仿真结果

在上述参数取值条件下，自媒体与政府监管部门食品安全行为均衡策略最终都趋近于0；食品企业行为均衡策略最终趋近于1，即（食品企业供给质量安全食品，政府监管部门完全放松监管，自媒体不曝光）情形。并且，食品企业与自媒体都较快趋近于各自的均衡策略，政府监管部门相对较慢趋近于其均衡策略。随着时间的推移，自媒体曝光的概率逐渐减小最后为0的变化过程；政府监管部门监管的概率先增大而后逐渐减小至0，减小速率先大后小；食品企业供给质量安全食品的概率处于逐渐增大到1的过程，增大速率先大后小；自媒体曝光的概率比政府监管部门监管的概率下降更快。

由图11-3可见，自媒体对食品安全问题报道的影响力和真实性的变化不会影响三方演化博弈均衡策略的结果及其变化趋势，最终都趋于稳定点(1，0，0)。但在不同影响力与真实性取值组合下，趋于稳定点(1，0，0)的变化速率不同。图11-3（3）与图11-3（1）比较，当自媒体影响力增大时，政府监管部门监管的概率先是显著增大到高于0.7，而后逐渐减小至0，并且减小速率变慢。

该稳定点处的数值结果表明：在同等情况下，自媒体报道的影响力相对真实性越大时，在较短时间内自媒体监督对政府监管部门的监管水平提升效果越显著，但随着时间变化，自媒体监督产生的监管替代作用使政府监管部门的监管水平急剧下降。

11.3.4 稳定点（1，1，0）的数值分析

假设$R_1=4$，$R_2=6$，$R_3=6$，$R_4=3$，$C_3=5$，$C_4=4$，$C_5=5$，$F_1=6$，$F_2=8$，$F_3=7$，$F_4=4$，$F_5=4$。假定初始值为假设食品企业、政府监管部门与自媒体采取相应策略的初始概率均为50%，假定初始值为$\begin{cases}x(0)=0.5\\y(0)=0.5\\z(0)=0.5\end{cases}$。依据三者稳定点为(1，1，0)时，设定$\begin{cases}a=0.7\\b=0.3\end{cases}$，$\begin{cases}a=0.7\\b=0.4\end{cases}$，$\begin{cases}a=0.9\\b=0.3\end{cases}$，进行模拟仿真得到稳定点(1，1，0)的仿真结果如图11-4所示。

在上述参数取值条件下，食品企业与政府监管部门食品安全行为均衡策略最终都趋近于1，自媒体行为均衡策略最终趋近于0，即（食品企业供给质量安全食品，政府监管部门完全严格监管，自媒体不曝光）情形。并且，食品企业与政府监管部门较早趋近于均衡策略，自媒体相对较晚趋近于均衡策略。随着时间的推移，食品企业供给质量安全食品的概率与政府监管部门监管的概率都处于逐渐增大至1的过程，增大速率先大后小，并且后者更快；自媒体曝光的概率逐渐减小最后为0，减小速率先大后小。

由图11-4可见：自媒体对食品安全问题报道的影响力和真实性的变化不会影响三方演化博弈均衡策略的结果及其变化趋势，最终都趋于稳定点(1，1，0)。但在不同影响力与真实性取值组合下，趋于稳定点

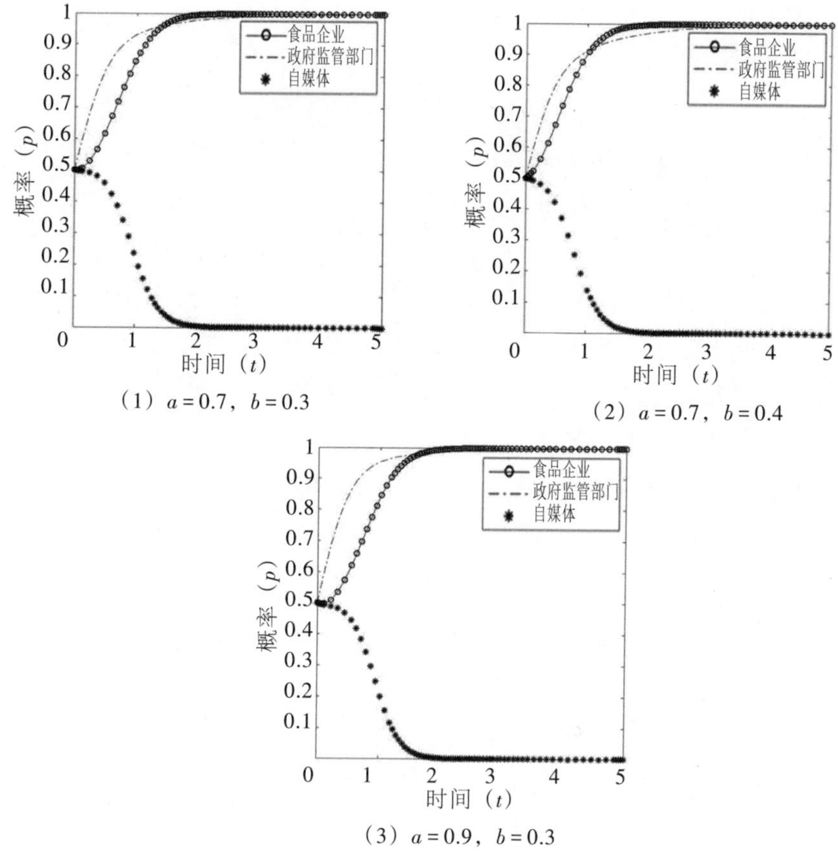

（1）$a=0.7$，$b=0.3$　（2）$a=0.7$，$b=0.4$　（3）$a=0.9$，$b=0.3$

图 11-4　稳定点(1，1，0)的演化仿真结果

(1，1，0)的变化速率不同。图 11-4（1）与图 11-4（2）比较，当自媒体真实性增强时，政府监管部门监管的概率增速变慢。图 11-4（1）与图 11-4（3）比较，当自媒体影响力增大时，政府监管部门监管的概率增速变慢。

该稳定点处的数值结果表明：在同等情况下，自媒体报道的影响力越大或者真实性越强，其监督作用越显著，对政府监管部门监管具有一定替代作用。

11.4 本章小结

本章建立了自媒体、政府监管部门与食品企业的三方演化博弈模型，并分析稳定性均衡策略，重点分析了自媒体曝光食品安全问题的影响力与真实性对相关主体均衡策略的影响，得到以下主要结论及启示：

首先，当自媒体曝光食品安全问题的真实性较弱时，不仅对食品企业无法产生监督威慑作用，而且自媒体曝光食品安全问题还将对政府监管发挥部分替代作用，使政府监管部门放松监管，导致监管缺位或者监管漏洞，从而加剧企业供给质量不安全食品的违规逐利行为。如果自媒体曝光食品安全问题的真实性较强，那么不仅对政府监管产生补充作用，还能对食品企业产生良好的监督威慑作用，有利于形成食品安全的社会共治。因此，应指定专门的政府部门对自媒体曝光食品安全问题等信息真实性等进行监督与规范，制定相关政策法规约束与激励自媒体曝光信息的真实性，使自媒体信息供给行为有法可依。

其次，食品企业的食品安全行为不仅受到自媒体曝光食品安全问题真实性的直接影响，而且与政府监管部门对食品企业的严格监管程度密切相关。因此，考虑自媒体曝光食品安全问题的监督作用是否有效，需要考虑当前政府监管部门的食品安全监管强度，两者相互补充才能更好地形成食品安全社会共治的良好局面。一是当政府监管部门对食品企业监管较松时，尽管自媒体曝光食品安全问题的真实性较强，但食品企业因直接监管主体缺位仍会选择供给质量不安全食品，而自媒体会坚持对问题进行完全曝光。二是当政府监管部门对食品企业监管较严格时，在自媒体曝光食品安全问题的真实性较弱的情况下，若自媒体曝光食品安全问题的影响力较小，自媒体因其曝光的低成本选择完全曝光食品安全问题，而此时自媒体的监督对食品企业行为产生负面影响，食品企业会因为自媒体曝光问题的真实性弱与影响力小的双重缺陷所致监督漏洞而采取供给质量不安全食品的违规行为，政府部门的严格监管也无法直接抵消自媒体的负面影响；若自媒体曝光食品安全问题的影响力较大，自媒体因其曝光波及的范围广产生的影响大但真实性弱而选择不曝光食品安全问题，此时自媒体监督缺位，但政府部门的严格监管会使食品企业供给质量安全食品。三是当政府监管部门对食品企业监管较松、自媒体曝光食品安全问题的真实性较弱时，或者当政府监管部门对食品企业监管较严格、自媒体曝光食品安全问题的真实性较强时，政府监管部门的监管强度与自媒体曝光的真实性同向作用，使食品企业选择供给质量安全食品。

最后，食品企业供给质量安全食品行为与自媒体曝光真实性，对政府监管部门的监管行为与自媒体曝光行为具有直接影响。在这种情况下，政府监管部门的监管作用被自媒体监督部分替代，均选择放松监管。对此，政府监管部门仍需加强监管意识，在自媒体参与监督情况下提高监管防范意识。一是当食品企业具有较好的食品安全自律行为、自媒体曝光食品安全问题真实性较弱时，即使自媒体曝光的影响力较大，但因其曝光信息真实性较差，自媒体也会选择不曝光。而政府监管部门在食品企业严格自律的前提下，会选择适当放松监管，节约不必要的监管资源浪费。二是当食品企业具有供给质量不安全食品的行为倾向时，无论自媒体曝光食品安全问题真实性较弱还是较强，都会选择曝光食品安全问题，进而对食品企业违规行为产生监督威慑作用，此时政府监管部门因自媒体的监督替代作用而选择放松监管。

结语

废弃食品安全回收处理是关系我国食品安全、环境保护与资源利用的重要论题。本书探讨了废弃食品回收处理的多方利益博弈建模方法及其有效治理机制。主要研究内容包括：首先，建立相关主体预期利润的优化模型，分析非正规与正规回收处理废弃食品的食品订购量、批发价格等决策及相关主体利润，比较分析废弃食品回收处理的利益驱动机理；其次，针对我国过期食品回收处理，构建零售商负责回收、制造商负责处理的回收模式下零售商、制造商及政府部门三方演化博弈模型，分析利益相关关系；再次，针对非正规回收商构成的近似完全竞争市场，建立非正规回收商和基层监管部门、上级监管部门的演化博弈模型，分析监管完善度水平对相关主体行为的影响；最后，从正规与非正规回收渠道两类处理商竞争回收废弃食品视角，分析政府部门依据处理商利益决定对非正规回收处理商惩罚额度及影响因素等。得到主要结论如下：第一，制造商与零售商都会因非正规废弃食品回收处理“获利”，食品批发价格和订购量受到制造商回收处理废弃食品的影响效应不确定；第二，过期食品回收处理的零售商、制造商与政府部门演化博弈的六个稳定策略，即（不回收，非正规处理，不监管）、（回收，非正规处理，不监管）、（不回收，非正规处理，监管）、（回收，非正规处理，监管）、（不回收，正规处理，监管）、（回收，正规处理，监管）；第三，不同监管完善度条件下我国废弃食品非正规回收主体的利益博弈研究表明，无论单位回收收益不变、增加还是减少，非正规回收商的伪装行动力与废弃食品回收率都受到废弃食品数量、伪装概率和废弃食品出售价格的正向影响，受到固定成本系数和单位回收成本的负向影响；第四，政府部门实行废弃食品回收处理奖惩措施时，应根据正规回收处理再利用的收益与成本、非正规回收渠道处理商的市场活跃度、与正规回收处理形成的竞争关系、基本回收量因素决定奖惩数额等制定细则。本研究为加强废弃食品回收处理及其资源化利用提供了有效的治理机制建议。

本书研究的不足主要包括：一方面，由于我国在废弃食品以及食品安全研究领域权威性以及连贯性、覆盖面较广的数据库整体缺失，个别机构发布的研究报告或者数据在可靠性方面存在问题，导致本书在实证分析部分多以访谈或案例形式为主，在连贯性时间序列数据或者较为全面的微观数据方面有待开拓；另一方面，废弃食品回收处理研究包括因回收处理不当诱发的系列食品安全问题，本书将相关问题研究也纳入体系框架内，但对废弃食品资源化利用方面的研究还有待深入。

主要参考文献

[1] Arjen YHoekstra，Ashok KChapagain，Maite MAldaya，等．水足迹评价手册［M］．刘俊国，等译．北京：科学出版社，2012．

[2] 陈冬冬，高旺盛，陈源泉生态足迹分析方法研究进展［J］．应用生态学报，2006（10）．

[3] 成升魁，高利伟，徐增让，等．对中国餐饮食物浪费及其资源环境效应的思考［J］．中国软科学，2012（7）．

[4] 曹淑艳，谢高地，陈文辉，等．中国主要农产品生产的生态足迹研究［J］．自然资源学报，2014，29（8）．

[5] 曹淑艳，谢高地．城镇居民食物消费的生态足迹及生态文明程度评价［J］．自然资源学报，2016，31（7）．

[6] 曹晓昌，张盼盼，刘晓洁，等．事件性消费的食物浪费及影响因素分析——以婚宴为例［J］．地理科学进展，2020，39（9）．

[7] 曹裕，余振宇，万光羽．新媒体环境下政府与企业在食品掺假中的演化博弈研究［J］．中国管理科学，2017，25（6）．

[8] 程亚莉，毕桂灿，沃德芳，等．国内外餐厨垃圾现状及其处理措施［J］．新能源进展，2017，5（4）．

[9] 杜斌，张坤民，温宗国，等．城市生态足迹计算方法的设计与案例［J］．清华大学学报（自然科学版），2004（9）．

[10] 董锁成，范振军. 中国电子废弃物循环利用产业化问题及其对策 [J]. 资源科学，2005，27 (1).

[11] 方恺. 足迹家族：概念、类型、理论框架与整合模式 [J]. 生态学报，2015，35 (6).

[12] 范体军，楼高翔，王晨岚，等. 基于绿色再制造的废旧产品回收外包决策分析 [J]. 管理科学学报，2011，14 (8).

[13] 费威. 废弃食品回收处理主体决策分析 [J]. 技术经济，2017，36 (12).

[14] 费威. 不同主体负责回收的废弃产品回收决策分析 [J]. 软科学，2018，32 (6).

[15] 费威. 废弃食品回收处理的政府惩罚规制分析 [J]. 经济与管理评论，2019，35 (1).

[16] 费威. 制造商与零售商废弃食品回收处理努力分析——成本削减比例信息对称和非对称的不同情况 [J]. 技术经济，2019，38 (2).

[17] 费威，刘畅. 食品系统末端回收处理中相关主体的决策 [J]. 系统科学学报，2019，27 (3).

[18] 费威，唐浩. 线上线下产品质量安全水平与价格的差异分析 [J]. 河北科技大学学报 (社会科学版)，2019，19 (3).

[19] 费威，唐浩. 废弃食品非正规回收商的决策分析 [J]. 技术经济，2020，39 (6).

[20] 付小勇，朱庆华，赵铁林. 基于逆向供应链间回收价格竞争的回收渠道选择策略 [J]. 中国管理科学，2014，22 (10).

[21] 郭华，蔡建明，杨振山. 城市食物生态足迹的测算模型及实证分析 [J]. 自然资源学报，2013，28 (3).

[22] 高利伟，成升魁，许世卫，等. 政策对城市餐饮业食物浪费变化特征的影响分析——以拉萨市为例 [J]. 中国食物与营养，2017，23 (3).

[23] 黄林楠，张伟新，姜翠玲，等. 水资源生态足迹计算方法 [J]. 生态学报，2008 (3).

[24] 洪小娟，姜楠，洪巍，等. 媒体信息传播网络研究——以食品安全微博舆情为例 [J]. 管理评论，2016，28 (8).

[25] 何喜军，武玉英，杜同. 基于微分对策的产品回收对供应链协同优化的影响 [J]. 系统工程理论与实践，2016，36 (8).

[26] 胡越，周应恒，韩一军，等. 减少食物浪费的资源及经济效应分析 [J]. 中国人口·资源与环境，2013，23 (12).

[27] 江金启，T. Edward Yu，黄琬真，等. 中国家庭食物浪费的规模估算及决定因素分析 [J]. 农业技术经济，2018 (9).

[28] 焦万慧，郑风田．网络有偿删帖的信息封锁效应——以食品安全为例［J］．经济学动态，2018（6）．

[29] 纪贤兵，孙玉玲，蒋以浩．新媒体环境下食品质量演化博弈研究［J］．新疆农垦经济，2018（7）．

[30] 李朝伟，陈青川．澳大利亚的食品回收管理［J］．中国检验检疫，2000，16（9）．

[31] 李丰，蒋文斌，朱瑶瑶，等．中国农村食物浪费与成因分析——基于全国25个省（市）的记账式调查［J］．粮食科技与经济，2017，42（4）．

[32] 刘凤芹．基于链式方程的收入变量缺失值的多重插补［J］．统计研究，2009，26（1）．

[33] 刘慧慧，禹春霞，向宁．废弃电器电子产品回收管理的企业以旧换新机制研究［J］．经济管理，2015，37（1）．

[34] 刘景景，陈洁，邓志喜．论新媒体时代的食品安全信息传播与监督预警［J］．中国农垦，2013（2）．

[35] 罗庆明，胡华龙，侯琼．电子废物生产者责任延伸制的国外实践及对我国的启示［J］．环境与可持续发展，2013，38（5）．

[36] 吕挺，易中懿，应瑞瑶．新媒体环境下的信息供给与食品安全风险治理［J］．江海学刊，2017（3）．

[37] 刘晓丽，李建标，刘彦平．食品供应链管理、可追溯性与食品安全管理绩效［J］．经济与管理研究，2016，37（8）．

[38] 刘增金，乔娟，王晓华．品牌可追溯性信任对消费者食品消费行为的影响——以猪肉产品为例［J］．技术经济，2016，35（5）．

[39] 廖芬，青平，侯明慧．消费者食物浪费行为影响因素分析——基于计划行为理论的视角［J］．农业现代化研究，2020，41（1）．

[40] 马晶，彭建．水足迹研究进展［J］．生态学报，2013，33（18）．

[41] 马凯，叶金珠．新媒体下食品安全突发事件的传播及其应对策略研究［J］．现代食品，2019（21）．

[42] 莫鸣，李亚婷．超市食品消费者赔偿投诉及其制度改进——基于208个超市食品安全事件的分析［J］．湖南农业大学学报（社会科学版），2016，17（3）．

[43] 倪国华，牛晓燕，刘祺．对食品安全事件“捂盖子”能保护食品行业吗——基于2 896起食品安全事件的实证分析［J］．农业技术经济，2019（7）．

[44] 倪国华，郑风田．媒体监管的交易成本对食品安全监管效率的影响——一个制度体系模型及其均衡分析［J］．经济学（季刊），2014，13（2）．

[45] 彭长华．大数据时代我国食品安全的伦理考量［J］．青海社会科学，2019，40（6）．

［46］ 潘传快，韩京芳，熊巍，等．农业经济调查缺失数据的多重插补及应用［J］．统计与决策，2018，34（11）．

［47］ 沈一平．食品生产环节召回及过期食品处置的调查报告及政策建议［J］．中国食品药品监管2015（1）．

［48］ 谭伟文，文礼章，仝宝生，等．生态足迹理论综述与应用展望［J］．生态经济，2012（6）．

［49］ 文洪星，韩青，刘锦怡．食品安全丑闻报道与产销价格传导——基于中国猪肉市场的经验研究［J］．农业技术经济，2020（2）．

［50］ 吴军，毕研林，李健，等．不对称信息下基于委托代理模型的地沟油监管政策研究［J］．系统工程理论与实践，2016，36（10）．

［51］ 王建华，沈旻旻．食品安全治理的风险交流与信任重塑研究［J］．人文杂志，2020（4）．

［52］ 王灵恩，成升魁，李群绩，等．基于实证分析的拉萨市游客餐饮消费行为研究［J］．资源科学，2013，35（4）．

［53］ 王灵恩，成升魁，刘刚，等．中国食物浪费研究的理论与方法探析［J］．自然资源学报，2015，30（5）．

［54］ 王灵恩，成升魁，钟林生，等．旅游城市餐饮业食物消费及其资源环境成本定量核算——以拉萨市为例［J］．自然资源学报，2016，31（2）．

［55］ 王灵恩，倪笑雯，李云云，等．中国消费端食物浪费规模及其资源环境效应测算［J］．自然资源学报，2021，36（6）．

［56］ 王茜，陈明艺．政府监管效率对餐饮废油治理影响的博弈分析［J］．物流工程与管理，2016，38（11）．

［57］ 王宇卓，聂永丰，任连海．我国食品废物处理概况及管理对策探讨［J］．环境科学动态，2004（3）．

［58］ 徐国冲，霍龙霞．食品安全合作监管的生成逻辑——基于2000—2017年政策文本的实证分析［J］．公共管理学报，2020，17（1）．

［59］ 谢康，刘意，赵信．媒体参与食品安全社会共治的条件与策略［J］．管理评论，2017，29（5）．

［60］ 肖露，王先甲，钱桂生，等．基于产品设计的再制造激励以及政府干预的影响［J］．系统工程理论与实践，2017，37（5）．

［61］ 许世卫．中国食物消费与浪费分析［J］．中国食物与营养，2005（11）．

［62］ 许世卫．我国食物浪费与成因分析［J］．中国科技成果，2006（23）．

［63］ 徐湘博，孙明星，张林秀．农业生命周期评价研究进展［J］．生态学报，2021，41（1）．

［64］ 杨建新，王如松．生命周期评价的回顾与展望［J］．环境科学进展，

1998（2）.
[65] 尹世久，陈默，徐迎军. 食品安全认证标识如何影响消费者偏好？——以有机番茄为例［J］. 华中农业大学学报（社会科学版），2015（2）.
[66] 张蓓，马如秋，刘凯明. 新中国成立70周年食品安全演进、特征与愿景［J］. 华南农业大学学报（社会科学版），2020，19（1）.
[67] 郑本荣，杨超，刘丛. 成本分摊对制造商回收闭环供应链的影响［J］. 系统工程理论与实践，2017，37（9）.
[68] 张丹，成升魁，高利伟，等. 城市餐饮业食物浪费的生态足迹——以北京市为例［J］. 资源科学，2016，38（1）.
[69] 张丹，伦飞，成升魁，等. 城市餐饮食物浪费的磷足迹及其环境排放——以北京市为例［J］. 自然资源学报，2016，31（5）.
[70] 张丹，伦飞，成升魁，等. 不同规模餐馆食物浪费及其氮足迹——以北京市为例［J］. 生态学报，2017，37（5）.
[71] 张红，孙艳艳，苗润莲. 日本有机生产及其允许使用物质管理研究［J］. 中国标准化，2017，60（1）.
[72] 章锦河，张捷. 国外生态足迹模型修正与前沿研究进展［J］. 资源科学，2006（6）.
[73] 张科迪. 逆向物流回收模式的利润最大化模型比较分析［J］. 中国高新技术企业，2007，14（4）.
[74] 周开国，杨海生，伍颖华. 食品安全监督机制研究：媒体、资本市场与政府协同治理［J］. 经济研究，2016，51（9）.
[75] 张曼，喻志军，郑风田. 媒体偏见还是媒体监管？——中国现行体制下媒体对食品安全监管作用机制分析［J］. 经济与管理研究，2015，36（11）.
[76] 张盼盼，白军飞，刘晓洁，等. 消费端食物浪费：影响与行动［J］. 自然资源学报，2019，34（2）.
[77] 张盼盼，王灵恩，白军飞，等. 旅游城市餐饮消费者食物浪费行为研究［J］. 资源科学，2018，40（6）.
[78] 朱强，李丰，钱壮. 全国高校食堂堂食浪费概况及其外卖碳足迹研究——基于30省（市）30所高校的9 660份问卷调查［J］. 干旱区资源与环境，2020，34（1）.
[79] 钟永光，钱颖，尹凤福，等. 激励居民参与环保化回收废弃家电及电子产品的系统动力学模型［J］. 系统工程理论与实践，2010，30（4）.
[80] 周永圣，汪寿阳. 政府监控下的退役产品回收模式［J］. 系统工程理论与实践，2010，30（4）.
[81] 周章金，符小玲，李敏. 基于碳排放的废弃产品回收站点分布研究［J］.

中国管理科学，2018，26（4）.

［82］ Atasu A，Özdemir Ö，Van Wassenhove L N. Stakeholder perspectives on E-waste take-back legislation ［J］. Production and Operations Management，2013，22（2）.

［83］ Atasu A，Van Wassenhove L N，Sarvary M. Efficient take-back legislation ［J］. Production and Operations Management，2009，18（3）.

［84］ Ellison B，Lusk J L. Examining household food waste decisions：a vignette approach ［C］// Agricultural and Applied Economics AssociationAnnual Meeting，2016.

［85］ Bicknell K B，Ball R J，Cullen R，et al. New methodology for the ecological footprint with an application to the New Zealand economy ［J］. Ecological Economics，1998，27（2）.

［86］ Chalak A，Abou-Daher C，Chaaban J，et al. The global economic and regulatory determinants of household food waste generation：A cross-country analysis ［J］. Waste Management，2016，48（2）.

［87］ Cuéllar A D，Webber M E. Wasted food，wasted energy：the embedded energy in food waste in the United States ［J］. Environmental Science & Technology，2010，44（16）.

［88］ European Commission. Preparatory study on food waste across EU 27 ［M］. Paris：Bio Intelligence Service，2010.

［89］ Comber R，Thieme A. Designing beyond habit：opening space for improved recycling and food waste behaviors through processes of persuasion，social influence and aversive affect ［M］. Berlin：Springer-Verlag，2013.

［90］ Chen T，Wang L，Wang J. Transparent assessment of the supervision information in China's food safety：a fuzzy-ANP comprehensive evaluation method ［J］. Journal of Food Quality，2017（9）.

［91］ Dillaway R，Messer K D，Bernard J C，et al. Do consumer responses to media food safety information last? ［J］. Applied Economic Perspectives and Policy，2011，33（3）.

［92］ Fuentes M，Fuentes C. Risk stories in the media：food consumption，risk and anxiety ［J］. Food，Culture & Society，2015，18（1）.

［93］ V d Goot A J，Pelgrom P J，Berghout J A，et al. Concepts for further sustainable production of foods ［J］. Journal of Food Engineering，2016，168（1）.

[94] Griffin M, Sobal J, Lyson T A. An analysis of a community food waste stream [J]. Agriculture and Human Values, 2009, 26 (2).

[95] Hoekstra A Y. A Global assessment of the water footprint of farm animal products [J]. Ecosystems, 2012, 15 (3).

[96] Hotta Y, Visvanathan C, Kojima M. Recycling rate and target setting: challenges for standardized measurement [J]. Journal of Material Cycles Waste Management, 2016, 18 (1).

[97] Juliane J, Carmen P, Klaus - Rainer B. Food waste generation at household level: results of a survey among employees of two European research centers in Italy and Germany [J]. Sustainability, 2015, 7 (3).

[98] Kummu M, Moel H D, Porkka M, et al. Lost food, wasted resources: Global food supply chain losses and their impacts on freshwater, cropland, and fertiliser use [J]. Science of the Total Environment, 2012, 438 (3).

[99] Kaya O. Incentive and production decisions for remanufacturing operation [J]. European Journal of Operational Research, 2010, 201 (2).

[100] Kantor L S, Lipton K, Manchester A, et al. Estimating and addressing America's food losses [J]. Food Review/ National Food Review, 1997, 20 (1).

[101] Liu Gang. Food losses and food waste in China: a first estimate [J]. OECD Food, Agriculture and Fisheries Papers, 2014 (66).

[102] Liu J, Lundqvist J, Weinberg J, et al. Food losses and waste in China and their implication for water and land [J]. Environmental Science & Technology, 2013, 47 (18).

[103] Mashayehi A NT. ransition in the New York state solid waste system: a dynamic analysis [J]. System Dynamics Review, 1993, 9 (1).

[104] Mekonnen M M, Hoekstra A Y. The green, blue and grey water footprint of crops and derived crop products [J]. Hydrology and Earth System Sciences, 2011, (1).

[105] Parfitt J, Barthel M, Macnaughton S. Food waste within food supply chains: quantification and potential for change to 2050 [J]. Philosophical Transactions of The Royal Society B Biological Sciences, 2010, 365 (1554).

[106] Pham P S, Hoang M G, Fujiwara T. Analyzing solid waste management

practices for the hotel industry [J]. Global Journal of Environmental Science & Management, 2018, 4 (1).

[107] Peng Y, Li J, Xia H, et al. The effects of food safety issues released by we media on consumers' awareness and purchasing behavior: a case study in China [J]. Food Policy, 2015, 51 (2).

[108] Russell S V, Young C W, Unsworth K L, et al. Bringing habits and emotions into food waste behaviour [J]. Resources, Conservation and Recycling, 2017, 125 (10).

[109] Vermeulen S J, Campbell B M, Ingram J S I, et al. Climate change and food systems [J]. Annual Review of Environment and Resources, 2012, 37 (1).

[110] Shearer L, Gatersleben B, Morse S, et al. A problem unstuck? Evaluating the effectiveness of sticker prompts for encouraging household food waste recycling behavior [J]. Waste Management, 2016, 60 (2).

[111] Sun S K, Lu Y J, Gao H, et al. Impacts of food wastage on water resources and environment in China [J]. Journal of Cleaner Production, 2018, 185 (6).

[112] Stancu V, Haugaard P, Lahteenmaki L. Determinants of consumer food waste behaviour: two routes to food waste [J]. Appetite, 2016, 96 (1).

[113] Sudhir V, Srinivasan G, Muraleedharan V R. Planning for sustainable solid waste management in urban India [J]. System Dynamics Review, 1997, 13 (3).

[114] Thyberg K L, Tonjes D J, Gurevitch J. Quantification of food waste disposal in the United States: A Meta-analysis [J]. Environmental Science & Technology, 2015, 49 (24).

[115] Tran V C M, Le H S, Masui Y. Current status and behavior modeling on household solid-waste separation: a case study in Da Nang city, Vietnam [J]. Journal of Material Cycles Waste Management, 2019, 21 (6).

[116] Wei J, Govindan K, Li Y J, et al. Pricing and collecting decisions in a closed-loop supply chain with symmetric and asymmetric information [J]. Computers & Operations Research, 2015, 54 (2).

[117] Wu X, Zhou Y. The optimal reverse channel choice under supply chain competition [J]. European Journal of Operational Research, 2017, 259 (1).

[118] Zhou L, Naim M M, Disney S M. The impact of product returns and remanufacturing uncertainties on the dynamic performance of a multi-echelon closed-loop supply chain [J]. International Journal of Production Economics, 2017, 183 (PartB).

关键词索引